いちばんわかりやすい！

1級土木施工管理技術検定
合格テキスト

コンデックス情報研究所　編著

成美堂出版

本書の使い方

本書は、新制度の１級土木施工管理技術検定（第一次・第二次）合格に必要な知識を解説しています。

付属の赤シートを利用すれば、キーワードの確認ができ、穴埋め問題としても活用できますので、効率的な学習が進められます。

一次・二次
過去に第一次検定または第二次検定で出題された項目がひと目でわかります。

学習のポイント
各 Lesson で学ぶ項目が一目でわかります。

赤シート
付属の赤シートを利用すれば、穴埋め問題としても活用できます。

頻出項目をチェック！
各 Lesson の終わりに、本試験で頻出する項目を確認できます。覚えた項目には、チェックボックスに✔しましょう。

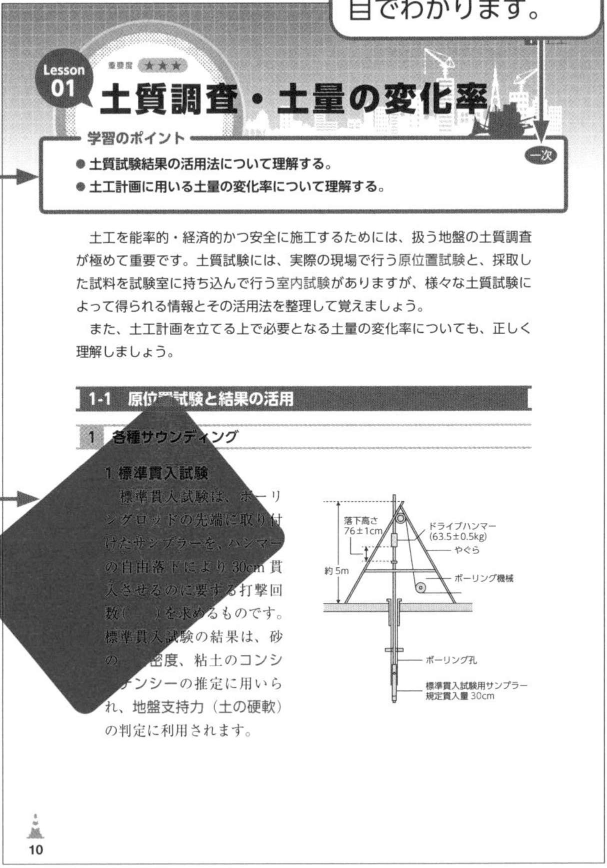
Lesson 01 重要度 ★★★ 土質調査・土量の変化率

学習のポイント 一次
- 土質試験結果の活用法について理解する。
- 土工計画に用いる土量の変化率について理解する。

土工を能率的・経済的かつ安全に施工するためには、扱う地盤の土質調査が極めて重要です。土質試験には、実際の現場で行う原位置試験と、採取した試料を試験室に持ち込んで行う室内試験がありますが、様々な土質試験によって得られる情報とその活用法を整理して覚えましょう。

また、土工計画を立てる上で必要となる土量の変化率についても、正しく理解しましょう。

1-1 原位置試験と結果の活用

1 各種サウンディング

1. 標準貫入試験

標準貫入試験は、ボーリングロッドの先端に取り付けたサンプラーを、ハンマーの自由落下により 30cm 貫入させるのに要する打撃回数(　)を求めるものです。標準貫入試験の結果は、砂の　密度、粘土のコンシステンシーの推定に用いられ、地盤支持力（土の硬軟）の判定に利用されます。

10

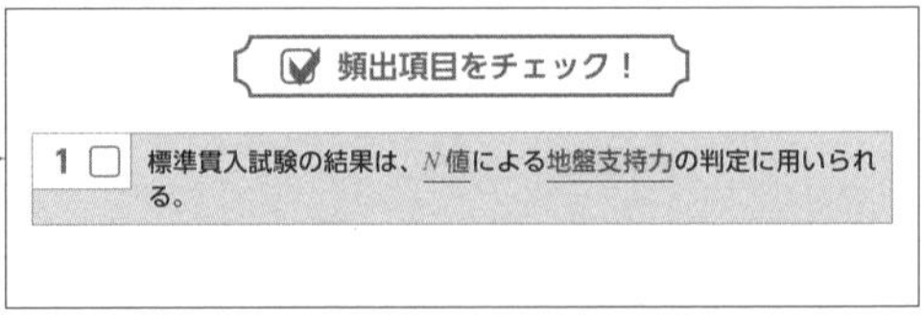
頻出項目をチェック！

1 □ 標準貫入試験の結果は、*N* 値による地盤支持力の判定に用いられる。

※本書は原則として 2024 年 1 月時点の情報に基づいて編集しています。

図表
豊富な図表で、本文の内容が理解しやすくなります。

第一次検定で新たに導入された「応用能力」問題も掲載しています。

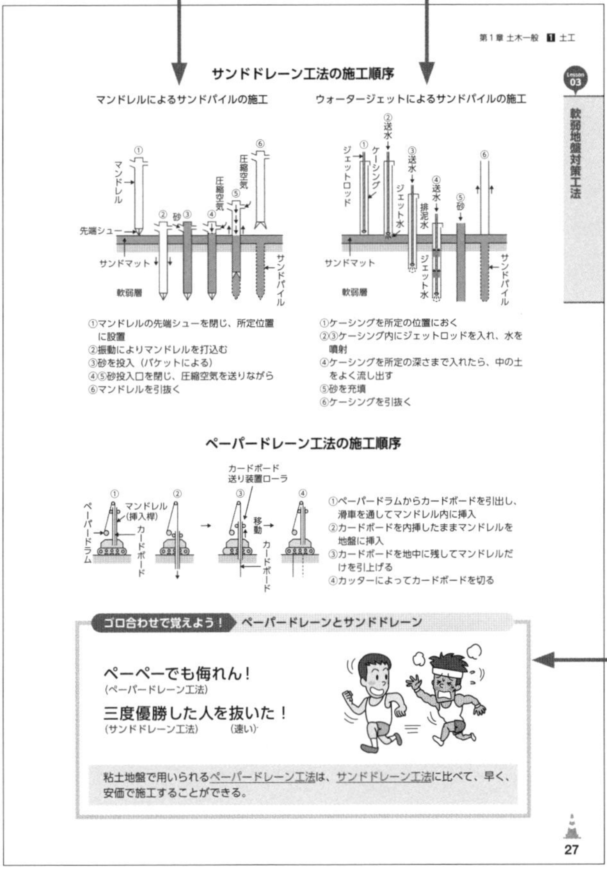
第 1 章 土木一般 1 土工

Lesson 03

軟弱地盤対策工法

サンドドレーン工法の施工順序

マンドレルによるサンドパイルの施工

①マンドレルの先端シューを閉じ、所定位置に設置
②振動によりマンドレルを打込む
③砂を投入（バケットによる）
④⑤砂投入口を閉じ、圧縮空気を送りながら
⑥マンドレルを引抜く

ウォータージェットによるサンドパイルの施工

①ケーシングを所定の位置におく
②③ケーシング内にジェットロッドを入れ、水を噴射
④ケーシングを所定の深さまで入れたら、中の土をよく流し出す
⑤砂を充填
⑥ケーシングを引抜く

ペーパードレーン工法の施工順序

①ペーパードラムからカードボードを引出し、滑車を通してマンドレル内に挿入
②カードボードを内挿したままマンドレルを地盤に挿入
③カードボードを地中に残してマンドレルだけを引上げる
④カッターによってカードボードを切る

ゴロ合わせで覚えよう！ ペーパードレーンとサンドドレーン

ペーペーでも侮れん！
（ペーパードレーン工法）
三度優勝した人を抜いた！
（サンドドレーン工法）　（速い）

粘土地盤で用いられるペーパードレーン工法は、サンドドレーン工法に比べて、早く、安価で施工することができる。

27

ゴロ合わせ
ゴロ合わせで重要事項の暗記がカンタンにできます。

こんな選択肢は誤り！
実際の選択肢と似た内容となっています。赤シートを上手に活用しましょう。

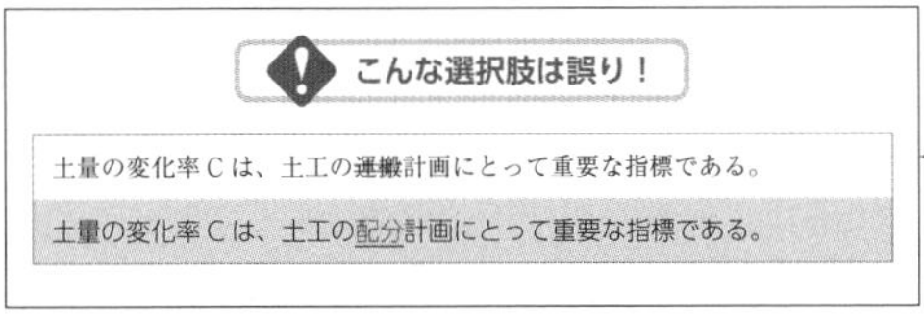
こんな選択肢は誤り！

土量の変化率 C は、土工の運搬計画にとって重要な指標である。

土量の変化率 C は、土工の配分計画にとって重要な指標である。

CONTENTS

1級土木施工管理技術検定ガイダンス

建設業法に基づく技術検定制度の見直しにより、令和6年度より、受検資格が大きく変わることになりました。

受検資格

第一次検定　19歳以上（当該年度末現在）

第二次検定　第一次検定合格者、技術士第二次試験合格者

《合格後の実務経験年数》

- 実務経験5年以上
- 特定実務経験1年以上を含む実務経験3年以上
- 監理技術者補佐としての実務経験1年以上

※令和6年度から令和10年度までの5年間は制度改正に伴う経過措置として、「令和6年度からの新受検資格」と「令和5年度までの旧受検資格」のどちらの受検資格でも第二次検定の受検が可能。詳細は、検定実施団体のホームページを参照のこと。

試験日

第一次検定　例年7月第1日曜日

第二次検定　例年10月第1日曜日

合格発表

第一次検定　例年8月中旬

第二次検定　例年翌1月中旬

申込受付期間

書面申込・インターネット申込ともに例年3月下旬～4月上旬

試験地

札幌、釧路、青森、仙台、東京、新潟、名古屋、大阪、岡山、広島、高松、福岡、那覇、鹿児島（第一次検定のみ）

試験の内容

第一次検定　次の検定科目の範囲とし、問題は択一式で解答はマークシート方式。

検定科目	検定基準
土木工学等	1. 土木一式工事の施工の管理を適確に行うために必要な土木工学、電気工学、電気通信工学、機械工学及び建築学に関する一般的な知識を有すること。 2. 土木一式工事の施工の管理を適確に行うために必要な設計図書に関する一般的な知識を有すること。
施工管理法	1. 監理技術者補佐として、土木一式工事の施工の管理を適確に行うために必要な施工計画の作成方法及び工程管理、品質管理、安全管理等工事の施工の管理方法に関する知識を有すること。 2. 監理技術者補佐として、土木一式工事の施工の管理を適確に行うために必要な応用能力を有すること。
法　規	1. 建設工事の施工の管理を適確に行うために必要な法令に関する一般的な知識を有すること。

第二次検定　次の検定科目の範囲とし、記述式による筆記試験。

検定科目	検定基準
施工管理法	1. 監理技術者として、土木一式工事の施工の管理を適確に行うために必要な知識を有すること。 2. 監理技術者として、土質試験及び土木材料の強度等の試験を正確に行うことができ、かつ、その試験の結果に基づいて工事の目的物に所要の強度を得る等のために必要な措置を行うことができる応用能力を有すること。 3. 監理技術者として、設計図書に基づいて工事現場における施工計画を適切に作成すること、または施工計画を実施することができる応用能力を有すること。

合格基準

第一次検定　全体の得点が 60%以上

かつ検定科目（施工管理法（応用能力））の得点が 60%以上

第二次検定　得点が 60%以上

検定に関する情報は変わることがありますので、受検する場合は検定実施団体の発表する最新情報を、必ず事前にご自身でご確認ください。

検定に関する問合せ先

一般財団法人　全国建設研修センター　試験業務局土木試験部土木試験課

〒 187-8540　東京都小平市喜平町 2-1-2

TEL　042(300)6860　※電話番号のおかけ間違いにご注意ください。

HP アドレス　https://www.jctc.jp/

第1章
土木一般

1 土工

2 コンクリート工

3 基礎工

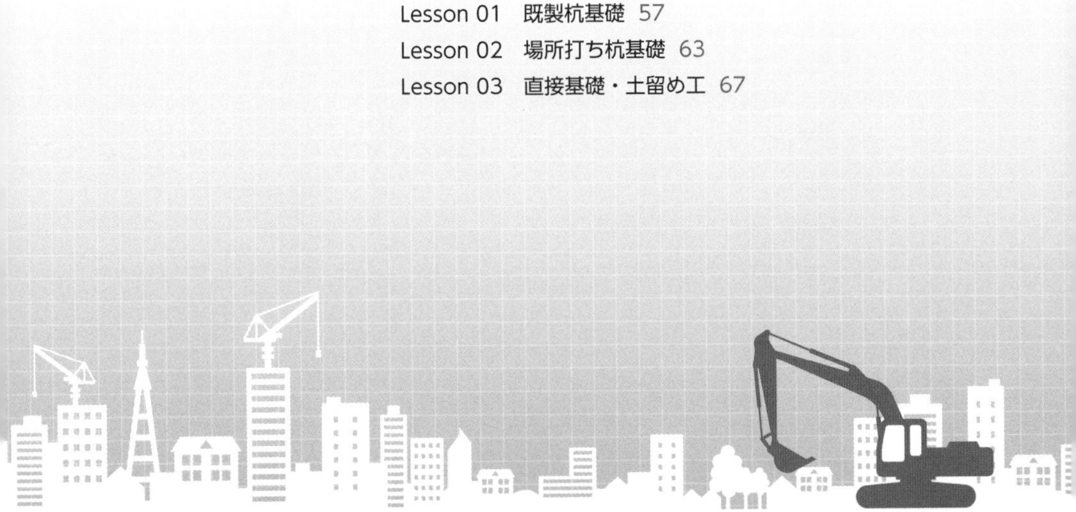

Lesson 01

重要度 ★★★

土質調査・土量の変化率

学習のポイント

一次

- **土質試験結果の活用法について理解する。**
- **土工計画に用いる土量の変化率について理解する。**

土工を能率的・経済的かつ安全に施工するためには、扱う地盤の土質調査が極めて重要です。土質試験には、実際の現場で行う原位置試験と、採取した試料を試験室に持ち込んで行う室内試験がありますが、様々な土質試験によって得られる情報とその活用法を整理して覚えましょう。

また、土工計画を立てる上で必要となる土量の変化率についても、正しく理解しましょう。

1-1　原位置試験と結果の活用

1　各種サウンディング

1 標準貫入試験

標準貫入試験は、ボーリングロッドの先端に取り付けたサンプラーを、ハンマーの自由落下により30cm貫入させるのに要する打撃回数（*N*値）を求めるものです。標準貫入試験の結果は、砂の相対密度、粘土のコンシステンシーの推定に用いられ、地盤支持力（土の硬軟）の判定に利用されます。

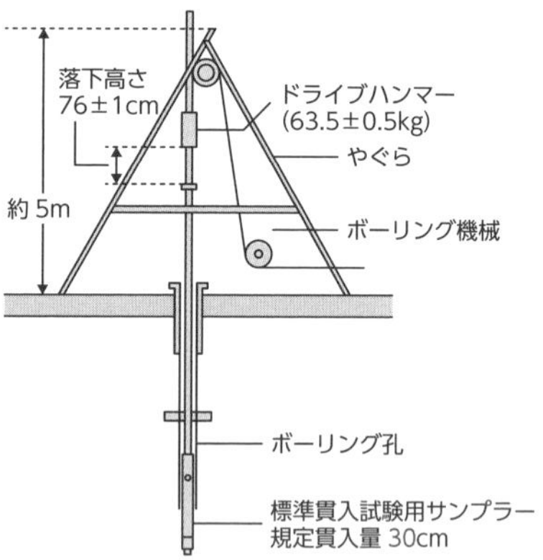

2 ポータブルコーン貫入試験

ポータブルコーン貫入試験は、ロッドの先端にコーンを装着し、ハンドルの付いた貫入棒を人力により地中に貫入させ、その際の抵抗値からコーン指数（q_c）を求めるものです。建設機械の走行性（トラフィカビリティー）の判定に用いられます。

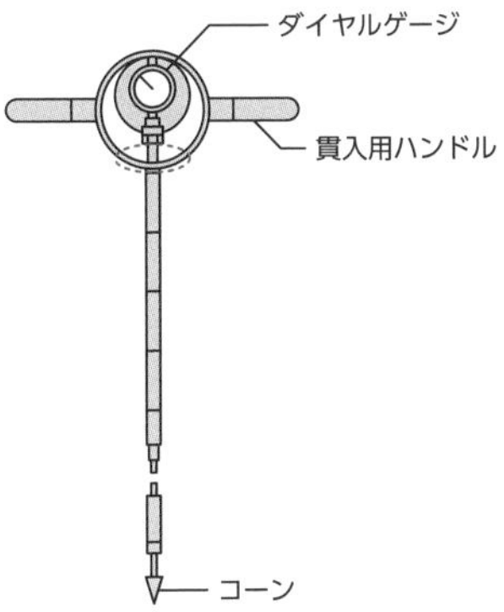

3 スウェーデン式サウンディング試験

荷重による貫入と、回転による貫入を併用した試験です。専用ロッドの先端に取り付けたスクリューポイントを静的荷重によって貫入させ、1kNの荷重をかけても貫入しなくなったときに、ロッドを回転させてさらに25cm貫入させるのに要する半回転数から換算した1m当たりの半回転数（N_{sw}値）を求めます。貫入量と半回転数の関係から静的貫入抵抗を求めて、土の硬軟や、締まり具合の判定に用いられます。

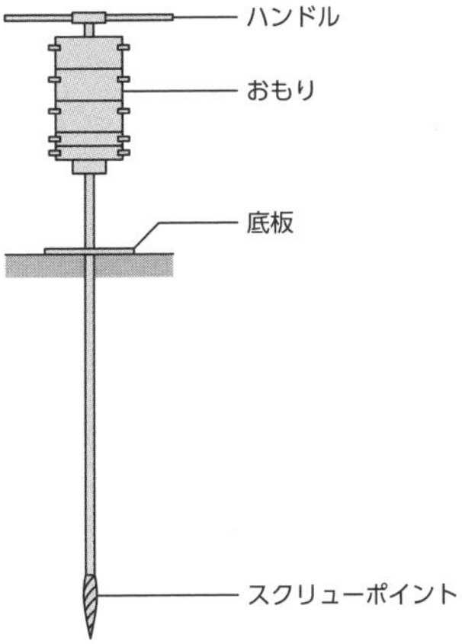

4 ベーン試験

十字形の羽根（ベーン）をロッドの先端に取り付けて、地盤中で回転させるときのトルクから、せん断強さや土の粘着力（c）を求めます。軟弱な粘性土、シルト、有機質土など、軟弱地盤の判定に用いられます。

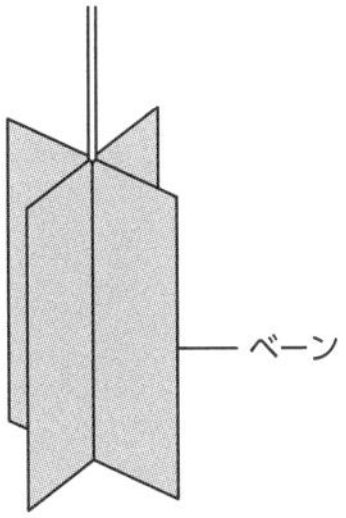

2 平板載荷試験

地表面に置いた鋼製円板に段階的に荷重を加え、各荷重に対する沈下量を求めます。道路の平板載荷試験では、地盤反力係数（K値）を求めて締固め施工管理に用いられ、構造物の基礎地盤では、支持力の判定に用いられます。

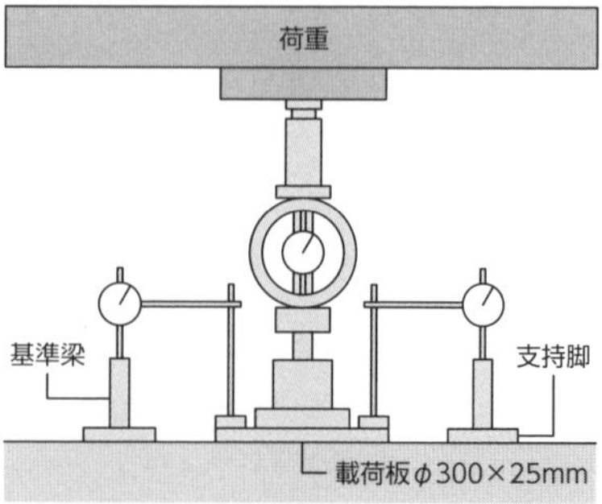

3 現場透水試験

地盤に井戸または観測孔を設けて、揚水または注水時の水位や流量を測定し、透水係数（k）を求めるものです。掘削時の湧水量の算定や、排水工法の検討に用いられます。

4 単位体積質量試験（現場密度試験）

現場において、地山《じやま》または盛土《もりど》などの単位体積当たりの質量（密度）を求めます。締固め施工管理に用いられます。

1 砂置換法

現場に掘った穴を試験用砂で埋め戻し、その砂の質量から穴の体積を計算して、掘り出した土の単位体積質量（密度）を求めます。

2 コアカッター法

土中に円筒形のモールドを圧入して現場の土を抜き取り、取り出した土の質量と体積を測定して密度を求めます。粗粒分を含まない粘性土に適します。

3 RI（ラジオアイソトープ）計器による方法

ガンマ線あるいは中性子線の散乱吸収現象を利用して、土の湿潤密度（ρ_t）や乾燥密度（ρ_d）、含水量などを求めます。同一箇所での繰返し測定が可能であり、また短時間に結果が出ます。

原位置試験の一覧表

試験の名称	試験結果	結果の利用
標準貫入試験	打撃回数（N 値）	地盤支持力（土の硬軟）の判定
ポータブルコーン貫入試験	コーン指数（q_c）	建設機械の走行性（トラフィカビリティー）の判断
スウェーデン式サウンディング試験	半回転数（N_{sw}）	土の硬軟、締まり具合を判定
ベーン試験	粘着力（c）	軟弱地盤の判定
オランダ式二重管コーン貫入試験	コーン指数（q_c）	土の硬軟、締まり具合を判定
平板載荷試験	地盤反力係数（K 値）	締固め施工管理、支持力の判定
現場透水試験	透水係数（k）	湧水量の算定、排水工法の検討
単位体積質量試験（砂置換法、コアカッター法、RI 計器）	湿潤密度（ρ_t） 乾燥密度（ρ_d）	締固め施工管理

1-2 室内試験と結果の活用

1 土の判別分類のための試験

土は土粒子、水、空気から構成されており、これらの体積や質量を知ることで土の性質を把握できます。

1 土粒子の密度試験

土の固体部分の**単位体積質量**を土粒子の密度といい、土の基本的性質である**間隙比**（e）、**飽和度**（S_r）を求めます。土の締固《しめかた》めの程度などを知るために用いられます。

2 土の含水比試験

土中に含まれる水の質量と土の乾燥質量の比を**含水比**（w）といい、土の締固め管理に用いられます。

3 粒度試験

粒度試験では、土中に含まれる様々な大きさの土粒子が土全体に占める割合の百分率を求めます。その結果から得られた粒度分布（%）を粒径加積曲線に表し、粗粒土、細粒土などの土の分類や土の判定に用いられます。粒度試験の結果は、粗粒土については土の締固めや支持力特性をある程度示す指標となりますが、細粒土についてはその関係は見られません。

4 コンシステンシー試験

コンシステンシー試験では、液性限界（w_L）と塑性限界（w_P）を求め、盛土材の判定に用いられます。コンシステンシー試験から求められる塑性指数（I_P）とは、液性限界と塑性限界の差（$I_P = w_L - w_P$）のことをいい、塑性指数が大きいほど、吸水による強度低下の傾向が大きく、土の圧縮性が大きいことを示しています。

土の判別分類のための試験（室内試験）

試験の名称	試験結果	結果の利用
土粒子の密度試験	間隙比（e） 飽和度（S_r）	土の締固め程度などを求める
土の含水比試験	含水比（w）	土の締固め管理
粒度試験	粒度分布（%）	土の分類、土の判定
コンシステンシー試験	液性限界（w_L） 塑性限界（w_P）	盛土材の判定

2 土の力学的性質を求める試験

1 締固め試験

締固め試験では、土の含水比を変えて突き固めたときの乾燥密度と含水比の関係から、最大乾燥密度（ρ_{dmax}）と最適含水比（w_{opt}）を求めます。盛土の締固め管理に用いられます。

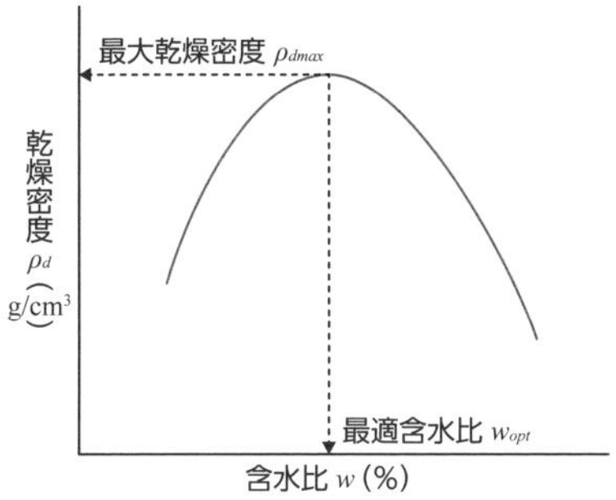

土の締固め曲線

2 せん断試験

土をある面でせん断し、その面に働くせん断強さ、せん断応力を測定し、内部摩擦角（ϕ）、粘着力（c）を求めます。斜面の安定性、地盤の支持力、土圧の検討などに用いられます。一面せん断試験（直接せん断試験）、一軸圧縮試験（間接せん断試験）などがあり、特に一軸圧縮試験では、飽和した粘性土地盤の強度を求めて、盛土および構造物の安定性の検討のために用いられます。

3 圧密試験

圧密試験では、粘性土地盤の載荷重による圧密特性（沈下量と沈下時間の関係）から体積圧縮係数（m_v）を求め、粘性土地盤の沈下量および沈下速度の計算に用いられます。

土の力学的性質を求める試験（室内試験）

試験の名称	試験結果	結果の利用
突固めによる土の締固め試験	最大乾燥密度（ρ_{dmax}） 最適含水比（w_{opt}）	盛土の締固め管理
せん断試験	内部摩擦角（ϕ） 粘着力（c）	斜面の安定性、支持力、土圧などの検討
圧密試験	体積圧縮係数（m_v）	沈下量、沈下速度の計算

1-3　土量の変化率

土が地山にあるとき、それを掘削してほぐしたとき、それを締め固めたとき、それぞれの体積は異なります。これらの状態における土量は、地山土量との体積比による**土量の変化率**で表されます。

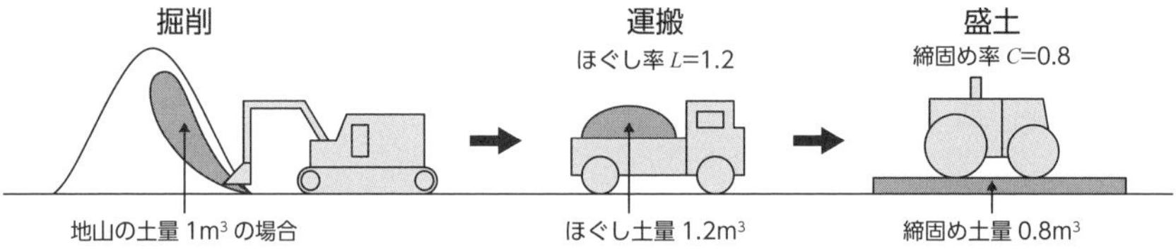

土量の変化率は、実際の土工の結果から推定するのが最も的確な決め方となります。岩石の土量の変化率は、測定そのものが難しいので、施工実績を参考にして計画し、実状に応じて変化率を変更します。

なお、土量の変化率には、**掘削・運搬中の損失**および**基礎地盤の沈下による盛土量の増加**は、原則として含まれません。

1　土量の変化率とその利用法

1 土量の変化率 L

土量の変化率 L（ほぐし率）は、**ほぐした土量**を地山土量で除したものであり、土の**運搬計画**を立てるときに用いられます。

$$\text{ほぐし率}\ L = \frac{\text{ほぐした土量の体積}}{\text{地山土量の体積}}$$

2 土量の変化率 C

土量の変化率 C（締固め率）は、**締め固めた土量**を地山の土量で除したものであり、土の**配分計画**を立てるときに用いられます。

$$\text{締固め率}\ C = \frac{\text{締め固めた土量の体積}}{\text{地山土量の体積}}$$

ゴロ合わせで覚えよう！ 締固め率とほぐし率

湿った棚の上にある
（締め）　（分数の上）

硬めの　　櫛は、
（固めた土量）（ほぐした土量）

そのままに　しておいて
（そのままの土量）（分数の下）

C（締固め率）の計算式は、締め固めた土量／そのままの土量。
L（ほぐし率）の計算式は、ほぐした土量／そのままの土量。

変化率 L は運搬計画、変化率 C は配分計画に用いることをしっかり覚えよう。

頻出項目をチェック！

1 □ 標準貫入試験の結果は、N 値による地盤支持力の判定に用いられる。

2 □ ポータブルコーン貫入試験の結果は、コーン指数によるトラフィカビリティーの推定に用いられる。

3 □ スウェーデン式サウンディング試験の結果は、静的貫入抵抗による土の硬軟、締まり具合の判定に用いられる。

4 □ ベーン試験の結果は、軟弱地盤の判定に用いられる。

5 □ 圧密試験の結果は、飽和した粘性土地盤の沈下量ならびに沈下時間の推定に用いられる。

6 □ **一軸圧縮試験の結果は、飽和した粘性土地盤の強度を求め、盛土および構造物の安定性の検討に用いられる。**

7 □ **塑性指数が大きいほど、吸水による強度低下の傾向が大きく、土の圧縮性が大きい。**

8 □ **土量の変化率 L は、ほぐした土量を地山土量で除したものであり、土の運搬計画を立てるときに用いられる。**

9 □ **土量の変化率 C は、締め固めた土量を地山の土量で除したものであり、土の配分計画を立てるときに用いられる。**

こんな選択肢は誤り！

一般にトラフィカビリティーは、コーンペネトロメータで測定した~~塑性指数~~で示される。

一般にトラフィカビリティーは、コーンペネトロメータで測定したコーン指数で示される。

コンシステンシー試験から求められる塑性指数（I_P）は、その値が~~小さい~~ほど吸水による強度低下が大きくなる。

コンシステンシー試験から求められる塑性指数（I_P）は、その値が大きいほど吸水による強度低下が大きくなる。

土量の変化率 C は、土工の~~運搬~~計画にとって重要な指標である。

土量の変化率 C は、土工の配分計画にとって重要な指標である。

Lesson 02

重要度 ★★★

盛土・切土

学習のポイント

一次 二次

- **盛土材料について理解する。**
- **盛土・切土《きりど》の施工について理解する。**

使用する盛土材料の良否は、完成した盛土の安定性を左右します。土質調査によって土質の性状を把握し、使用材料としての適否を総合的に判断しなければなりません。特に建設発生土の利用は試験に頻出です。

2-1 盛土材料

1 建設発生土の利用

環境保全の観点から、盛土には**建設発生土**を有効利用することが望ましいとされています。建設発生土の利用にあたっては、以下の点に留意します。

①支持力や施工性が確保できない建設発生土は、現場内で発生する他の材料と混合したり、セメントや石灰による**安定処理**を行う。

②高含水比の建設発生土は、なるべく薄く敷き均した後、十分な放置期間をとり、**曝気《ばっき》乾燥**を行うか、**処理材を混合調整**して使用する。

③高含水比の粘性土により高い盛土を行うときは、盛土内の含水比を低下させるために、ある一定の高さごとに**透水性**のよい山砂を用い、盛土内に**排水層**を設ける。

④擁壁《ようへき》や橋台《きょうだい》などの構造物の裏込《うらご》めに建設発生土を使用する場合は、地震による沈下の被害が少ない**粗粒土**など、**透水性**の高い材料を使用する。

⑤岩塊や礫質土は、排水処理と安定性向上のため、法尻に使用する。

2-2 盛土の施工

1 基礎地盤の処理

盛土と基礎地盤のなじみをよくし、支持力を増加させるために、盛土の施工に先立って基礎地盤の処理が必要になる場合があります。基礎地盤の処理にあたっては、以下の点に留意します。

①草木などの腐食による沈下を防ぐため、伐開除根を行う。

②表層に薄い軟弱層が存在している場合は、盛土基礎地盤に溝を掘って盛土の外への排水を行い、盛土敷の乾燥をはかって施工機械のトラフィカビリティーを確保する。

③基礎地盤の地下水が毛管水となって盛土内に浸入するのを防ぐ場合には、厚さ 0.5 ～ 1.2m のサンドマットを設けて排水をはかる。

④基礎地盤に極端な凹凸や段差がある場合は、平坦にかき均し、均一な盛土施工ができるように段差処理を行う。

⑤基礎地盤の勾配《こうばい》が 1：4 程度より急な場合には、盛土との密着を確実にするため、地山の段切りを行うとともに、敷均《しきなら》し厚さを管理して十分に締め固める。

2 盛土の締固め

盛土の締固めを行うにあたっては、以下の点に留意します。

①盛土材料の含水比は、締固め時に規定される施工含水比の範囲内に入るようにし、できるだけ最適含水比に近づけるように調整する。

②締固め中に降雨があったときは、雨水が締め固めている土に浸入しないように、表面に勾配をつけて締め固める。

③傾斜地盤上の盛土は、地山からの湧水が盛土内に浸透し、盛土法面《のりめん》を不安定にすることが多いので、盛土内へ湧水が浸透しないように地下排水溝を配置する。

④傾斜地盤上の盛土は、豪雨や地震時に変状が生じやすいので、締固め度の管理基準値を通常より高めに設定する。

⑤自然含水比が最適含水比より著しく高く、施工の制約から含水量調整が困難である土については、空気間隙率や飽和度の管理を行う。

3 盛土の情報化施工

TS（トータルステーション）・GNSS（衛星測位システム）を用いた盛土の情報化施工とは、締固め機械の走行位置を追尾・記録することにより、規定の締固め度が得られる締固め回数の管理を厳密に行うものです。品質規定方式を工法規定方式にすることで、品質の均一化や過転圧の防止などに加え、締固め状況の早期把握による工程短縮がはかられます。たとえば、ローラの軌跡管理による締固め管理は、ローラの走行軌跡をTSやGNSSにより自動追跡することにより行う工法規定方式の管理です。

試験施工と同じ土質・含水比の盛土材料を使用し、試験施工で決定したまき出し厚・締固め回数で施工した盛土は、現場密度試験を省略することができます。

情報化施工を実施するためには、個々の技術に適合した3次元データと機器・システムが必要です。

4 ジオテキスタイルを用いた補強盛土

ジオテキスタイル（織布、不織布、ジオグリッドなどの総称）を用いた補強盛土工法は、盛土内に面状にジオテキスタイルを敷設し、盛土材との摩擦力による引抜き抵抗力によって、盛土全体にせん断強さや引張強さを与える工法です。

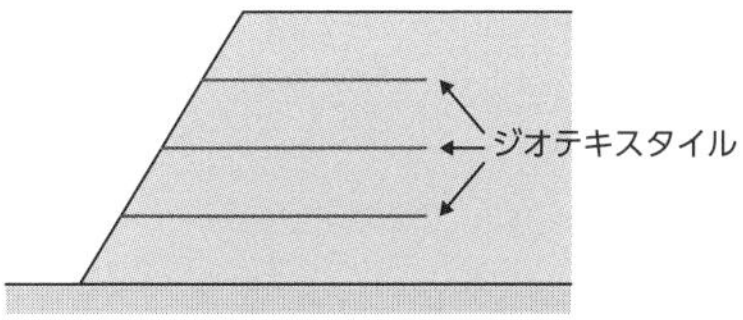

ジオテキスタイル

その特長は、以下のとおりです。

・軟弱地盤の盛土においては、トラフィカビリティーが確保され、機械転圧を行うことができる。

・浸食を受けやすい土で築造される盛土においては、盛土の浸食抵抗を高めることができる。

・急勾配盛土においては、盛土の安定性の向上をはかることができる。

2-3 切土の法面保護工

1 法面保護工の選定

切土の法面保護工の選定にあたっては、以下の点に留意します。

①法面が植生可能な土質で、軟岩や粘性土では1：1.0～1.2より緩い場合、砂や砂質土では1：1.5より緩い場合は、植生工のみで対応することが可能である。

②湧水が多い法面の場合は、地下排水施設とともに、じゃかご工や法枠《のりわく》工を用いる。

③寒冷地のシルトの多い法面では、凍上や凍結融解作用によって植生がはく離したり、滑落するおそれがある場合、法面勾配を緩くし、法面排水を行う。

2-4 裏込め・埋戻し

ボックスカルバートや橋台などの構造物との接続部では、盛土部基礎地盤や盛土自体の沈下等により段差が生じやすいため、裏込めなどの対策が必要です。

裏込め・埋戻《うめもど》しの留意点は以下のとおりです。

①裏込めおよび埋戻しの材料は、地震による沈下の被害が少なく、透水性や粒度分布のよい粗粒土を用いることが望ましく、さらに圧縮性、透水性の観点から土質試験の塑性指数10以下を適用範囲とする。

②湧水量の多い場所に設置する構造物の裏込め部には、透水性の高い砂利、切込み砕石などを用いた基盤排水層を設置する。

③裏込め、埋戻しの敷均しは仕上り厚20～30cm程度とし、締固めは路床と同程度に行う。

☑ 頻出項目をチェック！

1 □ 支持力や施工性が確保できない建設発生土は、現場内で発生する他の材料と混合したり、セメントや石灰による安定処理を行う。

2 □ 高含水比の現場発生土は、なるべく薄く敷き均した後、十分な放置期間をとり、曝気乾燥や処理材の混合調整を行う。

3 □ 高含水比の粘性土により高い盛土を行うときは、盛土内の含水比を低下させるために、ある一定の高さごとに透水性のよい山砂を用い、盛土内に排水層を設ける。

4 □ 表層に薄い軟弱層が存在している基礎地盤は、盛土基礎地盤に溝を掘って盛土の外への排水を行い、盛土敷の乾燥をはかって施工機械のトラフィカビリティーを確保する。

5 □ 裏込め材や埋戻し材は、道路の供用後に工作物との間に隙間《すきま》や段差が生じないように圧縮性の小さい材料を用いなければならない。

こんな選択肢は誤り！

擁壁や橋台などの構造物の裏込めに建設発生土を使用する場合は、地震による沈下の被害が少ない~~細粒土~~が用いられる。

擁壁や橋台などの構造物の裏込めに建設発生土を使用する場合は、地震による沈下の被害が少ない粗粒土が用いられる。

基礎地盤に極端な凹凸や段差がある箇所で、~~盛土高が低い場合には段差処理を省略できるが、盛土高が高い場合には~~均一な盛土とするため段差処理を行う。

基礎地盤に極端な凹凸や段差がある箇所で、盛土高が低い場合にも、盛土高が高い場合にも均一な盛土とするため段差処理を行う。

試験施工と同じ土質、含水比の盛土材料を使用し、試験施工で決定したまき出し厚、締固め回数で施工した盛土~~も、必ず現場密度試験を実施する~~。

試験施工と同じ土質、含水比の盛土材料を使用し、試験施工で決定したまき出し厚、締固め回数で施工した盛土は、現場密度試験を省略できる。

Lesson 03

重要度 ★★★

軟弱地盤対策工法

学習のポイント

一次　二次

- 各工法の目的と方法について理解する。
- 各分類の工法名と特徴について理解する。

3-1　主な軟弱地盤対策工法

1　表層処理工法

本工法は、地表面付近に高含水の粘性土等がある場合、地盤の局部的なせん断変形を抑え、トラフィカビリティーを確保するとともに盛土等の上部荷重をできるだけ均等に在来地盤に分布させることを目的とするものです。

1 表層排水処理工法

地表面にトレンチ（溝）を掘削して**地表水**を排除するとともに、地盤表層部の地下水をトレンチに導いて**表層地盤**の**含水比**を低下させる工法です。これにより施工機械のトラフィカビリティーを確保します。また、トレンチは盛土施工中に地下排水溝としての機能を持たせるため**透水性**の高い砂礫等で埋め戻します。

2 サンドマット工法

軟弱地盤上に**透水性**の高い砂または砂礫を 50 ～ 120 cm の厚さに敷き均す工法で、盛土と併用して**排水層**の役割を果たすほか、単独で施工機械のトラフィカビリティーの確保、軟弱地盤処理の目的を果たすことがあります。

サンドマットだけでは排水効果が十分期待できない場合は、地下排水溝を設けたり、排水用穴あき管（有孔管）を併用します。

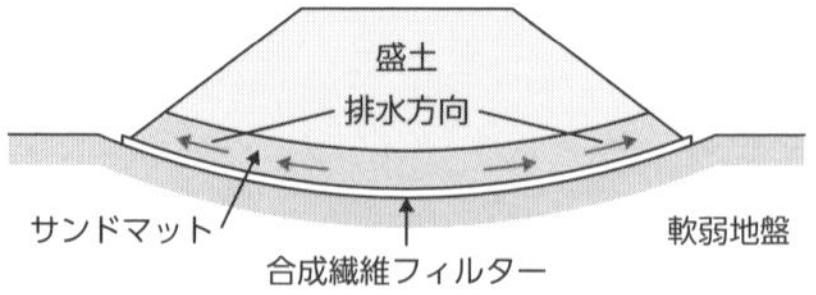

3 敷設材工法

軟弱地盤の表層部に、鋼板やジオテキスタイル（化学繊維シート、樹脂ネット）などを敷設して、そのせん断強さおよび引張強さを利用し、施工機械のトラフィカビリティーを確保する工法です。

4 表層混合処理工法（添加材工法）

生石灰、消石灰およびセメントなどの安定材を、スラリー状あるいは粉体のまま軟弱な表層地盤と混合して、地盤の支持力、安定性を増加させ、施工機械のトラフィカビリティーを確保するとともに、盛土の安定性および締固め効率の向上をはかるものです。

2 緩速載荷工法

軟弱地盤が破壊しない範囲で盛土荷重をかけ、圧密進行に伴い増加する地盤のせん断強さを期待しながら、時間をかけてゆっくりと盛土を仕上げていく工法です。

3 押え盛土工法

盛土荷重により基礎地盤のすべり破壊の危険がある場合に、本体盛土に先行して側方に押え盛土を施工してすべりに対する抵抗を増加させ、本体盛土のすべり抵抗に対する安全性を確保する工法です。

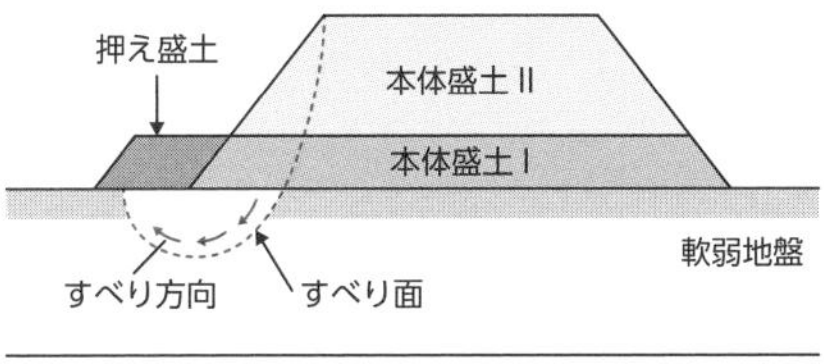

4 置換工法

軟弱地盤に盛土等を行う際に、盛土荷重により沈下、安定等の影響を受ける範囲の基礎地盤の一部または全部を良質土と置き換えて、基礎地盤として適したものに改良する工法で、掘削置換工法と強制置換工法があります。掘削置換工法は、軟弱層が比較的浅い場合に用いられる工法で、掘削により軟弱層を除去して良質土で置き換えるものです。

5　軽量盛土工法

軽量盛土工法は、盛土材としてEPSブロック（高い圧縮強さを有する発泡スチロールのブロック）を使用して、盛土材の軽量化による軟弱地盤の沈下の軽減や、地すべり地における盛土荷重、あるいは構造物への作用土圧の軽減をはかる工法です。

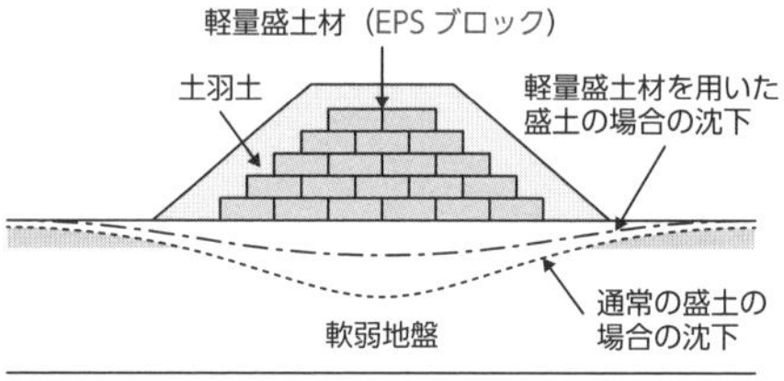

6　載荷重工法（載荷工法）

この工法は、将来建設される構造物の荷重と同等か、より大きい荷重を盛土等により載荷して、基礎地盤の圧密沈下を促進させ、かつ地盤強度を増加させた後に載荷重を除去して構造物を構築するもので、将来計画している構造物と同等の荷重を載荷するプレローディング工法と、将来計画している構造物の荷重以上のものを載荷するサーチャージ工法があります。

7　バーチカルドレーン工法

軟弱地盤中に人工的に鉛直方向の排水路を設け、粘性土の排水距離を短くして圧密時間を短縮する工法の総称で、サンドドレーン工法、ペーパードレーン工法などがあります。圧密に要する時間は、排水距離の2乗に比例します。

①サンドドレーン工法は、透水性が高い砂を鉛直に連続して打設することで排水性を確保し、併せて地盤強度を増加させる効果がある。

②ペーパードレーン工法は、砂の代わりに穴あき厚紙のカードボードを排水路として打設するもので、施工速度が速く経済的であり管理もしやすい。

サンドドレーン工法の施工順序

マンドレルによるサンドパイルの施工

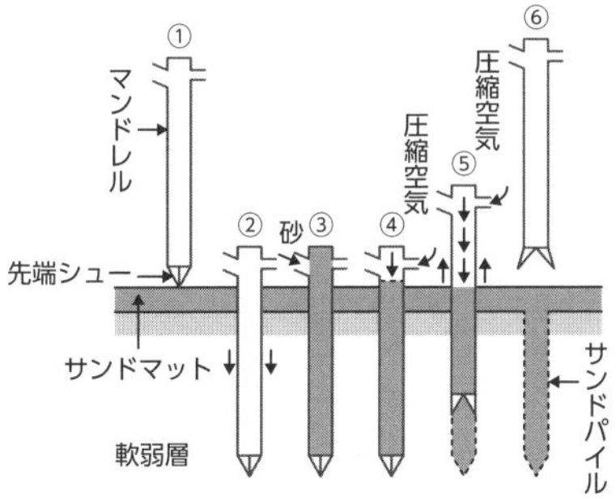

①マンドレルの先端シューを閉じ、所定位置に設置
②振動によりマンドレルを打込む
③砂を投入（バケットによる）
④⑤砂投入口を閉じ、圧縮空気を送りながら
⑥マンドレルを引抜く

ウォータージェットによるサンドパイルの施工

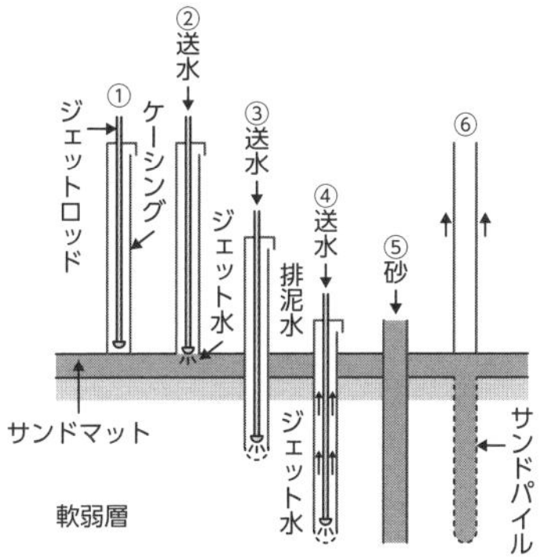

①ケーシングを所定の位置におく
②③ケーシング内にジェットロッドを入れ、水を噴射
④ケーシングを所定の深さまで入れたら、中の土をよく流し出す
⑤砂を充填
⑥ケーシングを引抜く

ペーパードレーン工法の施工順序

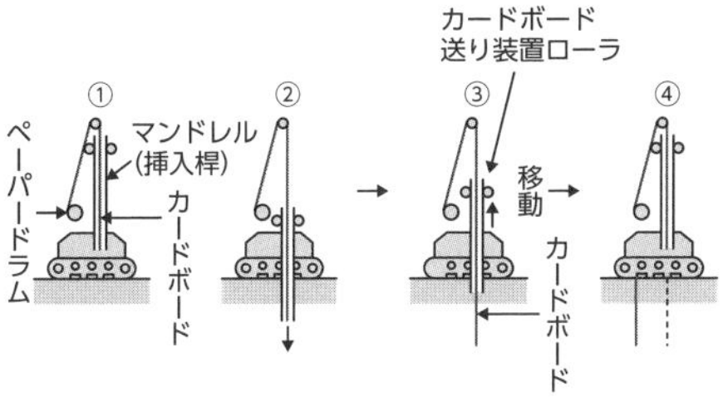

①ペーパードラムからカードボードを引出し、滑車を通してマンドレル内に挿入
②カードボードを内挿したままマンドレルを地盤に挿入
③カードボードを地中に残してマンドレルだけを引上げる
④カッターによってカードボードを切る

ゴロ合わせで覚えよう！ ペーパードレーンとサンドドレーン

ペーペーでも侮れん！
(ペーパードレーン工法)

三度優勝した人を抜いた！
(サンドドレーン工法)　(速い)

粘土地盤で用いられるペーパードレーン工法は、サンドドレーン工法に比べて、早く、安価で施工することができる。

8　サンドコンパクションパイル工法（締固め砂杭工法）

サンドコンパクションパイル工法は、軟弱地盤中に振動あるいは衝撃荷重により砂を打ち込み、高密度の強い砂杭《すなぐい》を造成するとともに、軟弱層を締め固めるものです。この工法は、軟弱な粘性土地盤では、砂杭と粘性土により構成された複合地盤として機能するため、上部からの荷重を造成された砂杭が多く分担し、粘性土に加わる荷重が軽減されて圧密沈下量が減少します。

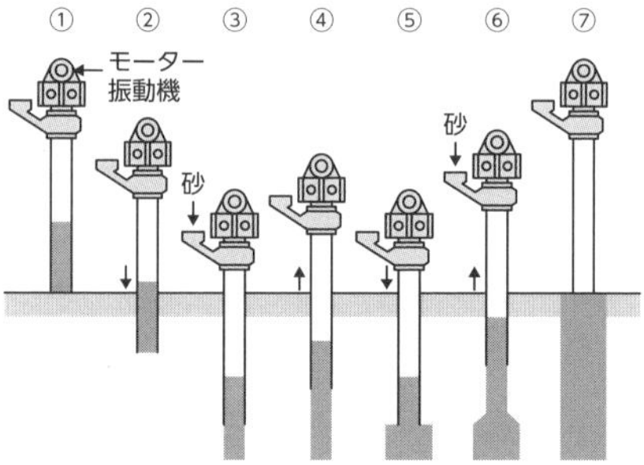

①先端に砂栓を設ける
②パイプ頭部のバイブロによってパイプを地中に挿入する
③砂を投入し、振動させながらパイプを上下し、砂栓を抜く
④⑤⑥振動させながらパイプを上下し、砂を地中に圧入
⑦パイプを引抜き、締固めた砂柱をつくって完了

9　バイブロフローテーション工法

この工法は振動締固め工法であり、棒状の振動機をゆるい砂地盤中で振動させながら水を噴射して、水締めと振動により地盤を締め固めるとともに、生じた空隙に砂利などを充填《じゅうてん》して地盤を改良するもので、地震時の液状化対策として用いられます。

10　固結工法

石灰やセメントなどの固結材を地盤中に混入して、その固結作用により地盤の強度を高める工法で、石灰パイル工法や深層混合処理工法、薬液注入工法などがあります。

1 石灰パイル工法

生石灰を軟弱地盤中に杭状に打設して地盤改良する工法です。生石灰が地盤中の水分と反応した際に生ずる消化吸水反応で、多量の水分を吸収して生石灰の約２倍の体積を持つ消石灰になることにより、含水比の低下、体積膨張による地盤の圧密、石灰杭が固結して支持杭として働く等の改良効果があります。

2 深層混合処理工法

石灰、セメント系の土質改良安定材を、粉体あるいはスラリー状にして軟弱地盤の土と原位置で強制攪拌《かくはん》混合し、地盤中に安定処理土による円柱状の改良体を造成するもので、複合地盤として地盤強度を評価し、沈下および安定対策とする工法です。大きな強度が短時間で得られ、沈下防止効果が大きく、安定材の強制攪拌混合は油圧モータにより行うため、低騒音・低振動で施工することができ、環境に対する影響も少ないのが特徴です。

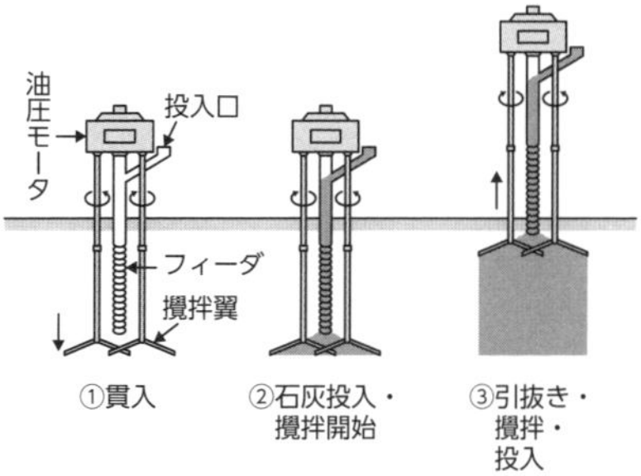

3 薬液注入工法

薬液注入工法は地下掘削の湧水防止や地山の崩落防止のため、地盤中に水ガラスを主体とする薬液を注入して、地盤の透水性を減少させ、あるいは土粒子間を固結し、地盤の強度を増大させる工法です。

薬液注入工法では、注入圧力が大きくなると地盤の隆起が生じて周辺構造物や地下埋設物等を損傷させることがあるので、施工中は周辺地盤の監視が必要です。また、薬液の地中での性質が必ずしも明らかになっておらず、水質汚染のないように地下水の監視も必要です。

3-2　排水工法

排水工法は、地下水位以下の掘削を行う場合に用いる工法で、掘削作業を容易にするとともに掘削箇所の側面ならびに底面の破壊または変形を防止する目的で行われます。

1　釜場排水工法

掘削時に浸透してくる水を、掘削面より深い位置に設置した釜場《かまば》と呼ばれる集水箇所に集めて水中ポンプで排水する工法で、小規模掘削で湧水量が少ない場合に適しています。

2　ディープウェル工法（深井戸排水工法）

径 600 mm 程度の井戸用鋼管を、アースドリルなどの削孔機で地中深く掘り下げて設置し、井戸内に流入した地下水を水中ポンプで排水して井戸周辺の地下水位を低下させる工法です。深井戸排水工法は広範囲に地下水位を低下させる場合や、透水性が大きく、排水量が多い場合に適します。

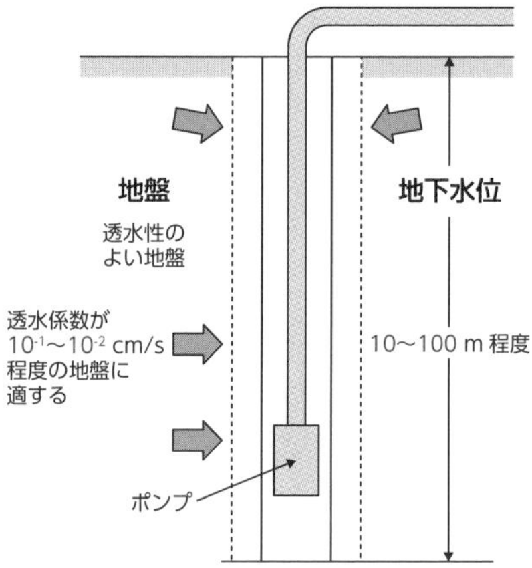

3　ウェルポイント工法

この工法は、掘削箇所の内側および周辺をウェルポイントという吸水装置で取り囲み、先端の吸水部から地下水を真空ポンプで強制的に排水して、地下水位を低下させる工法です。

透水係数の小さい土質にも適用しますが、砂礫層や、排水量が多い場合は適用できません。揚水高さは、6 ～ 7 m 程度が限度であり、掘削深度が大きくなる場合は多段式のウェルポイントが必要になります。

ウェルポイント工法

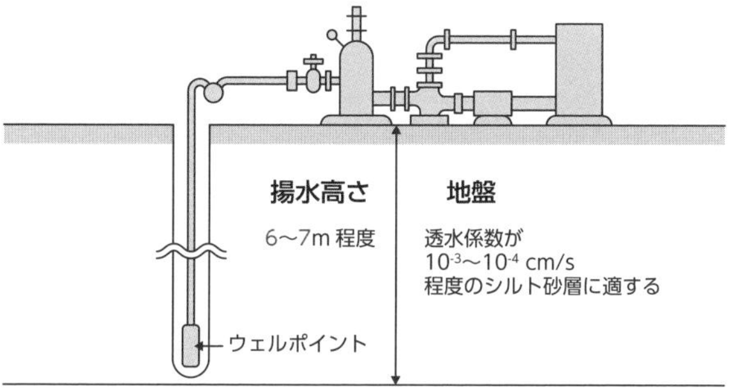

4 深井戸真空工法

ウェルポイントと同様な原理の工法で、ストレーナーの付いた鋼管を地盤内に打設して井戸をつくり、内部に何段かのポンプを取り付けて真空揚水をする工法です。この工法は排水量が多い時に使用されます。

頻出項目をチェック！

1 □ サンドマット工法は、軟弱地盤の表面に砂を敷設することで、軟弱層の圧密のための上部排水の促進や施工機械のトラフィカビリティを確保する。

2 □ サンドドレーン工法は、透水性の高い砂柱を鉛直に造成することにより排水性を確保し、地盤の強度増加をはかる工法である。

3 □ 表層混合処理工法は、軟弱地盤の表層部分の土とセメント系や石灰系などの添加材を攪拌混合することにより、地盤の支持力、安定性を増加させ、施工機械のトラフィカビリティーを確保する。

4 □ 深層混合処理工法は、石灰、セメント系の土質改良安定材と原位置の軟弱土を攪拌混合することにより、強固な柱体状の安定処理土を形成し、沈下および安定対策とする工法である。

こんな選択肢は誤り！

~~サンドマット工法~~は、軟弱地盤の表層部分の土とセメント系や石灰系などの添加材を撹拌混合することにより、地盤の変形抑制や施工機械のトラフィカビリティーを確保する。

表層混合処理工法は、軟弱地盤の表層部分の土とセメント系や石灰系などの添加材を撹拌混合することにより、地盤の変形抑制や施工機械のトラフィカビリティーを確保する。

深層混合処理工法で改良体打設時の固化材の供給量や撹拌混合の状況の確認は、~~改良体が単列の場合は両端の位置で行う~~。

深層混合処理工法で改良体打設時の固化材の供給量や撹拌混合の状況の確認は、全本数について行う。

演習問題

土質試験

土工 1 土の原位置試験で，「試験の名称」，「試験結果から求められるもの」及び「試験結果の利用」の組合せとして，次のうち**適当なもの**はどれか。

	［試験の名称］	［試験結果から求められるもの］	［試験結果の利用］
(1)	標準貫入試験	N 値	盛土の締固め管理の判定
(2)	スウェーデン式サウンディング試験	静的貫入抵抗	土層の締まり具合の判定
(3)	平板載荷試験	地盤反力係数	地下水の状態の判定
(4)	ポータブルコーン貫入試験	せん断強さ	トラフィカビリティーの判定

答え (2)

(1) 標準貫入試験の結果は、地層の判別・硬軟の判定に用いられる。

(3) 平板載荷試験の結果は、締固めの施工管理に用いられる。

(4) ポータブルコーン貫入試験から求められるものは、コーン指数である。

土量の変化率

土工2 土工における土量の変化率に関する次の記述のうち，**適当でないもの**はどれか。

(1) 土の掘削・運搬中の土量の損失及び基礎地盤の沈下による盛土量の増加は，原則として変化率に含まれない。

(2) 土量の変化率Cは，地山の土量と締め固めた土量の体積比を測定して求める。

(3) 土量の変化率は，実際の土工の結果から推定するのが最も的確な決め方である。

(4) 土量の変化率Lは，土工の配分計画を立てる上で重要であり，工事費算定の要素でもある。

答え (4)

配分計画を立てる上で重要なのは、変化率Cである。変化率Lは、運搬計画を立てる上で重要である。

盛土

土工3 盛土などに使用される建設発生土に関する次の記述のうち，**適当でないもの**はどれか。

(1) 高含水比の建設発生土は，なるべく薄く敷き均した後，十分な放置期間をとり，曝気乾燥を行うか処理材を混合調整して使用する。

(2) 支持力や施工性が確保できない建設発生土は，現場内で発生する他の材料と混合したり，セメントや石灰による安定処理をして使用する。

(3) 高含水比の粘性土の建設発生土は，高盛土に用いる場合，盛土内の含水比を低下させるため，透水性のよい山砂により一定の高さごとに盛土内に排水層を設けて使用する。

(4) 透水性のよい砂質土の建設発生土は，土羽土として使用をはかり，礫質土の建設発生土は排水処理と安定性向上のため法肩へ使用する。

答え (4)

透水性のよい砂質土は、土羽土としては使用できない。礫質土は、法尻へ使用する。

軟弱地盤対策

土工4 軟弱地盤の対策工法に関する次の記述のうち，**適当でないもの**はどれか。

(1) 深層混合処理工法は，主としてセメント系の固化材と原位置の軟弱土を攪拌混合することにより，すべり抵抗の増加，変形の抑止，沈下の低減，液状化防止などをはかる工法である。

(2) サンドコンパクションパイル工法は，緩い砂質地盤中に棒状の振動機で振動させながら，水を噴射し水締めと振動をすることにより，地盤を締固め，支持力の増加をはかる工法である。

(3) サンドドレーン工法は，地盤中に透水性の高い砂柱を鉛直に造成することにより，水平方向の排水距離を短くして圧密を促進し，地盤の強度増加をはかる工法である。

(4) 地下水位低下工法は，地盤中の地下水位を低下させることにより，それまで受けていた浮力に相当する荷重を下層の軟弱層に載荷して，圧密を促進し地盤の強度増加をはかる工法である。

答え (2)

バイブロフローテーション工法に関する記述である。

Lesson 01

重要度 ★★★

コンクリート材料

学習のポイント

一次　二次

- 骨材の特徴と性質について理解する。
- 混和材料の特徴と用途について理解する。

1-1 コンクリート用骨材

骨材とは、モルタルまたはコンクリートをつくる際に、セメントおよび水と練り混ぜる砂、砂利、砕石などの材料をいいます。骨材のうち、10 mm ふるいを全部通り 5 mm ふるいを質量で 85%以上通るものを細骨材（砂など）、5 mm ふるいに質量で 85%以上とどまるものを粗骨材（砂利、砕石など）といいます。

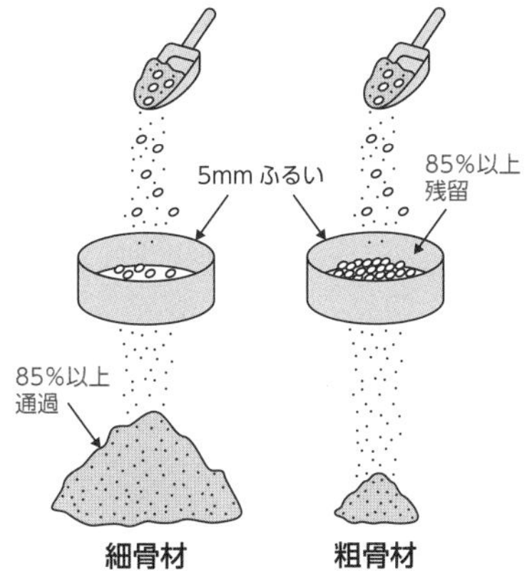

- 骨材
  - 天然骨材
    - 川砂・山砂・海砂
    - 天然軽量細（粗）骨材
  - 人工骨材
    - 砕砂・砕石
    - 人工軽量細（粗）骨材
  - 副産骨材
    - 高炉スラグ細（粗）骨材
    - 焼成フライアッシュ
  - 再生骨材
    - コンクリート廃材から取り出した骨材

1　砕砂・砕石

砕砂の粒形の良否は、粒形判定実積率の値によって判断することができ、粒形判定実積率の大きいほうがよいとされています。砕砂は、粒形が角ばっていることが多いため、粒形判定実積率が54％以上のものを用います。また、砕砂の密度に関する品質は、絶乾密度を標準とします。

一方、砕石の粒形の良否を判定する粒形判定実積率の値は、最大寸法20mmのコンクリート用砕石に対しては56％以上でなければなりません。砕石を用いた場合、ワーカビリティーの良好なコンクリートを得るためには、砂利を用いた場合と比べて、単位水量を多くする必要があります。

2　細骨材

細骨材は、清浄、堅硬、耐久性を有し、化学的あるいは物理的に安定していて、有機不純物、塩化物などを有害量含まないものとします。細骨材に含まれる有機不純物は、JIS A 1105 細骨材の有機不純物試験方法によって試験し、砂の上部における溶液の色合いが、標準色よりも薄くなる細骨材を用いるのが一般的です。

細骨材の吸水率試験の結果は、強度を評価する上で参考となるものです。密度が小さく、吸水率が大きい細骨材は、一般に細骨材を構成する骨材粒子が多孔質で強度が小さくなります。

異種類の細骨材を混合して用いる場合は、混合した後の細骨材の吸水率の品質が満足されている場合でも、混合する前の各細骨材について吸水率の品質を満足しなければなりません。塩化物量については、混合後の試料で塩化物量を測定し、規定に適合すればよいとされています。

3　再生骨材

再生骨材は、その品質によって、再生骨材Ｈ（高品質）、再生骨材Ｍ（中品質）、再生骨材Ｌ（低品質）に分類されます。

再生骨材Ｈは、通常の骨材とほぼ同様な品質を有し、レディーミクストコンクリート用骨材として用いられます。再生骨材Ｍを用いたコンクリートは、乾燥収縮や凍結融解作用を受けにくい部材への適用に限定されます。再生骨材Lは、レディーミクストコンクリート用骨材として使用することができません。

1-2 混和材料

混和材料とは、セメント、水、骨材以外の材料で、練混ぜの際に必要に応じてコンクリートの成分として加え、コンクリートの性質を改善する材料で、使用量の多少によって、混和剤と混和材に分けられます。混和剤は、使用量が少なく、それ自体の容積がコンクリートの練上り容積に算入されないものをいい、混和材は使用量が比較的多く、それ自体の容積がコンクリートなどの練上り容積に算入されるものをいいます。

1 混和材

ポゾラン

ポゾランとは、二酸化ケイ素を含んだ微粉末のセメント混和材の総称で、火山灰、フライアッシュ、スラグ、シリカフューム等があります。セメントと水和するときに生成する水酸化カルシウムと反応して不溶性の水和物を生成し、水密性や化学抵抗性を高め、長期強度を増進する効果があります。

混和材とその効果

混和材	効果
フライアッシュ	・ワーカビリティーの改善により、単位水量を減らせる ・水和熱の低減により、温度応力によるひび割れ発生の抑制 ・長期材齢における強度増進
ケイ酸質微粉末	・オートクレーブ（高温高圧蒸気）養生により高強度を生じる
高炉スラグ微粉末	・潜在水硬性を利用し、水密性を高めて塩化物イオンのコンクリート中への浸透を抑制する
石灰石微粉末	・材料分離の低減、ブリーディングの減少
膨張材	・乾燥収縮や硬化収縮に起因するひび割れの抑制

2 混和剤

AE 減水剤

AE 減水剤を適切に用いると、コンクリートのワーカビリティーが改善され、単位水量を減らすことができます。また、寒中コンクリートでは、水セメント比を小さくすることができ、凍害に対する抵抗性を高めることができます。コールドジョイントの発生対策としては、遅延形 AE 減水剤の使用が有効です。

頻出項目をチェック！

1 □ フライアッシュを適切に用いると、水和熱による温度上昇が小さくなるため、温度応力によるひび割れ発生を抑制する上で有効である。

2 □ オートクレーブ養生によって高強度を得る混和材には、ケイ酸質微粉末がある。

3 □ 高炉スラグ微粉末は、水密性を高め、塩化物イオンのコンクリート中への浸透の抑制に効果的である。

こんな選択肢は誤り！

潜在水硬性が利用できる混和材には、~~石灰石微粉末~~がある。

潜在水硬性が利用できる混和材には、高炉スラグ微粉末がある。

AE 減水剤を適切に用いると、寒中コンクリートでは、水セメント比を~~大きく~~することができ、凍害に対して抵抗性を高めることができる。

AE 減水剤を適切に用いると、寒中コンクリートでは、水セメント比を小さくすることができ、凍害に対して抵抗性を高めることができる。

Lesson 02

重要度 ★★★

コンクリートの配合

学習のポイント

一次 二次

- コンクリートの配合について理解する。
- ひび割れの種類と原因について理解する。

2-1 コンクリートの配合設計

1 配合設計の基本

コンクリートの品質に最も大きなかかわりを持つのは、水セメント比と単位水量です。必要以上に単位水量の多いコンクリートは、単位セメント量も多くなって不経済ですし、収縮が大きく、また材料分離も起こりやすくなります。

コンクリートの配合は、所要の品質と作業に適するワーカビリティーが得られる範囲内で、単位水量をできるだけ少なくするように定めなければなりません。

2 設計基準強度・配合強度

設計基準強度とは、構造計算において基準とするコンクリートの強度を指し、一般に材齢28日における圧縮強度を基準としています。

コンクリートの配合強度は、現場におけるコンクリートの品質のばらつきを考慮し、現場におけるコンクリートの圧縮強度の試験値が設計基準強度を下回る確率が5%以下になるように定めます。

3 粗骨材の最大寸法

粗骨材の最大寸法は、部材最小寸法の1/5、鉄筋の最小あきの3/4あるいはかぶりの3/4以下とします。

粗骨材の最大寸法は次ページの表の値を標準とします。

粗骨材の最大寸法

構造物の種類	粗骨材の最大寸法（mm）
一般の場合	20 または 25
断面の大きい場合 最小断面寸法が 500mm 以上かつ、 鋼材の最小あきおよび かぶりの 3/4 ＞ 40mm の場合	40
無筋コンクリート	40 部材最小寸法の 1/4 を超えてはならない。

4 スランプ

スランプは、運搬、打込み、締固め等の作業に適する範囲内で、できるだけ小さく定めます。打込みの最小スランプは、打込み時に円滑かつ密実に型枠《かたわく》内に打ち込むために必要な最小のスランプで、鋼材量や、鋼材の最小あきなどの配筋条件、施工条件などにより決定されます。この打込みの最小スランプを基準として、打込みまでの運搬に関わるスランプの低下、品質のばらつき等を考慮して、荷卸しの目標スランプおよび練上りの目標スランプを設定します。

スランプは、コンクリート単位体積当たりの鋼材量が多くなるほど大きくするよ。

5 空気量

空気量が増すとコンクリートの強度は小さくなる傾向にあり、コンクリートの品質に影響することがあります。

コンクリートを AE コンクリートとすると、微細な空気泡による所要の空気量を確保することにより、耐凍害性の改善効果が期待できます。

空気量は、粗骨材の最大寸法その他に応じて 4 ～ 7% を標準とします。

6 水セメント比

水セメント比とは、コンクリートの配合 $1m^3$ に使用される水とセメントの配合の質量比（W/C）です。水セメント比は、コンクリートに要求される強度、耐久性、水密性、ひび割れ抵抗性および鋼材を保護する性能を考慮して、これらから定まる値のうち最小の値を設定します。

水セメント比は、その値が小さくなるほど、強度、耐久性、水密性は高くなりますが、その値をあまり小さくすると、単位セメント量が大きくなり、水和熱や自己収縮が増大します。最小水セメント比は、原則として65%以下ですが、国土交通省では水密性や耐久性の観点から、鉄筋コンクリートでは55%以下としています。

水セメント比は、最大の値を設定する、というひっかけ問題が頻出だぞ。気をつけよう！

7 単位水量

単位水量は、作業ができる範囲内でできるだけ少なくするようにし、上限値は $175kg/m^3$ を標準とします。単位水量が大きくなると、材料分離抵抗性が低下するとともに乾燥収縮が増大し、コンクリートの品質低下につながります。

同一な配合条件における単位水量は、粗骨材の最大寸法が 20mm の場合と 40mm の場合を比べると、一般に、40mm の場合のほうが少なくなります。

8 細骨材率

細骨材率とは、コンクリート中に含まれる全骨材質量に対する細骨材の質量の比を示したものです。細骨材率は、所要のワーカビリティーが得られる範囲内で、単位水量ができるだけ小さくなるように、試験によって定めます。

2-2　ひび割れの種類と防止対策

1　代表的なひび割れの種類

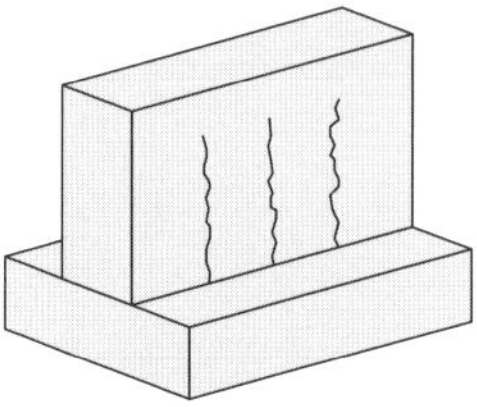

セメント水和熱によるひび割れ

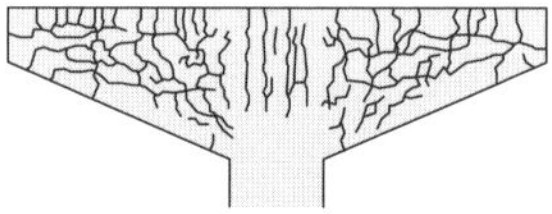

アルカリシリカ反応によるひび割れ

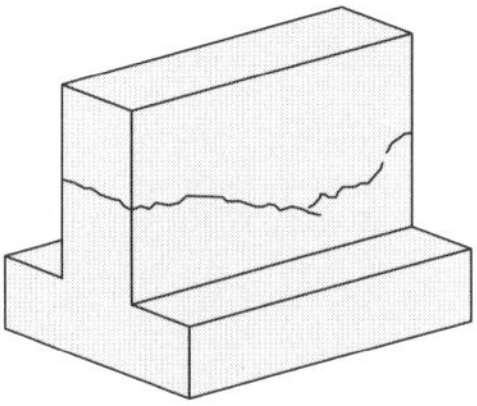

コンクリートの沈下によるひび割れ

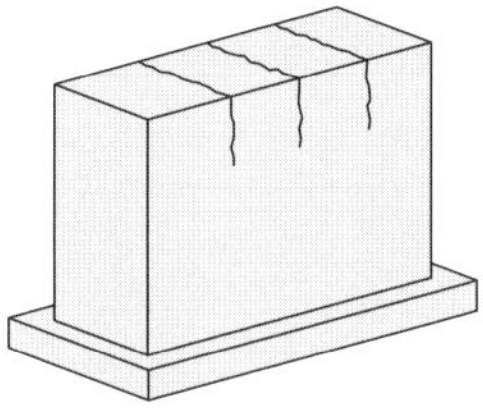

乾燥収縮によるひび割れ

1 セメント水和熱によるひび割れ

セメントと水の水和熱が低下する際に、コンクリートの収縮が拘束されることにより生じます。

2 アルカリシリカ反応によるひび割れ

コンクリート中のアルカリ性水溶液と骨材の特定シリカ成分の反応により、膨張ひび割れが生じます。

3 コンクリートの沈下によるひび割れ

単位水量が多い場合に生じるコンクリートの沈下が、鉄筋などにより拘束されて生じます。

4 乾燥収縮によるひび割れ

コンクリート中の水分が乾燥して収縮することにより生じます。

2 ひび割れの防止対策

ひび割れの種類	防止対策
セメント水和熱によるひび割れ	・単位セメント量をできるだけ少なくする。 ・プレクーリング、パイプクーリングを行い、打込み時および養生時の温度低下をはかる。 ・コンクリートの表面を覆うなどして、急激な温度変化を避ける。
アルカリシリカ反応によるひび割れ	・アルカリシリカ反応性試験で無害とされた骨材を使用する。 ・コンクリート中のアルカリ総量を3kg/m^{3}以下とする。 ・高炉セメント、フライアッシュを使用する。
コンクリートの沈下によるひび割れ	・AE減水剤を使用して、単位水量を少なくする。 ・細骨材・粗骨材の粒度分布の適切なものを使用して、単位水量・水セメント比を小さくする。 ・ポゾランなどの混和材を使用して、材料分離を少なくする。
乾燥収縮によるひび割れ	・単位水量をできるだけ小さくする。 ・収縮の少ないセメント・骨材を使用する。 ・湿潤養生を5日間以上行い、型枠をできるだけ長く存置する。 ・型枠取外し後も湿潤養生を行い、急激な温度変化、直射日光、風が当たらないようにする。

2-3 コンクリートの中性化

コンクリートの中性化とは、空気中の二酸化炭素がコンクリート内に侵入し、コンクリートのアルカリ性が低下する現象です。これがコンクリートの鋼材の位置まで達すると、鋼材の腐食が生じやすくなります。

中性化の速度

配合条件が同一の場合	屋外コンクリート ＜ 屋内コンクリート
単位セメント量が同一の場合	単位水量少 ＜ 単位水量多
水セメント比が同一の場合	普通ポルトランドセメント ＜ 混合セメント

頻出項目をチェック！

1 □ コンクリートの設計基準強度は、配合強度を下回る確率が5%以下になるよう定める。

2 □ スランプは、運搬、打込み、締固め等の作業に適する範囲内で、できるだけ小さく定める。

3 □ 水セメント比は、強度、耐久性、水密性、ひび割れ抵抗性、および鋼材を保護する性能を考慮してこれらから定まる水セメント比のうちで最も小さい値とする。

4 □ 単位水量は、作業ができる範囲内でできるだけ少なくする。

5 □ 細骨材率は、所要のワーカビリティーが得られる範囲内で、単位水量ができるだけ小さくなるように定める。

こんな選択肢は誤り！

粗骨材の最大寸法が40mmの場合と20mmの場合を比較すると、40mmの方が単位水量は~~大きく~~なる傾向にあると判断した。

粗骨材の最大寸法が40mmの場合と20mmの場合を比較すると、40mmの方が単位水量は小さくなる傾向にあると判断した。

単位水量は、作業ができる範囲内でできるだけ小さくするようにし、単位水量が大きくなると材料分離抵抗性が低下するとともに乾燥収縮が~~減少~~する。

単位水量は、作業ができる範囲内でできるだけ小さくするようにし、単位水量が大きくなると材料分離抵抗性が低下するとともに乾燥収縮が増大する。

同一の水セメント比のコンクリートでは、混合セメントを用いたほうが、普通ポルトランドセメントを用いるよりも、中性化速度は~~小さい~~。

同一の水セメント比のコンクリートでは、混合セメントを用いたほうが、普通ポルトランドセメントを用いるよりも、中性化速度は大きい。

Lesson 03 重要度 ★★★

コンクリートの施工

学習のポイント

一次 二次

- **コンクリートの施工の詳細について理解する。**
- **鉄筋の加工・組立の留意点を理解する。**

3-1 コンクリートの運搬・圧送

コンクリートは、練《ねり》混《ま》ぜ後速やかに運搬し、直ちに打ち込み、十分に締め固めなければなりません。そのため、コンクリートの練混ぜから打終わりまでの時間は、外気温が25℃以下のときで2時間以内、25℃を超えるときで1.5時間以内を標準とします。

超硬《かた》練《ね》りコンクリートを比較的短区間運搬するときは、アジテータトラックではなくダンプトラックを用いることもできるよ。

1 コンクリートポンプ

コンクリートポンプによる圧送作業における留意点は、以下のとおりです。

①輸送管の径は、吐出量が一定の場合には、径が大きいほうが圧送負荷が小さくなるため、管径の大きい輸送管の使用が望ましいが、配管先端における作業性は低下し、配管内の移動に要する時間も長くなる。
②配管の距離は、できるだけ短く、かつ、曲がりの数を少なくする。
③コンクリートの圧送に先がけて、使用するコンクリートの水セメント比以下の先送りモルタルを圧送する。
④コンクリートの圧送は連続的に行い、できるだけ中断は避ける。やむを得ず中断する場合は1時間以内とし、暑中コンクリートや流動化コンクリートの場合は短くする。
⑤水平管1m当たりの管内圧力損失は、スランプが小さい、輸送管の径

が小さい、吐出量が大きいなどの場合に大きくなる。

2 シュート

高いところからシュートを用いてコンクリートを下ろす場合には、縦シュートの使用を標準とします。やむを得ず斜めシュートを用いる場合には、シュートの傾きは、材料分離を起こさない程度のもので、水平 2 に対して鉛直 1 程度を標準とします。

3-2 コンクリートの打込み

コンクリート打込み時の留意点は、以下のとおりです。

①打設前には、吸水するおそれがあるところは散水し、湿らせておく。

②コンクリートは、練混ぜから打ち終わるまでの時間は、原則として外気温が 25℃を超えるときで 1.5 時間以内、25℃以下のときで 2 時間以内を標準とする。

③打ち込んだコンクリートは、型枠内で横移動させてはならない。

④コンクリートの打込み高さは 40 ～ 50 cm 以下とする。

⑤コンクリートを 2 層以上に分けて打ち込む場合、上層のコンクリートは下層のコンクリートが固まり始める前に行い、上層と下層が一体となるように施工する。コールドジョイント（上層と下層の不連続面）が発生しないように打重ね時間間隔などを定めなければならない。

許容打重ね時間間隔の標準

外気温	許容打重ね時間間隔
25℃を超える	2.0 時間
25℃以下	2.5 時間

（注）許容打重ね時間間隔は、下層コンクリートの打込み後、下層コンクリートが固まり始める前に上層コンクリートを打ち重ねることで、下層と上層の一体性を保つことができる時間

外気温が 25℃を超えるときの打重ね時間間隔は 2 時間だぞ。よく覚えよう！

⑥シュート、ポンプ配管、バケット、ホッパー等の吐出口から打込み面までの落下高さは 1.5 m 以下とし、コンクリート面にできるだけ近いところまで近づけて打ち込む。

⑦コンクリートの打込みにあたっては、できるだけ材料が分離しないようにし、鉄筋と十分に付着させ、型枠の隅々まで充填させる。

⑧コンクリートの打込み中、表面にブリーディング水がある場合には、スポンジやひしゃくなどでこれを取り除く。

⑨打上がり速度は、一般の場合、30 分につき 1 ～ 1.5 m 程度を標準とする。

⑩コンクリートを地面に直接打ち込む場合は、あらかじめ均しコンクリートを敷いておく。

⑪コンクリートの打込みにあたっては、型枠やせき板が硬化したコンクリート表面からはがれやすくするため、はく離剤を塗布する。

⑫スラブまたは梁のコンクリートが壁または柱のコンクリートと連続している場合は、沈下ひび割れを防止するため、断面が変わる箇所でいったん打ち止め、壁または柱のコンクリートの沈下収縮が落ち着いてから打ち込む。

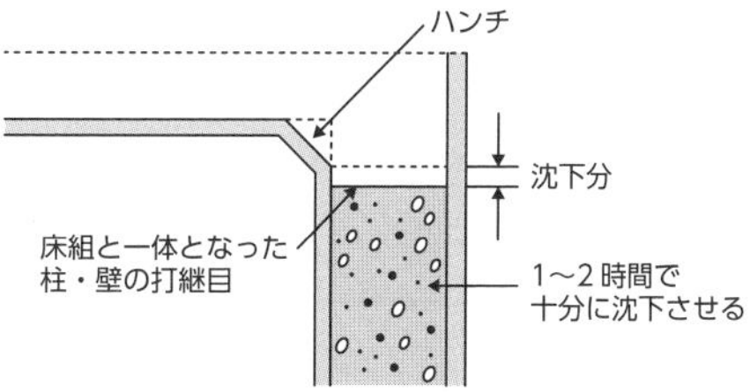

3-3 コンクリートの側圧

型枠に作用するコンクリートの側圧が大きくなる条件は、次のとおりです。

施工条件が同一の場合	・スランプ、圧縮強度、打上がり速度、単位容積質量が大きい ・温度が低い
打込み速度が一定の場合	・スランプ、圧縮強度、単位容積質量が大きい ・温度が低い
スランプが同一の場合	・圧縮強度、打上がり速度が大きい ・温度が低い

3-4 コンクリートの締固め

コンクリートの締固めの留意点は、以下のとおりです。

①コンクリートの締固めには、内部振動機を用いることを原則とし、薄い壁など内部振動機の使用が困難な場所には型枠振動機を使用してもよい。

②コンクリートは、打込み後速やかに十分締め固め、コンクリートが鉄筋の周囲および型枠の隅々に行き渡るようにしなければならない。

③せき板に接するコンクリートは、できるだけ平坦な表面が得られるように打ち込み、締め固めなければならない。

④振動締固めにあたっては、内部振動機を下層のコンクリート中に 10 cm 程度挿入する。

⑤内部振動機は鉛直に挿入し、その間隔は振動が有効と認められる範囲の直径以下の一様な間隔とする。挿入間隔は、一般に 50 cm 以下とする。

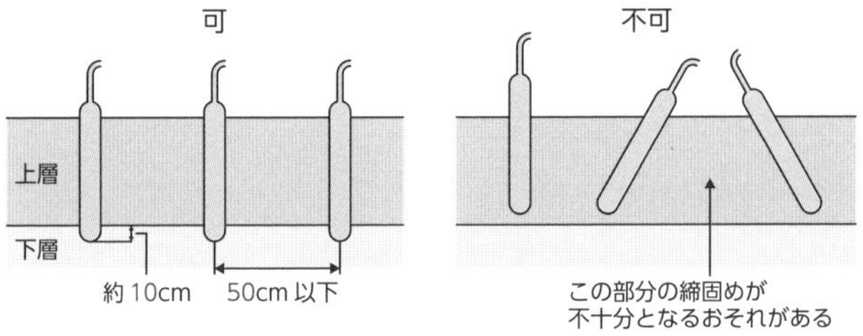

内部振動機の扱い方

⑥ 1 箇所あたりの挿入時間は 5 ～ 15 秒とする。

⑦内部振動機の引抜きは、後に穴が残らないよう徐々に行う。

⑧内部振動機は、コンクリートを横移動させる目的で使用してはならない。

⑨再振動を行う場合には、コンクリートに悪影響が生じないように、再振動によって締固めができる範囲でなるべく遅い時期に行う。

⑩打ち込んだコンクリートの粗骨材が分離してモルタル分の少ない部分があれば、分離した粗骨材をすくい上げ、モルタルの多い箇所に埋め込んで締め固める。

3-5 コンクリートの養生

各種条件下における養生の留意点は、以下のとおりです。

①混合セメントB種を用いたコンクリートの部材は、普通ポルトランドセメントを用いたコンクリート部材よりも、湿潤養生期間を長く設定する。

②日平均気温5℃以上10℃未満の場合、通常のコンクリート工事における湿潤養生期間は、普通ポルトランドセメント使用時で9日、混合セメントB種使用時で12日を標準とする。

③日平均気温が15℃以上の場合、湿潤養生期間は、普通ポルトランドセメント使用時で5日、混合セメントB種使用時で7日を標準とする。

湿潤養生期間の標準

日平均気温	普通ポルトランドセメント	混合セメントB種	早強ポルトランドセメント
15℃以上	5日	7日	3日
10℃以上	7日	9日	4日
5℃以上	9日	12日	5日

④厳しい気象作用を受けるコンクリートは、初期凍害を防止できる強度が得られるまでコンクリート温度を**5℃以上**に保ち、さらに2日間は**0℃以上**に保つことを標準とする。

⑤寒中コンクリートでの初期凍害を防止するためには、水でしばしば飽和される露出面の養生期間を、普通の露出面よりも**長く**設定する。

⑥暑中コンクリートの養生では、打込み終了後、直射日光や風により急激に乾燥してひび割れを生じることがあるため、露出面が乾燥しないように**速やか**に行う。

⑦マスコンクリートの養生では、コンクリート部材内外の温度差が大きくならないように、コンクリート温度をできるだけ**緩やか**に外気温に近づけるため、断熱性の高い材料で**保温**する。

⑧マスコンクリート構造物において、打込み後に実施するパイプクーリング通水用の水は、コンクリート温度との差を**20℃程度以下**とする。

⑨コンクリートの膜養生は、一般に打ち込まれたコンクリートの表面の

水光りが消えた直後に膜養生剤の散布を行う。

⑩コンクリートの表面が海水、アルカリや酸性の土または水などの侵食作用を受ける場合には、通常の場合よりも養生期間を延ばすことが望ましい。

3-6　暑中コンクリート・寒中コンクリートの施工

1　暑中コンクリート

暑中コンクリートの施工における留意点は、以下のとおりです。

①練混ぜ後、できるだけ早い時期に打ち込まなければならないことから、練混ぜ開始から打終わりまでを 1.5 時間以内に行う。

②練上り温度が 10℃上昇する場合は、所要のスランプを得るために単位水量を 2 ～ 5%増加させる。

③運搬中のスランプの低下、連行空気量の減少、コールドジョイントの発生などの危険性があるため、コンクリートの打込み温度をできるだけ低くする。

④練上がりコンクリートの温度を低くするために、なるべく低い温度の練混ぜ水を用いる。

⑤コールドジョイントの発生防止のため、減水剤、AE 減水剤および流動化剤については、遅延形のものを用いる。

⑥養生では、打込み終了後、直射日光や風により急激に乾燥してひび割れを生じることがあるため、露出面が乾燥しないように速やかに行う。

ゴロ合わせで覚えよう！　暑中コンクリート

暑中に、
（暑中コンクリート）

1.5 時間　　遅延だぞ！
（施工時間1.5時間）　（遅延形）

暑中コンクリートの練混ぜ開始から打終わりまでは 1.5 時間とし、減水剤等は遅延形を用いる。

2 寒中コンクリート

寒中コンクリートの施工における留意点は、以下のとおりです。

①コンクリート温度が低いと型枠に作用するコンクリートの側圧が大きくなる可能性があるため、打込み速度や打込み高さに注意する。

②養生では、初期凍害防止のため、型枠の取外し直後に水で飽和される頻度が高いほうのコンクリート表面の養生期間を、低いほうより長くする。

③保温養生あるいは給熱養生終了後に急に寒気にさらすと、コンクリート表面にひび割れが生じるおそれがあるので、適当な方法で保護して表面の急冷を防止する。

3-7 鉄筋の加工・組立

鉄筋は、常温で加工することが原則ですが、やむを得ず加熱加工した場合は、できるだけ急冷させないようにします。

鉄筋の加工・組立における留意点は、以下のとおりです。

①鉄筋は、組み立てる前に清掃して浮き錆《さび》などを除去し、鉄筋とコンクリートとの付着を害しないようにする。

②鉄筋の点溶接は、局部的な加熱によって鉄筋の材質を害し、疲労強度が低下するおそれがあるため、繰返し荷重を受ける構造物の鉄筋組立は、焼きなまし鉄線を用いて鉄筋の交点を結束する。

③型枠に接するスペーサーは、モルタル製あるいはコンクリート製を使用する。

④いったん曲げ加工した鉄筋は、曲げ戻しを避ける。

⑤施工継目《つぎめ》において一時的に曲げた鉄筋は、所定の位置に曲げ戻す必要が生じた場合、900～1000℃程度に加熱して行う。

⑥やむを得ず溶接した鉄筋を曲げ加工する場合には、溶接した部分より鉄筋直径の10倍分だけ離れたところで行う。

⑦重ね継手《つぎて》部分において、焼きなまし鉄線で巻く長さが長すぎるとコンクリートと鉄筋との付着強度が低下するおそれがあるため、できるだけ短くする。

⑧引張鉄筋の重ね継手の長さは、付着応力度より算出する重ね継手長以

上、かつ、鉄筋の直径の 20 倍以上重ね合わせる。

⑨エポキシ樹脂塗装鉄筋の組立後は、できるだけ長期間直射日光にさらさないようにする。

スペーサーの数

床版等	1 m^2 あたり 4 個程度
壁および柱	1 m^2 あたり 2 ～ 4 個程度

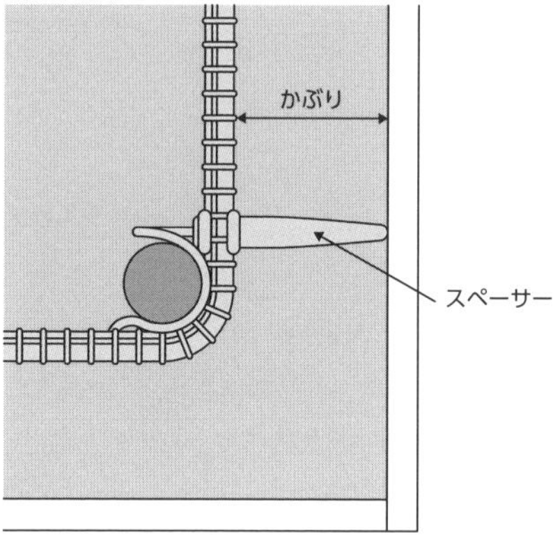

頻出項目をチェック！

1 □ スラブまたは梁のコンクリートが壁または柱のコンクリートと連続している場合は、断面が変わる箇所でいったん打ち止め、壁または柱のコンクリートの沈下収縮が落ち着いてから打ち込む。

2 □ 施工条件が同じ条件の場合、型枠に作用する側圧は、コンクリートのスランプを大きくするほど大きくなり、打上がり速度が大きいほど大きくなる。

3 □ 振動締固めにあたっては、内部振動機を下層のコンクリート中に 10cm 程度挿入する。

4 □ 締固めにおいては、内部振動機をコンクリート中に鉛直に差し込み、引き抜くときは徐々に引き抜くようにする。

5 □ **混合セメントB種を用いたコンクリートの部材は、普通ポルトランドセメントを用いたコンクリート部材よりも、湿潤養生期間を長く設定する。**

6 □ **寒中コンクリートでの初期凍害を防止するためには、水でしばしば飽和される露出面の養生期間を、普通の露出面よりも長く設定する。**

7 □ **重ね継手部分において、焼きなまし鉄線で巻く長さは、できるだけ短くする。**

こんな選択肢は誤り！

打込み時の気温が25℃を超えることが予想されたので、2層に分けてコンクリートを打ち込む際の打重ね時間間隔を~~3~~時間以内となるように計画した。

打込み時の気温が25℃を超えることが予想されたので、2層に分けてコンクリートを打ち込む際の打重ね時間間隔を2時間以内となるように計画した。

暑中コンクリートでは、コールドジョイントの発生防止のため、減水剤、AE減水剤及び流動化剤については~~標準形~~のものを用いる。

暑中コンクリートでは、コールドジョイントの発生防止のため、減水剤、AE減水剤及び流動化剤については遅延形のものを用いる。

マスコンクリート構造物において、打込み後に実施するパイプクーリング通水用の水は、~~0℃を目処にできるだけ低温にする~~。

マスコンクリート構造物において、打込み後に実施するパイプクーリング通水用の水は、コンクリート温度との差を20℃程度以下とする。

演習問題

混和材

コンクリート工 1 コンクリートに用いる混和材の名称と特徴との組合せについて，**適当でないもの**はどれか。

［名称］ ［特徴］
(1) 高炉スラグ微粉末 ……………………… ポゾラン活性の利用
(2) フライアッシュ ………………………… 水和発熱の低減・温度応力によるひび割れ抑制
(3) 石灰石微粉末 ………………………… 材料分離の低減・ブリーディングの減少
(4) けい酸質微粉末 ……………………… オートクレーブ養生によって高強度を生じさせる

答え (1)
高炉スラグ微粉末の特徴は、潜在水硬性の利用が期待できることである。

コンクリートの配合

コンクリート工 2 コンクリートの配合に関する次の記述のうち，**適当でないもの**はどれか。

(1) AE コンクリートは，微細な空気泡による所要の空気量を確保することにより耐凍害性の改善効果が期待できる。
(2) 細骨材率は，骨材全体の体積の中に占める細骨材の体積の割合で，所要のワーカビリティーが得られる範囲内で単位水量ができるだけ小さくなるように設定する。
(3) 水セメント比は，その値が小さくなるほど，強度，耐久性，水密性は高くなるが，その値をあまり小さくすると単位セメント量が大きくなり水和熱や自己収縮が増大する。
(4) 単位水量は，作業ができる範囲内でできるだけ小さくなるようにし，単位水量が大きくなると材料分離抵抗性が低下するとともに乾燥収縮が減少する。

答え (4)

単位水量が大きくなると、乾燥収縮は増大する。

ゴロ合わせで覚えよう！ 凍害と AE コンクリート

「納豆がいや」
(凍害)

「そんなこと言わずに」

「えー。いや今度ね」
(AEコンクリート)

凍害を防止するため、気象環境の厳しいところでは、AE コンクリートを用いる。

コンクリートの打込み

コンクリート工3 コンクリートの打込みに関する次の記述のうち，**適当でないもの**はどれか。

(1) スラブのコンクリートが柱のコンクリートと連続している場合は，沈下ひび割れを防止するため一度にコンクリートを打ち込むのがよい。

(2) コールドジョイントの発生を防ぐ場合は，遅延型 AE 減水剤の使用が方法の１つとして挙げられる。

(3) 打上り速度は，一般の場合 30 分当たり 1.0 ～ 1.5m 程度を標準とする。

(4) 許容打重ね時間間隔とは，下層のコンクリートの打込みと締固めが完了した後，静置時間をはさんで上層コンクリートが打ち込まれるまでの時間のことをいう。

答え (1)

スラブのコンクリートが柱のコンクリートと連続している場合は、断面が変わる箇所でいったん打ち止め、沈下が落ち着いてから打ち込む。

コンクリートの側圧

コンクリート工4 施工条件が同じ場合に，型枠に作用するフレッシュコンクリートの側圧に関する次の記述のうち，**適当なもの**はどれか。

(1) コンクリートのスランプを大きくするほど側圧は大きく作用する。
(2) コンクリートの圧縮強度が大きいほど側圧は小さく作用する。
(3) コンクリートの打上がり速度が大きいほど側圧は小さく作用する。
(4) コンクリートの温度が高いほど側圧は大きく作用する。

答え (1)

(2) 圧縮強度が大きいほど側圧は大きく作用する。
(3) 打上がり速度が大きいほど側圧は大きく作用する。
(4) 温度が高いほど側圧は小さく作用する。

コンクリートの締固め

コンクリート工5 コンクリートの締固めに関する次の記述のうち，**適当でないもの**はどれか。

(1) 呼び強度50以上の高強度コンクリートは，通常のコンクリートと比較して，粘性が高くバイブレータの振動が伝わりやすいので，締固め間隔を広げてもよい。
(2) コンクリートを打ち重ねる場合には，上層と下層が一体となるよう，棒状バイブレータを下層のコンクリート中に10cmほど挿入する。
(3) 鉄筋のかぶり部分のかぶりコンクリートの締固めには，型枠バイブレータの使用が適している。
(4) 再振動を行う場合には，コンクリートの締固めが可能な範囲でできるだけ遅い時期がよい。

答え (1)

振動が伝わりにくいので、締固め間隔を通常より狭くする。

Lesson 01

重要度 ★★★

既製杭基礎

学習のポイント

一次

- **各工法の施工について理解する。**
- **各工法の留意点について理解する。**

杭基礎の施工法には、既製杭工法と場所打ち杭工法があります。既製杭工法はまた、打込み杭工法と埋込み杭工法に分類できます。

1-1　打込み杭工法

打込み杭工法には、ハンマにより既製杭を打ち込む打撃工法と、バイブロハンマにより鋼管杭を打ち込む振動工法（バイブロハンマ工法）があります。いずれも埋込み杭工法に比べて、騒音・振動が大きくなります。

1　打込み杭工法の施工

打込み杭工法の施工においては、以下の点に留意します。

①杭の打込みの準備段階では、施工機械の据《すえ》付《つ》け地盤の強度を確認し、必要であれば敷鉄板の使用、地盤改良などの処置も検討する。

②杭の建込みでは、杭の鉛直性は下杭の鉛直性により決まるので、特に下杭の鉛直性を２方向から検測する。

③杭の打込みでは、杭頭の偏打は杭頭の座屈や杭の軸線の傾斜、キャップやクッションなどの損傷の原因になりやすいので、ハンマおよび杭の軸は同一線上となるようにする。

④杭の打込み順序は、杭群の中央部から周辺に向かって打ち進み、既設構造物に近接して杭を打ち込む場合には、構造物の近くから離れる方向に打ち進む。

⑤杭打ちを中断すると、時間の経過とともに、杭周囲の摩擦力が増加し、打込みが不能になるため、原則として連続して打ち込む。

⑥杭の打止め管理は、一般には杭の根《ね》入《い》れの長さ、動的支持力、貫入量、支持層の状態などにより総合的に判断する。打止め時１打当たりの貫

入量は、2～10mm を目安とする。

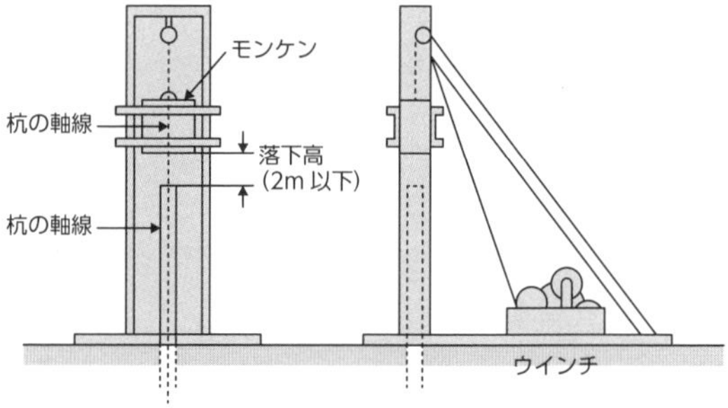

ドロップハンマ

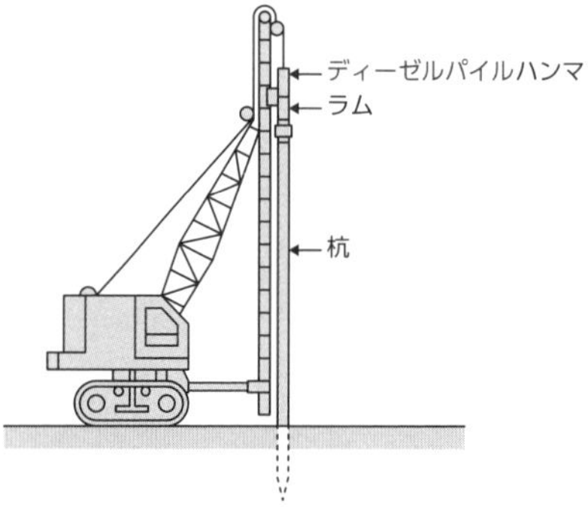

ディーゼルパイルハンマ

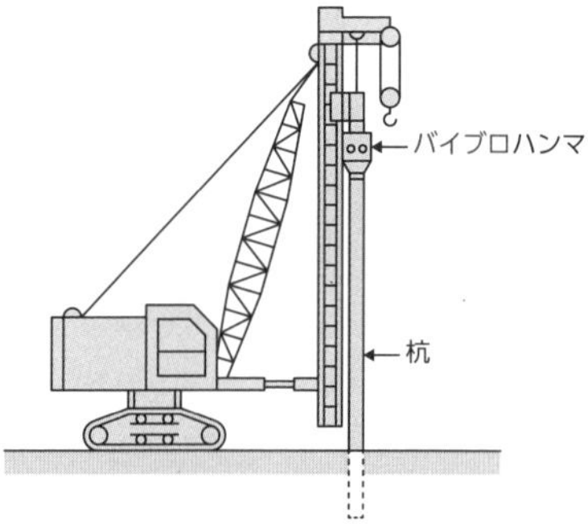

バイブロハンマ

2 鋼管杭の溶接

既製杭の現場溶接継手は、アーク溶接を原則とします。溶接方法は、半自動溶接法によるものが多くなっています。以下に、鋼管杭の現場溶接における留意点を挙げます。

①鋼管杭の現場溶接継手は、原則として板厚の異なる鋼管を接合する箇所に使用してはならない。

②現場溶接は、良好な溶接環境と適切な施工管理のもとに行うとともに、品質が確認できるよう溶接条件、溶接作業、検査結果などを記録する必要がある。

③現場溶接は、溶接部が天候の影響を受けないように処置を行う場合を

除いて、降雨、降雪などの天候の悪い場合は溶接作業をしてはならない。

④溶接ワイヤの吸湿は、アークの不安定、ブローホールなどの原因となるので、よく乾燥したものを用いる。

⑤現場溶接完了後の有害な外部きずは、肉眼により溶接部のわれ、ピットなどの欠陥をすべての溶接部で検査し、内部きずは、一定頻度、放射線透過試験で検査を行わなければならない。

1-2 埋込み杭工法

埋込み杭工法は、既製杭を自沈または回転圧入によって所定の深さに沈設する工法で、プレボーリング杭工法と、中掘り杭工法があります。いずれも打込み杭工法に比べて、騒音・振動や近接構造物への影響は小さくなりますが、支持力もまた小さくなります。

1 プレボーリング杭工法

プレボーリング杭工法は、掘削した孔内に根固《ねがた》め液、杭周固定液を注入し、杭を沈設する工法です。施工上の留意点は、以下のとおりです。

①杭が所定の深さ以上に自沈することのないように、試験杭での確認結果に基づき、一定の時間、杭を所定の位置に保持するようにする。

②杭を沈設する際は、孔壁を削ることのないよう確実に行い、注入した杭周固定液が杭頭部からあふれ出ることを確認しなければならない。

③掘削中は、地盤の掘削抵抗を減少させるため、掘削液を掘削ビットの先端部から吐出させ、その量は掘削速度に応じて調節する。

④根固め液は、所定の支持力を発現するため、掘削孔の先端部周辺の砂質地盤と十分に攪拌《かくはん》しながら確実に注入する。

⑤杭周固定液に用いるセメントミルクは、注入量、注入速度などに留意しながら確実に注入する。

⑥ロッドの引上げでは、拡大根固め球根築造完了後、オーガ駆動装置を正回転に戻してから杭周固定液の注入を開始するようにする。

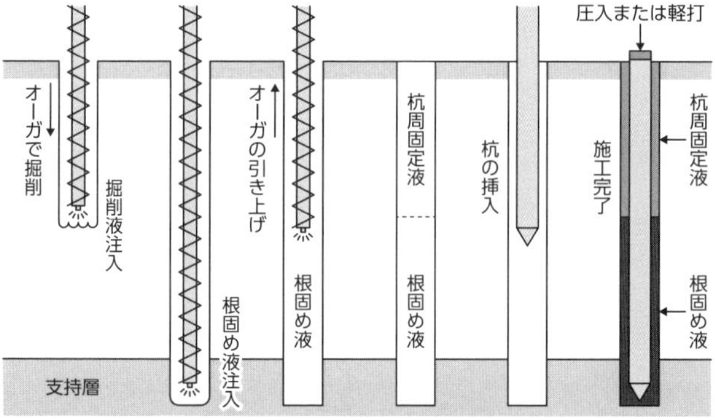

プレボーリング杭工法

2 中掘り杭工法

中掘り杭工法は、先端開放の既製杭の内部にスパイラルオーガなどを通して地盤を掘削しながら杭を所定の深さまで沈設したのち、所定の支持力が得られるよう**先端処理**を行う工法です。沈設方法には、杭体を下方に押し込んで圧入させる方法と、掘削と同時に杭体を**回転**させながら圧入する方法があります。施工上の留意点は、以下のとおりです。

①掘削中は、原則として**過大な先掘り**を行ってはならない。また、杭径以上の**拡大掘り**を行ってはならない。ただし、**セメントミルク噴出攪拌方式**では、先端処理部において、施工管理手法に示される範囲の先掘り、拡大掘りを行うことができる。

②掘削時およびスパイラルオーガ引上げ時に**ボイリング**の可能性がある場合は、杭中空部の孔内水位を**地下水位以上**に保つ。

③根固め球根築造後のオーガの引上げ時は、吸引現象防止のため、貧配合の安定液を噴出しながら**ゆっくり**引き上げる。

④最終打撃の場合は、締め固められた杭先端地盤がボイリングによってゆるまないように、オーガ引抜き時に先端閉塞効果が確保できる程度の**土砂を残す**。

⑤最終打撃を伴わない場合は、掘削速度を一定に保ち、オーガモータ駆動電流値のデータから**掘削抵抗値**を読み取り、事前の地盤調査結果と掘削深度の関係を照らし合わせながら**支持層の確認**をする。

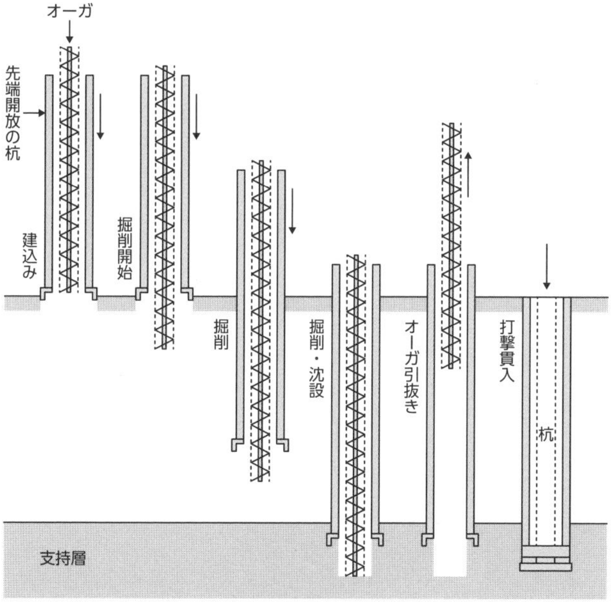

中掘り杭工法

頻出項目をチェック！

1 □	現場溶接は、溶接部が天候の影響を受けないように処置を行う場合を除いて、降雨、降雪などの天候の悪い場合は溶接作業をしてはならない。

2 □	現場溶接完了後の有害な外部きずは、肉眼により溶接部のわれ、ピットなどの欠陥をすべての溶接部で検査し、内部きずは放射線透過試験で一定頻度の検査を行わなければならない。

3 □	プレボーリング杭工法において、杭を沈設する際は、孔壁を削ることのないよう確実に行い、注入した杭周固定液が杭頭部からあふれ出ることを確認しなければならない。

4 □ プレボーリング杭工法において、根固め液は、掘削孔の先端部周辺の砂質地盤と十分に攪拌しながら確実に注入する。

5 □ 中掘り杭工法における根固め球根築造後のオーガの引上げ時は、吸引現象防止のため、貧配合の安定液を噴出しながらゆっくり引き上げる。

6 □ 中掘り杭工法におけるセメントミルク噴出攪拌方式では、先端処理部において、施工管理手法に示される範囲の先掘り、拡大掘りを行うことができる。

こんな選択肢は誤り！

杭の建込み作業段階では、上杭の鉛直性は下杭の鉛直性に~~左右されない~~ので、下杭の鉛直性を~~一方向~~で確認する。

杭の建込み作業段階では、上杭の鉛直性は下杭の鉛直性に左右されるので、下杭の鉛直性を二方向で確認する。

杭の打込み順序は、杭群の中央部から周辺に向かって打ち進み、既設構造物に近接して杭を打ち込む場合には、構造物の~~離れたところから近づく~~方向に打ち進むのがよい。

杭の打込み順序は、杭群の中央部から周辺に向かって打ち進み、既設構造物に近接して杭を打ち込む場合には、構造物の近いところから離れる方向に打ち進むのがよい。

中掘り杭工法では、中間層が比較的硬質で沈設が困難な場合は、フリクションカッターを併用~~するとともに杭径以上の拡大掘りを行うのがよい~~。

中掘り杭工法では、中間層が比較的硬質で沈設が困難な場合は、フリクションカッターを併用し、杭径以上の拡大掘りは行わない。

Lesson 02

重要度 ★★★

場所打ち杭基礎

学習のポイント

一次

- 各工法の施工について理解する。
- 鉄筋かごの施工について理解する。

2-1 場所打ち杭工法

1 オールケーシング工法

オールケーシング工法では、杭の全長にわたりケーシングチューブを揺動圧入または回転圧入して孔壁を保護し、ハンマグラブで掘削を行います。施工上の留意点は、以下のとおりです。

①コンクリート打込み時のトレミーの下端は、打込み面付近のレイタンス、押し上げられてくるスライムなどを巻き込まないように、コンクリート上面より常に2m以上下げておく。

②鉄筋かご建込み前に、ハンマグラブや沈積バケットで土砂やスライムを除去する。

③鉄筋かご共上がりの予防対策として、鉄筋かごの最大外径とケーシングチューブ内壁との間隔は、粗骨材最大寸法の2倍以上とする。

④コンクリート打込み完了後にケーシングチューブを引き抜くと、コンクリートの天端《てんば》が下がるので、配筋に配慮するとともに流動性の高いコンクリートを使用する。

⑤掘削深度の確認は、掘削底の形状などを考慮し、2箇所以上で検測することによって行う。

軟弱地盤では、事前に地盤改良やコンクリート打込み時の孔内水位の管理、余盛《よもり》コンクリート高さの割増しをするよ。

2 アースドリル工法

アースドリル工法では、表層ケーシングチューブと安定液（ベントナイトまたはCMCを主材料とするもの）で孔壁を保護し、ドリリングバケット（アースドリル）で掘削を行います。施工上の留意点は、以下のとおりです。

①一次孔底処理は、掘削完了後に底ざらいバケットで行い、二次孔底処理は、コンクリート打込み直前にトレミーなどを利用したポンプ吸上げ方式により行う。

②掘削土の土質と深度を設計図書に記載されているものと対比し、また、掘削速度や掘削抵抗の状況も参考にして支持層の確認を行う。

3 リバース工法

リバース工法では、スタンドパイプと自然泥水で孔壁を保護し、回転ビット（削孔機）で掘削を行います。施工上の留意点は、以下のとおりです。

①安定液のように粘性のあるものを使用しないため、泥水循環時に粗粒子の沈降が期待でき、一次孔底処理により泥水中のスライムはほとんど処理できる。

②一般にデリバリホースから排水される循環水に含まれた土砂を採取し、設計図書に記載されているものと対比して支持層の確認を行う。

4 深礎工法

深礎工法では、ライナープレートなどの山留め材で孔壁を保護し、人力等で掘削を行います。施工上の留意点は、以下のとおりです。

①底盤の掘りくずを取り除くとともに、支持地盤が水を含むと軟化するおそれのある場合には、孔底処理完了後に孔底をモルタルまたはコンクリートで覆う。

②土質と深度を設計図書に記載されているものと対比し、目視で支持層の確認を行い、また、必要に応じて平板載荷試験を実施する。

2-2 鉄筋かごの施工

鉄筋かごの施工上の留意点は、以下のとおりです。

①鉄筋かごの組立は、鉄筋かご径が大きくなるほど変形しやすくなるので、鉄筋かごの内側に十字や井ゲタ状に補強し、組立用補強材は剛性の大きいものを使用する。

②鉄筋かごの主鉄筋の継手方法は、重ね継手が原則で、なまし鉄線を用い、鋼材や補強鉄筋を配置して堅固となるように行う。

③鉄筋かごの帯鉄筋をフレア溶接する場合の溶接長は、鉄筋径の10倍とする。

④鉄筋かごを水平につり上げて移動する際は、ねじれ、たわみなどが起きやすいので、これを防ぐためにつり治具を用い、2～4点でつる。

⑤鉄筋かごのスペーサーは、鉄筋かご挿入時にはずれないようにし、深さ方向に3～5m間隔、同一深さに4～6箇所程度を取り付ける。

頻出項目をチェック！

1 □ オールケーシング工法の施工においては、コンクリート打込み時のトレミーの下端は、打込み面付近のレイタンス、押し上げられてくるスライムなどを巻き込まないように、コンクリート上面より常に2m以上下げておく。

2 □ アースドリル工法の一次孔底処理は、掘削完了後に底ざらいバケットで行い、二次孔底処理は、コンクリート打込み直前にトレミーなどを利用したポンプ吸上げ方式で行う。

3 □ リバース工法では、安定液のように粘性のあるものを使用しないため、泥水循環時に粗粒子の沈降が期待でき、一次孔底処理により泥水中のスライムはほとんど処理できる。

4 □ 深礎工法では、土質と深度を設計図書に記載されているものと対比し、目視で支持層の確認を行い、また、必要に応じて平板載荷試験を実施する。

5 □ 鉄筋かごの組立は、鉄筋かご径が大きくなるほど変形しやすくなるので、鉄筋かごの内側に十字や井ゲタ状に補強し、組立用補強材は剛性の大きいものを使用する。

6 □ 鉄筋かごを水平につり上げて移動する際は、ねじれ、たわみなどが起きやすいので、これを防ぐためにつり治具を用い、2～4点でつる。

こんな選択肢は誤り！

オールケーシング工法における掘削完了後の掘りくずやスライムは、鉄筋かご建込み~~後~~にサクションホースを用いて除去する。

オールケーシング工法における掘削完了後の掘りくずやスライムは、鉄筋かご建込み前にサクションホースを用いて除去する。

~~リバース工法~~では、土質と深度を設計図書及び土質調査資料と対比するとともに、目視で支持層の確認を行い、必要に応じて平板載荷試験を行う。

深礎工法では、土質と深度を設計図書及び土質調査資料と対比するとともに、目視で支持層の確認を行い、必要に応じて平板載荷試験を行う。

鉄筋かごの組立は、鉄筋かごの径が大きくなるほど~~変形しにくい~~ため、組立用補強材は剛性の~~小さい~~ものを使用する。

鉄筋かごの組立は、鉄筋かごの径が大きくなるほど変形しやすいため、組立用補強材は剛性の大きいものを使用する。

鉄筋かごの帯鉄筋をフレア溶接する場合の溶接長は、鉄筋径の~~5~~倍とする。

鉄筋かごの帯鉄筋をフレア溶接する場合の溶接長は、鉄筋径の10倍とする。

Lesson 03

重要度 ★★☆

直接基礎・土留め工

学習のポイント

一次

- 基礎地盤面の処理について理解する。
- 土《ど》留《ど》め工の施工について理解する。

3-1 直接基礎

直接基礎は、良質な支持層が目安として 5m 程度の比較的浅い箇所に出現する場合に採用されます。良質な支持層の目安は、砂地盤では、標準貫入試験による N 値が 30 程度以上、粘性土では N 値が 20 程度以上で、かつ圧密のおそれがないことです。

ゴロ合わせで覚えよう！ 粘性土層の N 値

一年生だけど……。
（粘性土層）

あっ見ちゃった!おそれるものなし
（圧密のおそれなし）

20 点
（N 値20以上）

一般に、粘性土層を直接基礎の支持層としてもちいる場合は、圧密のおそれがなく、N 値が 20 程度以上あれば良質な支持層と考えてよい。

1 基礎地盤面の処理

①基礎地盤をコンクリートで置き換える場合には、所要の支持力が得られるよう、底面を水平に掘削し、浮き石は完全に除去する。

②基礎地盤が岩盤の場合は、底面地盤の不陸を残し、平滑な面としないで均しコンクリートを打設する。

③基礎地盤が砂地盤の場合は、ある程度の不陸を残して底面地盤を整地し、その上に割栗石《わりぐりいし》や砕石を敷き均す。

④一般に基礎が滑動《かつどう》する際のせん断面は、基礎の床《とこ》付《づ》け面のごく浅い箇

所に生じることから、施工時に地盤の過度の乱れが生じないようにする。

基礎底面の処理例

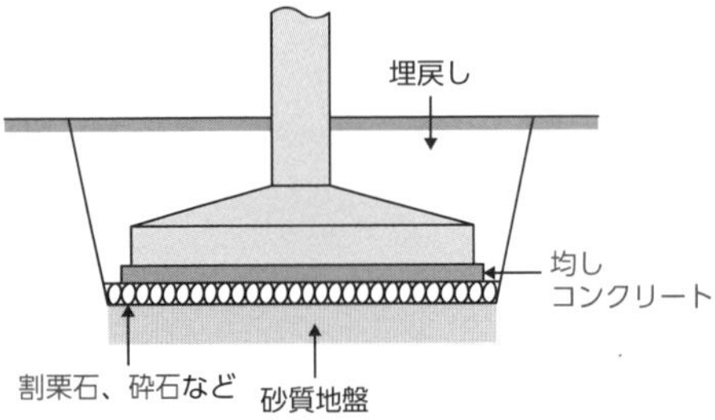

砂質地盤の場合（N値30以上）

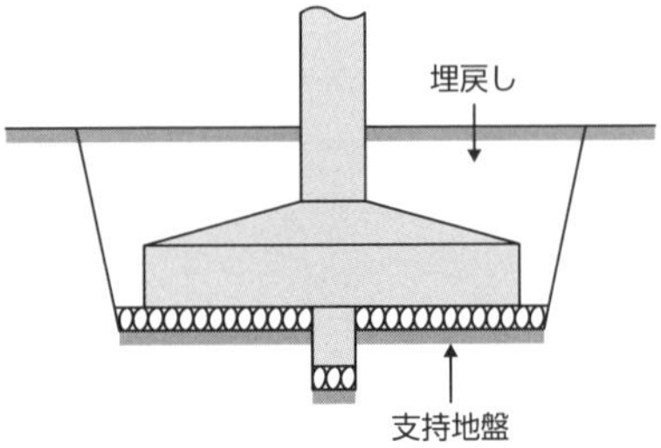

水平支持力が不足する場合は突起をつける

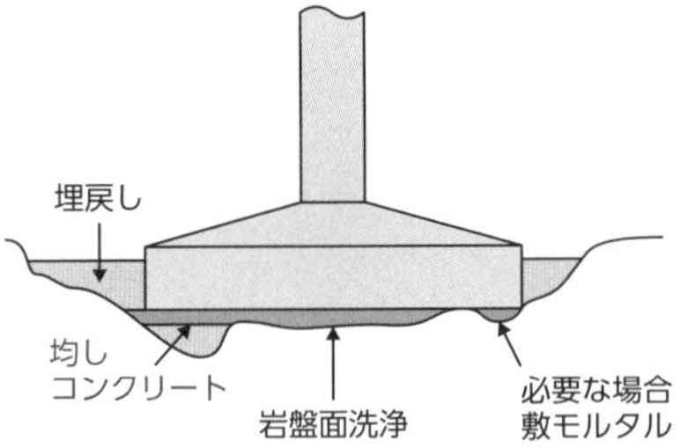

締まった砂礫層岩盤の場合

3-2 土留め工

1 土留めの施工

土留めの施工にあたっては、以下の点に留意します。

①腹起《はらおこ》し材の継手部は、弱点となりやすいため、継手位置は応力的に余裕のある切ばりや火打ちの支点から近い位置とする。

②側圧の大きい場合や、切ばりの間隔を広くする場合には、作業空間や切ばりの配置を考慮し、二重腹起しや二段腹起しを使用するが、一方向切ばりの土留めや切ばりのない立坑には二段腹起しを用いる。

③腹起しと切ばりの遊間は、土留め壁の変形原因となるので、あらかじめパッキング材などにより埋めておき、ジャッキの取付け位置は腹起

しの付近とし、同一線上に並ばないように千鳥配置とする。

④切ばりは、一般に圧縮部材として設計されているため、圧縮応力以外の応力が作用しないように、腹起しと垂直にかつ密着して取り付ける。

⑤切ばり用鋼材の割付け上の理由により継手を用いる場合には、継手位置は中間杭付近に設けるとともに、継手部にはジョイントプレートなどを取り付けて補強する。

⑥数段の切ばりがある場合には、掘削に伴って設置済みの切ばりに軸力が増加しボルトに緩みが生じることがあるため、必要に応じて増締めを行う。

⑦最下段の切ばりを撤去する際は、土留め壁に作用している荷重を鋼材や松丸太などを用いて本体構造物に受け替えるなどして、土留め壁の変形を防止する。

⑧切ばり、腹起し、土留め壁の取付け時における過大な掘削は、土留め壁に設計値以上の荷重が作用することにより、変形を助長し、危険な状態となるおそれがあるので避ける。

⑨遮水性土留め壁であっても、鋼《こう》矢《や》板壁《いたへき》の継手部のかみ合わせ不良などから地下水や土砂の流出が生じ、背面地盤の沈下や陥没の原因となることがあるので、鋼矢板打設時の鉛直精度管理が必要となる。

2 土留めの安全対策

①土留め壁の応力度が許容値を超えると予測された場合、切ばり、腹起しの段数を増やし、切ばりにプレロードを導入する。

②盤ぶくれに対する安定性が不足すると予測された場合、掘削底面下の地盤改良により不透水層の層厚を増加させる。

③ボイリングに対する安定性が不足すると予測された場合、水頭差を低減させるため、背面側の地下水位を低下させる。

④ヒービングに対する安定性が不足すると予測された場合、背面地盤をすき取る。

3 掘削底面の安定

ヒービングとは、軟らかい粘性土質地盤で、掘削背面の土砂の重量が掘削底面の地盤支持力より大きくなると掘削底面が持ち上がる現象をいいます。

ボイリングとは、地下水位の高いゆるい砂地盤で、掘削背面の水位と掘削底面との水位差によって地下水と共に、砂と水が掘削面に湧き出す現象をいいます。

ヒービング・ボイリングの対策

ヒービングの対策	ボイリングの対策
・土留め壁の根入れを長くする。 ・掘削底面を地盤改良する。 ・土留め壁背面を排土する。	・土留め壁の根入れを長くする。 ・掘削底面を地盤改良する。 ・土留め壁背面の水位を低下させる。

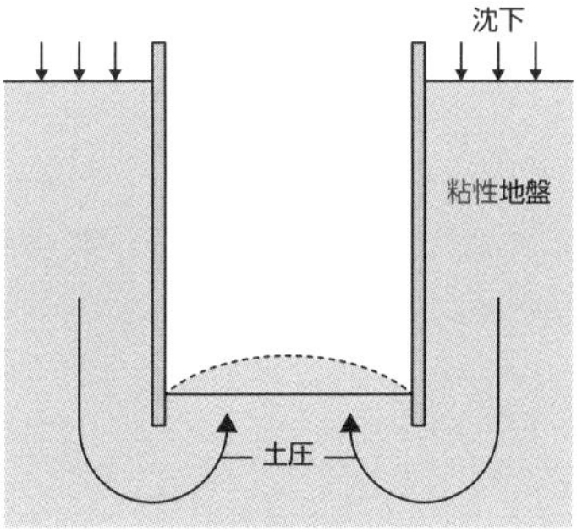

ヒービング

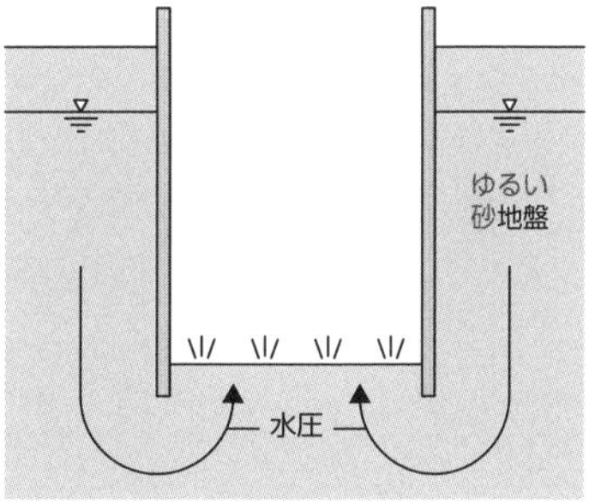

ボイリング

こんな選択肢は誤り！

腹起しと切りばりの遊間は、土留め壁の変形原因となるので、あらかじめパッキング材などにより埋め、また、ジャッキの取付け位置は腹起しあるいは中間杭付近とし、~~千鳥配置~~を避け~~同一線上に配置~~とする。

腹起しと切りばりの遊間は、土留め壁の変形原因となるので、あらかじめパッキング材などにより埋め、また、ジャッキの取付け位置は腹起しあるいは中間杭付近とし、同一線上を避け千鳥配置とする。

腹起し材の継手部は、弱点となりやすいため、継手位置は応力的に余裕のある切ばりや火打ちの支点から~~遠い~~位置とする。

腹起し材の継手部は、弱点となりやすいため、継手位置は応力的に余裕のある切ばりや火打ちの支点から近い位置とする。

演習問題

既製杭基礎

基礎工 1 中掘り杭工法及びプレボーリング杭工法に関する次の記述のうち，**適当でないもの**はどれか。

(1) プレボーリング杭工法における杭周固定液に用いるセメントミルクは，注入量，注入速度などに留意しながら確実に注入しなければならない。
(2) 中掘り杭工法におけるセメントミルク噴出攪拌方式では，先端処理部において，施工管理手法に示される範囲の先掘り，拡大掘りを行うことができる。
(3) プレボーリング杭工法における杭の沈設は，孔壁を削ることのないよう確実に行い，注入した杭周固定液が杭頭部からあふれ出ないように施工しなければならない。
(4) 中掘り杭工法における根固め球根築造後のオーガの引き上げ時は，吸引現象防止のため貧配合の安定液を噴出しながらゆっくり引き上げる。

答え (3)

プレボーリング杭工法における杭の沈設では、注入した杭周固定液が杭頭部からあふれ出ることを確認する。

場所打ち杭基礎

基礎工 2 場所打ち杭工法の施工に関する次の記述のうち，**適当でないも**

のはどれか。

(1) オールケーシング工法では，コンクリート打込み時に，一般にケーシングチューブの先端をコンクリートの上面から所定の深さ以上に挿入する。
(2) オールケーシング工法では，コンクリート打込み完了後，ケーシングチューブを引き抜く際にコンクリートの天端が下がるので，あらかじめ下がり量を考慮する。
(3) リバース工法では，安定液のように粘性があるものを使用しないため，泥水循環時においては粗粒子の沈降が期待でき，一次孔底処理により泥水中のスライムはほとんど処理できる。
(4) リバース工法では，ハンマグラブによる中掘りをスタンドパイプより先行させ，地盤を緩めたり，崩壊するのを防ぐ。

答え (4)
リバース工法では、スタンドパイプの建込みをハンマグラブによる中掘りより先行させる。

直接基礎の施工

基礎工 3 擁壁の直接基礎の施工に関する次の記述のうち，**適当でないもの**はどれか。

(1) 基礎の施工にあたっては，擁壁の安定性を確保するため，基礎地盤が十分なせん断抵抗を発揮できるよう掘削時に基礎地盤を緩めないようにする。
(2) 基礎地盤をコンクリートで置き換える場合には，所要の支持力が得られるよう底面を水平に掘削し，浮き石は完全に除去する。
(3) 基礎地盤が岩盤の場合は，擁壁の安定性を確保するため基礎底面地盤の不陸を整正し，平滑な面に仕上げる。
(4) 一般に基礎が滑動する際のせん断面は，基礎の床付け面のごく浅い箇所に生じることから，施工時に地盤に過度の乱れが生じないようにする。

答え (3)
基礎地盤が岩盤の場合は、不陸を残し、平滑な面としないようにする。

第2章

専門土木

1 鋼・コンクリート構造物

2 河川・砂防

3 道路・舗装

4 ダム・トンネル

5 海岸・港湾

6 鉄道・地下構造物

7 上下水道・薬液注入

Lesson 01

重要度 ★★★

鋼橋

学習のポイント

一次

- 耐候性鋼材の特徴について理解する。
- 鋼橋の架設に伴う接合法について理解する。

1-1 耐候性鋼材

1 耐候性鋼材の特徴

耐候性鋼材は、鋼材に適量の合金元素を添加して鋼材表面に緻密な錆《さび》層を発生させ、以後の錆の進展を抑制することを目的として開発されました。以下に、その特徴と留意点を挙げます。

①耐候性鋼材は、その表面に保護性錆が形成されるまでの期間は錆汁が生じるため、初期の錆の生成抑制や保護性の錆の生成促進を目的とした表面処理を施すこともある。

②耐候性鋼材で保護錆層を形成させるには、架設現場などで鋼材の表面に塩分が付着するのを避け、万一、過度の塩分付着が確認された場合は、入念に水洗いをして除去する。

③現地に架設後、床版コンクリート打設までの期間が長期に及ぶ場合には、雨水のかかりによる錆むらを避けるため、あらかじめ耐候性鋼用表面処理剤を塗布する。

④耐候性鋼材の表面の黒皮は、製作過程などにおける鋼材表面の錆むらを防ぐため、鋼材製作時または架設時に除去する。

⑤黒皮の除去には、原板ブラストによる方法と製品ブラストによる方法があり、製品ブラストによる製品は、原板ブラストによる製品に比べると、汚れが少なく、錆の均一性に優れている。

⑥箱げた内部は、気密ではなく結露や雨水浸入により湿潤になりやすいので、耐候性鋼材を使用しても、内面は一般鋼材と同様の塗装をするのがよい。

1-2 ボルト接合

1 高力ボルトの締付け

高力ボルトの締《しめ》付《つ》けにおける留意点は、以下のとおりです。

①摩擦接合において接合される材片の接触面を塗装しない場合は、所定のすべり係数が得られるよう黒皮、浮き錆などを除去し、粗面とする。

②ボルトの締付けは、ナットを回して行うのを原則とするが、やむを得ずボルトの頭を回して締め付ける場合は、トルク係数値の変化を確認する。

③ボルトの締付けは、連結板の中央のボルトから順次端部ボルトに向かって行い、2度締めを行う。

④トルシア形高力ボルトを使用する場合は、予備締めに電動インパクトレンチを使用し、本締めには専用締付け機を使用する。

⑤曲げモーメントを主として受ける部材のフランジ部と腹板部とで、溶接と高力ボルト摩擦接合を併用する場合には、溶接の完了後に高力ボルトを締め付けるのを原則とする。

高力ボルト

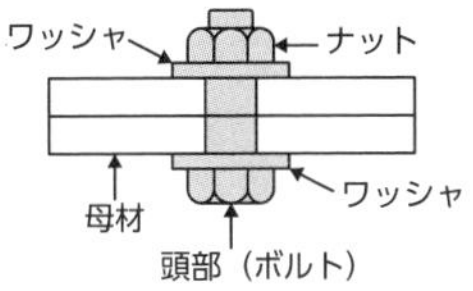

トルシア形高力ボルト

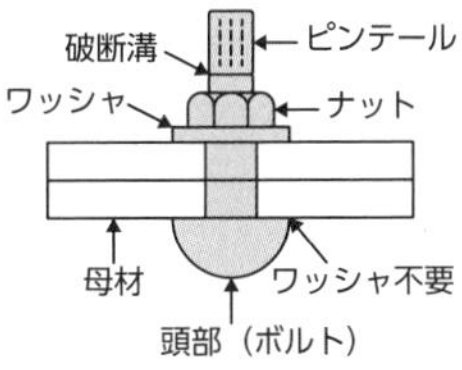

2 高力ボルト締付け後の検査

高力ボルト締付け完了後の検査方法は、以下のとおりです。

①トルク法によって締め付けたトルシア形高力ボルトの検査は、各ボルト群の全数についてピンテールの切断の確認とマーキングによる外観検査を行うものとする。

②トルク法によって締め付けた高力六角ボルトの検査は、各ボルト群の10%のボルト本数を検査し、締付けトルク値がキャリブレーション時の設定トルク値の± 10%の範囲内のとき合格とする。

③回転法によって締め付けた高力ボルトの検査は、全数マーキングによる外観検査を行い、ボルト長が径の 5 倍以下の場合は 1/3 回転（120度）± 30 度の範囲内であることを確認する。

④耐力点法によって締め付けた高力ボルトの検査は、全数マーキングによる外観検査を行い、各ボルト群の正常に締め付けられたボルト 5 本の回転角の平均値に対して全数が所定範囲内の回転角 ± 30 度の範囲内であることを確認する。

予備締め後　　良い例　　悪い例

回転法のマーキング

1-3 溶接接合

鋼板表面に付着している黒皮、錆、塗料、油や水分などは、溶接時の加熱によりガスが発生しブローホールや割れの原因となります。溶接を行う部分は、黒皮、錆、塗料、油などを除去し、溶接を行う場合には、溶接線付近を十分に乾燥させなければなりません。

溶接継手の種類

	突合せ継手	T 継手	十字継手	角継手
開先継手	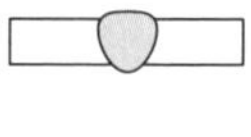	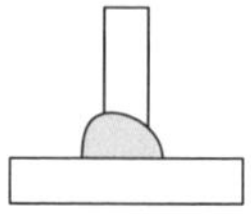	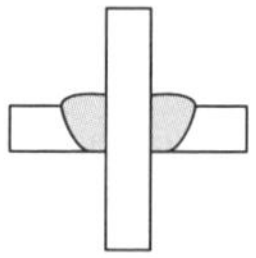	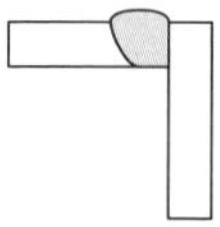
すみ肉継手		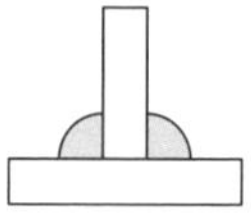	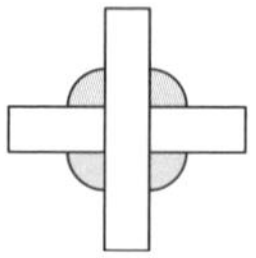	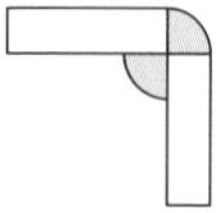

1 のど厚・有効長

1 すみ肉溶接の留意点

すみ肉溶接の理論のど厚は、継手のルートを頂点とする二等辺三角形の底辺のルートからの距離とします。また、すみ肉溶接の有効長は、まわし溶接を行った場合のまわし溶接の長さは含まないものとします。

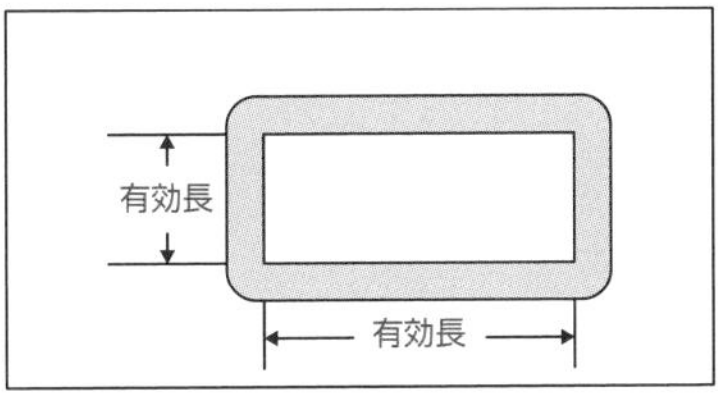

まわし溶接部は有効長に含めない

2 開先溶接の留意点

完全溶《とけ》込《こ》み開先溶接で部材の厚さが異なる場合の理論のど厚は、薄いほうの部材の厚さとします。完全溶込み開先溶接で溶接線が応力方向に直角でない場合の有効長は、応力に直角な方向に投影した長さとします。

2 溶接の施工

溶接施工上の留意点は、以下のとおりです。

①設計図書において特に仕上げの指定のない開先溶接の余盛りは、ビート幅と余盛高さが規定範囲内であれば仕上げなくてもよい。規定の高さを超える場合は、特に止端部のビード形状を滑らかに仕上げる。

②主要部材では溶接ビード表面のピットがあってはならないが、2次的な継手のすみ肉溶接や部分溶込み開先溶接では、若干の存在が許容される。

③オーバーラップは、いかなる場合もあってはならないが、アンダーカットは規定の範囲内であれば許容され仕上げをしなくてよい。

④アンダーカットは、応力集中の主因となり、腐食の促進にもつながる

ため、鋼材の疲労など特別に厳しい規定がある場合を除き、深さは0.5mm以下でなければならない。

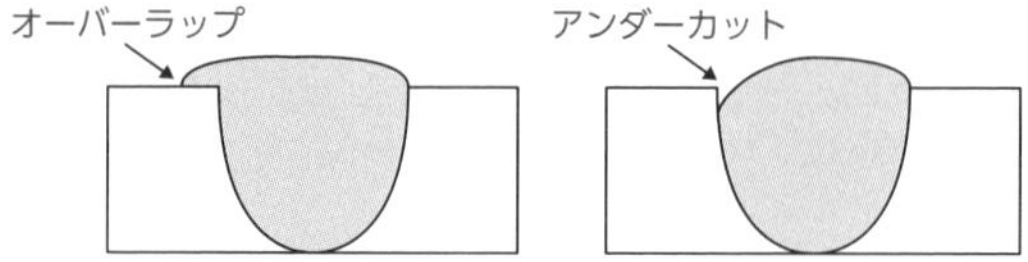

3　溶接の検査

溶接部の検査には、肉眼検査、放射線透過試験、超音波探傷検査、浸透探傷試験、磁粉探傷試験があります。

溶接ビードおよびその近傍には、いかなる場合も割れがあってはならず、割れの検査は肉眼で行うのを原則とします。疑わしい場合には磁粉探傷試験または浸透探傷試験を行います。

また、スタッド溶接に用いるスタッドジベルの溶接後の外観検査は、全数について行うものとし、不合格となったものについては全数ハンマー打撃による曲げ検査を行い、外観検査で合格したものの中から1%について抜き取り曲げ検査を行います。

ゴロ合わせで覚えよう！　**溶接割れの検査**

ようし、肉だ！
(溶接割れ)　(肉眼)

「自分、タン塩！　本当にタン塩！」
(磁粉探傷試験)　(浸透探傷試験)

溶接割れの検査は肉眼で行うのを原則とし、疑わしい場合には磁粉探傷試験または浸透探傷試験を用いる。

4 エンドタブ

エンドタブは、部材の溶接端部において所定の溶接品質を確保するためのものです。開先溶接および、主桁のフランジと腹板のすみ肉溶接には、部材と開先形状が同等のエンドタブを取り付け、溶接の始端および終端が溶接する部材上に入らないようにしなければなりません。エンドタブは、溶接終了後にガス切断によって除去し、グラインダーで仕上げます。

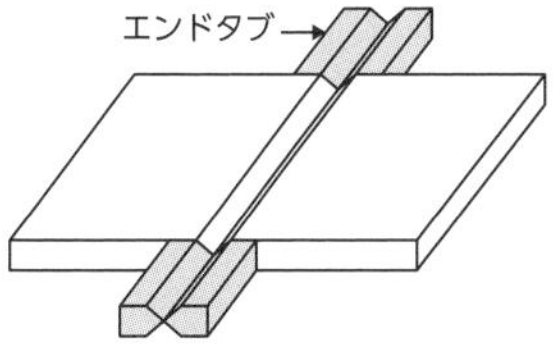

突合せ溶接

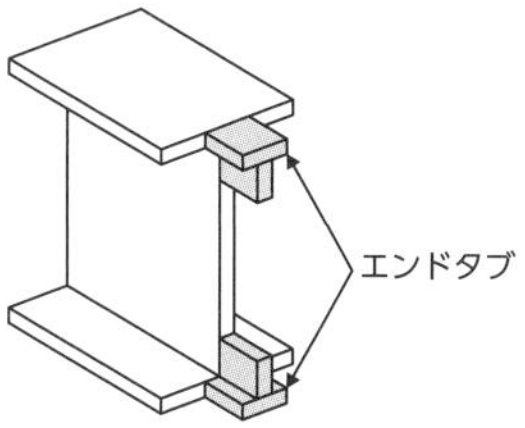

すみ肉溶接

1-4 鋼道路橋の架設作業

鋼道路橋の架設作業における留意点は、以下のとおりです。

①I形断面部材を仮置きする場合は、転倒ならびに横倒れ座屈に対して十分に配慮し、汚れや腐食に対する養生として、15cm以上地面より離すものとする。

②部材の組立に使用する仮締めボルトとドリフトピンは、架設応力に十分耐えるだけの本数を用いるものとし、片持ち式架設の場合の本数の合計は、その箇所の連結ボルト数の1/3を原則とする。

③部材を縦方向に移動する場合には、送出し作業に伴う送出し部材および架設機材の支持状態が逐次変化するため、架設計算の応力度照査は段階図に基づいて行う。

④部材を横方向に移動する場合には、その両端における作業誤差が生じやすいため、移動量および移動速度を施工段階ごとに確認しながら行うものとする。

1-5 鋼橋の防食

1 電気防食

電気防食は、鋼材に電流を流して表面の電位差をなくし、腐食電流の回路を形成させない方法であり、流電陽極方式と外部電源方式があります。

2 被覆による防食

被覆による防食は、鋼材を腐食の原因となる環境から遮断することによって腐食を防止する方法です。ゴムや樹脂による非金属被覆と、亜鉛めっきや金属溶射、金属めっきによる金属被覆があります。

3 塗装による防食

金属の表面に塗装することにより塗膜を形成し、腐食因子である水、酸素、酸類、塩類などを遮断する方法です。塗装仕様に適合した塗料を使用します。

4 耐食性材料の使用による防食

耐食性材料の使用による防食は、使用材料そのものに腐食速度を低下させる合金元素を添加することによって改質した耐食性を有する材料を使用する方法です。

5 環境改善による防食

環境改善による防食は、鋼材周辺から腐食因子を排除するなどして鋼材を腐食しにくい環境条件下に置くものであり、構造の改善により水や酸素などを排除する方法と、除湿による方法があります。

1-6 鋼構造物塗装の施工管理

1 塗重ね間隔

塗装を塗り重ねる場合の塗装間隔は、付着性をよくし、良好な塗膜を得るために重要な要素であり、塗料ごとに定められています。

塗重ね間隔が短いと、下層の未乾燥塗膜は、塗り重ねた塗料の溶剤によって膨潤して、しわが生じやすくなります。また、塗料の乾燥が不十分なうちに次層の塗料を塗り重ねると、上層塗膜にあわやふくれが生じることがあります。

逆に、塗重ね間隔が長すぎる場合は、下層塗膜の乾燥硬化が進み、上に塗り重ねる塗料との密着性が低下して、後日、塗膜間で層間はく離が生じやすくなります。

2 塗膜の欠陥および劣化

塗膜欠陥

塗膜欠陥	現象と原因
ながれ	塗料がたれ下がった状態になる現象であり、厚く塗りすぎか、塗料の希釈しすぎなど、塗料粘度が不適切であることが原因である。
ちぢみ	塗膜にしわができた状態になる現象であり、下塗りが未乾燥か、厚塗りで表面が上乾きしていることが原因である。
ふくれ	塗膜が持ち上げられてふくれた状態になる現象であり、塗膜下に水分が入り、膨張することが原因である。
はじき	塗料がなじまずに付着しない部分が残ったり、局部的に塗膜が薄くなる現象であり、塗付面に油分や水分が付着しているか、先に塗った塗膜の表面に油分が多いことが原因である。
にじみ	下塗りが上塗りに浸透して変色した状態になる現象であり、下塗りが未乾燥か、上塗り塗料の溶解力が強すぎることが原因である。
白化 （ブラッシング）	表面が荒れて、白くぼやけてツヤがない状態になる現象であり、塗膜の溶剤が急激に揮発したか、乾燥しないうちに結露したことが原因である。

塗膜劣化

塗膜劣化	現象と原因
チェッキング	塗膜の表面に生じる比較的軽度な割れで、塗膜内部のひずみによって生じ、目視でやっとわかる程度のもの。
クラッキング	塗膜内部深く、または鋼材面まで達する割れで、塗膜内部のひずみによって生じ、目視で判断できるもの。
チョーキング	塗膜の表面が粉化して次第に消耗していくもので、紫外線などによって塗膜表面が分解して生じ、耐久性が低下するもの。
はがれ	塗膜と鋼材面、または塗膜と塗膜間の付着力が低下したときに生じ、結露の生じやすい下フランジ下面などに多く見られる。

頻出項目をチェック！

1 □ 耐候性鋼材は、鋼材に適量の合金元素を添加して鋼材表面に緻密な錆層を発生させ、以後の錆の進展を抑制することを目的として開発された。

2 □ 高力ボルトの締付けは、ナットを回して行うのを原則とするが、やむを得ずボルトの頭を回して締め付ける場合は、トルク係数値の変化を確認する。

3 □ 高力ボルトの締付けは、連結板の中央のボルトから順次端部ボルトに向かって行い、２度締めを行う。

4 □ 溶接割れの検査は、肉眼で行うのを原則とし、疑わしい場合には磁粉探傷試験または浸透探傷試験を行う。

こんな選択肢は誤り！

耐候性鋼材の表面の黒皮は、その防せい機能により製作過程などにおける鋼材表面の錆むらを防ぐため、~~架設終了後~~に除去する。

耐候性鋼材の表面の黒皮は、その防せい機能により製作過程などにおける鋼材表面の錆むらを防ぐため、鋼材製作時または架設時に除去する。

トルク法によって締め付けたトルシア形高力ボルトの検査は、各ボルト群の~~50%~~についてピンテールの切断の確認とマーキングによる外観検査を行うものとする。

トルク法によって締め付けたトルシア形高力ボルトの検査は、各ボルト群の全数についてピンテールの切断の確認とマーキングによる外観検査を行うものとする。

Lesson 02

重要度 ★★★

コンクリート構造物

学習のポイント

一次 二次

- コンクリート構造物の劣化について理解する。
- コンクリート構造物の補修工法について理解する。

2-1　コンクリート構造物の劣化

1　主な劣化現象

1 アルカリシリカ反応

アルカリシリカ反応は、骨材中の反応生成物（シリカ）が吸水膨張してコンクリートにひび割れが発生し、擁壁などでは亀甲状のひび割れが生じる現象です。

アルカリシリカ反応の抑制対策は、以下のとおりです。

①アルカリシリカ反応性試験で「無害」と判定される骨材を使用する。

②コンクリート中のアルカリ総量を 3.0kg /m^3 以下とする。

③高炉セメント（B 種・C 種）、フライアッシュ（B 種・C 種）を使用する。

2 中性化

中性化は、空気中の二酸化炭素がセメント水和物と炭酸化反応を起こし、鋼材の腐食が促進され、コンクリートのひび割れやはく離、鋼材の断面減少を引き起こす現象です。中性化深さは、一般的に、構造物完成後の供用年数の平方根に比例すると考えられます。同一水結合材比のコンクリートにおいては、フライアッシュを用いたコンクリートのほうが、中性化の進行は速く、また、コンクリートが比較的乾燥している場合のほうが速くなります。

中性化の抑制対策は、以下のとおりです。

①タイル、石張りなどによる表面仕上げを行う。

②かぶり（厚さ）を大きくする。

3 塩害

塩害は、コンクリート中の鋼材の腐食が塩化物イオンにより促進され、コンクリートのひび割れやはく離、鋼材の断面減少を引き起こす劣化現象です。

塩害の抑制対策は、以下のとおりです。

①コンクリート中の塩化物イオン量を少なくする。
②高炉セメントなどの混合セメントを使用する。
③水セメント比を小さくして密実なコンクリートとする。
④かぶりを十分大きくする。
⑤防せい剤を塗布した樹脂塗装鉄筋を使用する。
⑥電気防食を行う。

4 凍害

凍害は、コンクリート中の水分が凍結と融解を繰り返すことによって、コンクリート表面からスケーリング、微細ひび割れ、ポップアウトなどの形で劣化する現象です。コンクリートの耐凍害性は、コンクリートの品質のほか、コンクリートの飽水度にも左右されます。

凍害の抑制対策は、以下のとおりです。

①耐凍害性の大きな骨材を用いる。
② AE剤あるいはAE減水剤を使用して、適正量のエントレインドエアを連行させ、コンクリート中の空気量を6%程度にする。
③水セメント比を小さくして、密実なコンクリートとする。

ゴロ合わせで覚えよう！ 水セメント比

水とセメントを混ぜたら
(水セメント比)

コンクリートと対等かい？
(コンクリート)　(耐凍害性)

水セメント比は、コンクリートの耐凍害性に影響を及ぼす。

5 化学的侵食

化学的侵食は、侵食性物質とコンクリートとの接触によるコンクリートの溶解・劣化や、コンクリートに侵入した侵食性物質がセメント組成物質や鋼材と反応し、体積膨張によるひび割れやかぶりのはく離などを引き起こす現象です。

化学的侵食の抑制対策は、以下のとおりです。

①コンクリート表面を被覆する。
②腐食防止処置を施した補強材を使用する。
③かぶりを大きくする。
④水セメント比を小さくして、密実なコンクリートとする。

主な劣化現象

劣化機構	要因	現象
アルカリシリカ反応	反応性骨材	・コンクリートの異常膨張 ・コンクリートのひび割れ
中性化	二酸化炭素	・鋼材の腐食 ・コンクリートのひび割れ・はく離 ・鋼材の断面減少
塩害	塩化物イオン	・鋼材の腐食 ・コンクリートのひび割れ・はく離 ・鋼材の断面減少
凍害	凍結融解作用	・骨材のポップアウト ・粗骨材間モルタル部でのスケーリング ・コンクリートの微細ひび割れ
化学的侵食	酸性物質 硫酸イオン	・コンクリートの溶解・劣化 ・コンクリートのひび割れ・はく離

2-2 コンクリート構造物の補修

1 各種補修工法

1 水処理（止水・排水処理）

水処理は、様々な劣化に対する予防保全措置として、最も基本的な工法です。塩害、中性化、アルカリシリカ反応のいずれも、水または水に溶解した塩分が劣化要因となるため、コンクリート構造物にできるだけ水が接触しないよう、水回り、排水を工夫する必要があります。

2 表面処理工法

表面処理工法には、表面被覆工法と表面含浸工法があります。コンクリート表面の塩化物イオンの浸透量の低減や遮断が期待できます。

表面被覆工法…劣化因子の侵入やコンクリートのはく離を抑制・防止する目的で、コンクリート構造物の表面を被覆する工法です。樹脂系またはポリマーセメントモルタル（PCM）系などの被覆材が用いられます。

表面含浸工法…撥水型（シラン系）あるいは緻密化型（けい酸塩系）の表面含浸材を用いて、コンクリート表層部を改質し、撥水性やアルカリ性、その他の特殊な機能を付与する工法です。

3 断面修復工法

塩化物イオンを多く含むコンクリートを除去し、欠損した部分を断面修復材によって修復する工法です。下地コンクリートのはつり・仕上げ、はつり面への吸水防止処理、鉄筋の処理、断面修復材の施工等からなります。

4 ひび割れ注入工法

コンクリートに生じたひび割れに注入材を充填《じゅうてん》させることによって、ひび割れへの劣化因子の侵入を防止し、耐久性等の向上を目的とした工法です。劣化コンクリートの強度回復、鉄筋の防せい効果、鉄筋とコンクリートとの付着回復等が期待できます。

5 電気化学的防食工法

電気防食工法…鋼材に防食電流を流し、鋼材表面におけるアノード反応を抑制する工法です。

脱塩工法…コンクリート表面に仮設陽極材を設けて、コンクリート中の塩化物イオンを除去し、鋼材の腐食停止や腐食速度の抑制を期待する工法です。

再アルカリ化工法…コンクリート表面に仮設陽極材を設けて、コンクリートにアルカリ性の電解質溶液を電気浸透させることで、中性化したコンクリートのアルカリ性を回復させる工法です。

劣化機構と補修工法

劣化機構	補修方針	補修工法
アルカリシリカ反応	・水分の供給抑制、内部水分の散逸促進 ・アルカリ供給抑制 ・膨張抑制	・水処理 ・ひび割れ注入工法 ・表面処理工法
中性化	・中性化したコンクリートの除去 ・二酸化炭素・水分の侵入抑制	・断面修復工法 ・表面処理工法 ・再アルカリ化工法
塩害	・侵入した塩化物イオンの除去 ・塩化物イオン・水分・酸素の侵入抑制 ・アノード反応抑制	・断面修復工法 ・表面処理工法 ・脱塩工法 ・電気防食工法
凍害	・劣化したコンクリートの除去 ・水分の浸入抑制 ・凍結融解抵抗性の向上	・断面修復工法 ・ひび割れ注入工法 ・表面処理工法
化学的侵食	・劣化したコンクリートの除去 ・有害化学物質の侵入抑制	・断面修復工法 ・表面処理工法

2-3 コンクリート構造物の補強

1 連続繊維シート工法

連続繊維シート工法は、鋼板よりも強じん・軽量な炭素繊維等の連続繊維シートを、エポキシ樹脂などで接着し、コンクリート構造物の耐荷性能の改善をはかる工法です。施工上の留意点は、以下のとおりです。

①連続繊維シート工法に使用する材料は、プライマー、不陸修正材、含浸接着樹脂などの材料で、エポキシ樹脂の施工に適した環境条件は、気温5℃以上、湿度85%以下である。

②連続繊維シートは、連続繊維に樹脂が含浸して硬化した状態での引張強度、ヤング係数、終局ひずみが必要な特性値を有しているものを使用する。

③連続繊維シートは、硬化させる前には傷つきやすく、連続繊維の種類によっては赤外線や水分により劣化するものもあるので、その取扱いには注意する。
④接着に使用する樹脂材料は、直射日光が当たらない冷暗所に保管する。
⑤下地処理工は、コンクリート面の劣化層を取り除き、シートの接着・密着性を確保するため不陸や突起は取り除き平坦にする。
⑥連続繊維シートの重ね継手部は、せん断耐力やじん性の向上を目的として、重ね継手長を200mm程度とし、繊維間・シート間に含浸接着樹脂が十分含浸され、一体となるようにする。

2 増厚工法

増厚工法には、床版上面増厚工法と床版下面増厚工法があります。

1 床版上面増厚工法

床版上面増厚工法の施工上の留意点は、以下のとおりです。
①上面増厚工法の増厚コンクリートの最小厚は、粗骨材の最大寸法、施工精度、乾燥収縮の影響などを考慮して決める。
②床版上面増厚工法では、既設床版コンクリート上面を切削・研掃後、鋼繊維補強コンクリートを用いて既設床版コンクリートと一体化させるように打ち込む。
③上面増厚工法での鋼繊維補強コンクリートを打ち継ぐ場合、原則として既設コンクリート表面は乾燥状態とするのが望ましい。
④交通規制を伴う場合でも、施工完了時のみならず、施工の各段階において検査を行う。

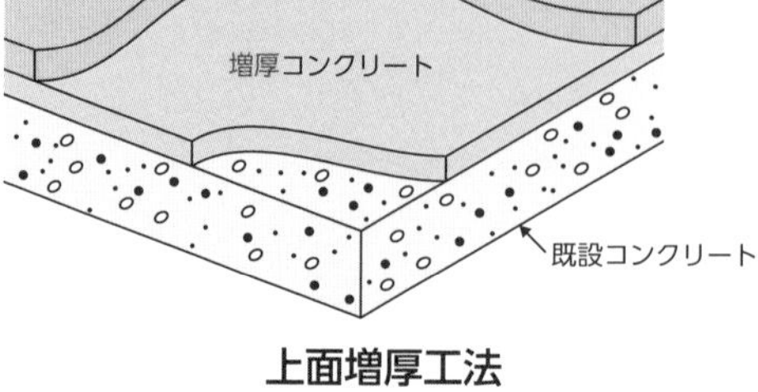

上面増厚工法

2 床版下面増厚工法

床版下面増厚工法の施工上の留意点は、以下のとおりです。

①床版下面増厚工法では、事前に橋面防水工により床版下面への漏水を防ぐようにし、ポリマーセメントモルタルや鋼繊維補強超速硬モルタルを増厚材料として用いる。

②既設コンクリートの表面処理には、ポリマーモルタル接着用モルタルを吹き付け、既設コンクリートに含浸させてコンクリート表面の活性化をはかる。

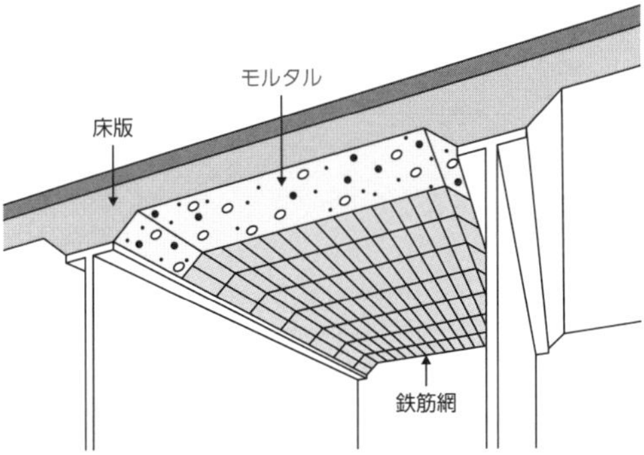

下面増厚工法

2-4 プレストレストコンクリートの施工

プレストレストコンクリート（PC）は、あらかじめコンクリートに圧縮力を作用させて引張力に対抗し、ひび割れを抑制する工法です。反力台に固定したPC鋼材を強い力で引張った状態でコンクリートを打設し、十分硬化した後にPC鋼材を緩めるプレテンション方式と、型枠と鉄筋を組み立ててダクト（シース管）を設置し、打設したコンクリートが十分硬化してから、ダクト内のPC鋼材をジャッキで引張り、定着具で固定するポストテンション方式があります。

また、PC鋼材をコンクリート部材の内部に設置する内ケーブル工法に対して、外部に配置する外ケーブル工法もあります。

プレストレストコンクリートの施工上の留意点は、以下のとおりです。

①外ケーブルの緊張管理は、外ケーブルに与えられる引張力が所定の値

を下回らないよう、外ケーブル１本ごとに行う。
②内ケーブル工法に適用するPCグラウトは、PC鋼材を腐食から保護することと、緊張材と部材コンクリートとを付着により一体化するのが目的である。
③鋼材を保護する性能は、一般に、練混ぜ時にPCグラウト中に含まれる塩化物イオンの総量で設定するものとし、その総量はセメント質量の0.08%以下としなければならない。
④暑中におけるグラウト施工は、注入時のグラウトの温度をなるべく低く抑え、グラウトの急激な硬化が生じないようにする。
⑤ポストテンション方式の緊張時に必要なコンクリートの圧縮強度は、一般に、緊張より生じるコンクリートの最大圧縮応力度の1.7倍以上とする。
⑥支保工は、プレストレッシング時のプレストレス力による変形および反力の移動を妨げない構造とする。
⑦支保工、底版型枠は、桁の自重に十分耐えられるだけのプレストレスを導入した時点で撤去する。
⑧プレストレスを導入する前には、桁軸方向の弾性短縮に対して拘束のある桁側面の型枠を取り外すものとする。
⑨プレストレス導入中には、桁軸方向および上下方向に変形が生じることがあるので、必要に応じて支保工の一部を降下させるなどの処置を施す。
⑩PC鋼材定着部や施工用金具撤去跡などの後埋め部は、コンクリートの表面を粗にし、膨張コンクリートまたはセメント系無収縮モルタルを用いて行う。

プレテンション方式

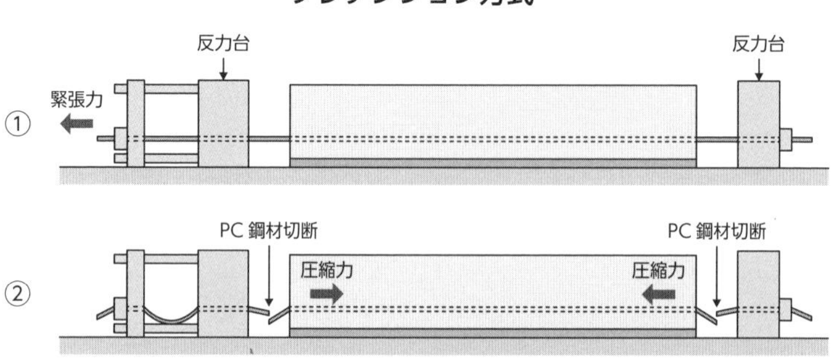

ポストテンション方式

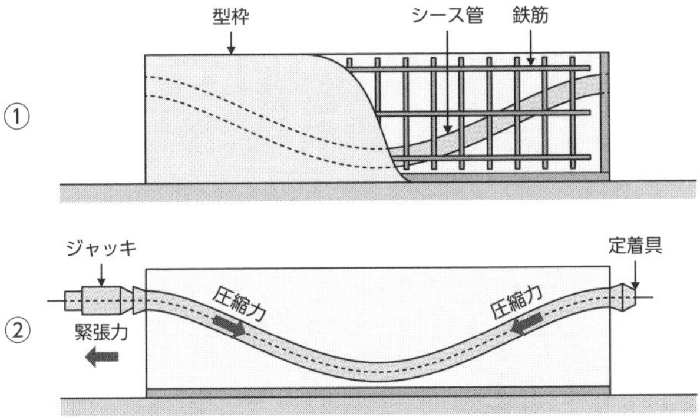

頻出項目をチェック！

1 □ 塩害は、コンクリート中の鋼材の腐食が塩化物イオンにより促進され、コンクリートのひび割れやはく離、鋼材の断面減少を引き起こす劣化現象である。

2 □ 凍害は、コンクリート中の水分が凍結と融解を繰り返すことによって、コンクリート表面からスケーリング、微細ひび割れ、ポップアウトなどの形で劣化する現象である。

3 □ 上面増厚工法での鋼繊維補強コンクリートを打ち継ぐ場合、原則として既設コンクリート表面は乾燥状態とするのが望ましい。

こんな選択肢は誤り！

水セメント比は、コンクリートの耐凍害性に~~影響を及ぼさない~~。

水セメント比は、コンクリートの耐凍害性に影響が大きい。

アルカリシリカ反応では、有害な骨材を無害な骨材と混合した場合、コンクリートの膨張量は、有害な骨材を単独で用いるよりも~~小さく~~なることがある。

アルカリシリカ反応では、有害な骨材を無害な骨材と混合した場合、コンクリートの膨張量は、有害な骨材を単独で用いるよりも大きくなることがある。

連続繊維シートは、接着工による含浸・硬化させる前には傷つきやすく、連続繊維の種類によっては赤外線や~~窒素~~により劣化するものもあるのでその取扱いには注意する。

連続繊維シートは、接着工による含浸・硬化させる前には傷つきやすく、連続繊維の種類によっては赤外線や水分により劣化するものもあるのでその取扱いには注意する。

演習問題

高力ボルトの継手施工

鋼・コン1 鋼橋における高力ボルトの継手施工に関する次の記述のうち，**適当でないもの**はどれか。

(1) 摩擦接合において接合される材片の接触面を塗装しない場合は，所定のすべり係数が得られるよう黒皮，浮き錆などを除去し，粗面とする。

(2) ボルトの締付けは，ナットを回して行うのが原則であるが，やむを得ずボルトの頭を回して締め付ける場合はトルク係数値の変化を確認する。

(3) ボルトの締付けは，継手の外側から中央に向かって締め付けると密着性がよくなる傾向がある。

(4) 曲げモーメントを主として受ける継手の一断面内で溶接と高力ボルト摩擦接合とを併用する場合は，溶接の完了後にボルトを締め付けるのが原則である。

答え (3)
ボルトの締付けは、中央から外側に向かって締め付ける。

溶接部の検査

鋼・コン2 鋼橋における溶接部の検査に関する次の記述のうち，**適当でないもの**はどれか。

(1) 溶接割れの検査は，肉眼で行うのを原則とし，疑わしい場合には磁粉探傷試験又は浸透探傷試験を用いるのがよい。
(2) 外観検査で，不合格となったスタッドジベルは全数ハンマー打撃による曲げ検査を行い，外観検査で合格したものは曲げ検査を行なわなくてもよい。
(3) 非破壊試験のうち，磁粉探傷試験又は浸透探傷試験を行う者は，それぞれの試験の種類に対応した資格を有していなければならない。
(4) 設計図書において特に仕上げの指定のない開先溶接の余盛は，ビート幅と余盛高さが規定範囲内であれば仕上げなくてもよい。

答え (2)
外観検査で合格したものは、その中から1%について抜き取り曲げ検査を行う。

鋼道路橋の架設作業

鋼・コン3 鋼道路橋の架設作業に関する次の記述のうち，**適当でないもの**はどれか。

(1) 部材の組立に使用する仮締めボルトとドリフトピンは，架設応力に十分耐えるだけの本数を用いるものとし，片持ち式架設の場合の本数の合計はその箇所の連結ボルト数の20%を原則とする。
(2) 部材の玉掛けを行う場合には，部材及び吊金具に過大な応力や変形が生じないように配慮して，適切な吊り形式により作業を行うものとする。

(3) 高力ボルトの締付けは，接合面の処理，継手部材間の肌すき，ボルトの締付け方法及び締付け順序などに十分注意して，所定の締付け力を導入する。

(4) I形断面部材を仮置きする場合は，転倒ならびに横倒れ座屈に対して十分に配慮し，汚れや腐食に対する養生として15cm以上地面より離すものとする。

答え (1)

片持ち式架設の場合の本数の合計は、その箇所の連結ボルト数の1/3を原則とする。

鉄筋コンクリート構造物の劣化機構

鋼・コン4 鉄筋コンクリート構造物の「外観目視調査による変状」とその「推定される劣化機構」の組合せとして，次のうち**適当なもの**はどれか。

	[外観目視調査による変状]		[推定される劣化機構]
(1)	鉄筋軸方向のひび割れ，錆汁，コンクリートや鉄筋の断面欠損	………	凍害
(2)	鉄筋軸方向のひび割れ，コンクリートはく離	………	中性化
(3)	亀甲状の膨張ひび割れ，ゲル，変色	………	塩害
(4)	微細ひび割れ，スケーリング，ポップアウト	………	アルカリシリカ骨材反応

答え (2)

(1) 鉄筋軸方向のひび割れ・錆汁・コンクリートや鉄筋の断面欠損から推定されるのは、塩害である。

(3) 亀甲状の膨張ひび割れ・ゲル・変色から推定されるのは、アルカリシリカ骨材反応である。

(4) 微細ひび割れ・スケーリング・ポップアウトから推定されるのは、凍害である。

Lesson 01

重要度 ★★★

河川堤防・護岸

学習のポイント

一次

- 河川堤防の施工について理解する。
- 護岸の施工について理解する。

1-1 河川堤防の施工

1 堤体盛土の材料

築堤土は、粗い粒度から細かい粒度までが適当に配合されたものがよく、土質分類上は粘性土、砂質土、礫質土が適度に含まれていれば締固めも満足する施工ができます。土質が異なる材料を使用するときは、川表側に透水性の小さいものを、川裏側に透水性の大きいものを用いるようにします。

また、盛土に用いる土としては、敷均し・締固めが容易で、締め固めた後の強さが大きく、圧縮性が少なく、河川水や雨水など浸食に強く、吸水による膨潤性の低いことが望まれます。

ゴロ合わせで覚えよう！ 河川堤防における川表と川裏

母さんってば。
(河川堤防)

小さい用水路は表で
(透水性の小さいものは川表)

大きい用水路は裏よ
(透水性の大きいものは川裏)

河川堤防の築堤材料として土質が異なる材料を使用するときは川表に透水性の小さいものを、川裏には大きいものを用いる。

2 盛土の施工

1 余盛り・運搬・基礎地盤処理

①堤防の盛土は、堤防完成後の築堤地盤の圧密沈下と堤体自体の収縮を考慮して、計画堤防高に余盛りを加えた施工断面で施工する。

②盛土材料が高含水比粘性土の場合は、運搬機械によるわだち掘れができやすく、こね返しによって著しい強度低下をきたすので、これを防止するために別途の運搬路を設ける。

③基礎地盤表層部の土が乾燥している場合は、堤体盛土に先立って適度な散水を行い、地盤と堤体盛土の密着をよくする。

④基礎地盤に極端な凹凸や段差がある場合は、盛土に先がけて平坦にかき均しておく。

2 敷均し・締固め

①敷均しは、締固め後の１層の仕上り厚が 30cm 以下になるよう施工する。

②締固めは、河川堤防法線と平行に行い、締固め幅が重複して施工されるようにする。

③タイヤローラは、一般に、砕石（礫混じり土）の締固めには接地圧を高くして使用し、粘性土の場合には接地圧を低くして使用する。

④堤防法面が急な場合、芝などが活着するまで堤体と表層との間に分離を生じやすく、表層すべりを起こしやすいので、堤体と表層が一体となるように締め固める。

3 法面仕上げ

①法面仕上げは、丁張りを法肩《のりかた》、法先《のりさき》に直線部で 10m、曲線部など複雑な箇所は 5m 間隔に設置し、これを基準に施工する。

②法面の整形をブルドーザで行うときは、法勾配が２割以上で法長が 3m 以上あり、施工上、天端、小段および法尻にブルドーザの全長以上の幅が必要である。

4 その他の留意点

①築堤の施工中は、降雨による法面の浸食を防ぐため、堤体の横断方向に3～5%程度の勾配を設けながら施工する。

②既設の堤防に腹《はら》付《づ》けを行う場合は、新旧法面をなじませるため段切りを行い、一般にその大きさは堤防締固め一層仕上り厚の倍の50～60cm 程度とする。

③堤防の締固め管理では、作業が簡便で、土の密度測定結果が現場地点で直ちに判定できるRI 密度水分計による土の密度試験方法を用いる場合が多い。

④築堤を礫で盛土する場合の締固め管理は、工程規定方式が一般的である。

3 軟弱地盤上の盛土

基礎地盤が軟弱な場合は、以下の点に留意します。

①基礎地盤が軟弱な場合には、必要に応じて盛土を数次に区分けし、圧密による地盤の強度増加をはかりながら盛り立てる。

②軟弱層が厚い地盤の上に堤防を築造する場合は、圧密沈下量が大きくなるため、一般にバーチカルドレーン工法・サンドコンパクションパイル工法・固結工法を用いる。

③液状化被害を軽減する対策としては、堤体の川裏側にドレーンを設置し、川表側には遮水壁タイプの固結工法を用いる。

1-2 河川護岸の施工

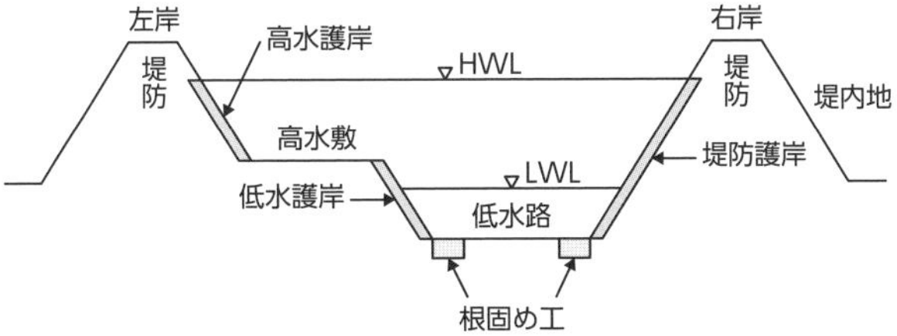

護岸の種類

1　法覆工

法覆《のりおおい》工の表面は、なるべく粗に仕上げ、護岸に沿う流速を弱めて脚部の洗掘《せんくつ》を軽減するようにします。

1 石張り工、石積み工

石張り工における張り石は、その重量を2つの石に等分布させるように張り上げ、谷積みを原則とします。石の隙間にモルタルやコンクリートを充填《じゅうてん》した練石張りでは、目地は深目地とし、植物繁茂の効果は期待できません。石のみで施工した空石張りは、流体力に対する安定性を検証の上、石のかみ合わせを十分に行う必要があります。

石積み工は、個々の石のすきま（胴込め）にコンクリートを充填した練石積みと、単に砂利を詰めた空石積みがあり、河川環境面からは空石積みが優れています。

2 コンクリートブロック張り工

コンクリートブロック張り工では、平板ブロックと、控えのある間知ブロックが使用されます。法勾配が2割程度より緩く、流速の遅いところには平板ブロックを、法勾配が急で、流速が速い急流河川では間知ブロックを使用するのが一般的です。

平板ブロックの場合は、法面の不同沈下が生じないように、十分締め固めた強固な法面をつくり、ブロックの目地にモルタルを完全に充填するなど、入念に施工します。

3 コンクリート張り工

この工法には、平張コンクリート工と法枠コンクリート工があります。平張コンクリート工は、砂利を敷き、その上に10～25cmの硬練りコンクリートを打設し、突起を持った状態に仕上げます。法枠コンクリート工は1～3m間隔のコンクリート格子枠をつくり、中に厚さ10～20cmの貧配合の中張りコンクリートを打設します。この工法は勾配が急な箇所では施工が難しく、1.5割以上の勾配で施工されます。

4 連結（連節）ブロック張り工

連結（連節）ブロック張り工は、工場製品を現場で張りながら鉄筋で連結する工法です。法勾配が 1.5 割より緩いところに使用します。裏込め材の設置は不要ですが、背面土砂の吸出しを防ぐために、吸出し防止材の敷設が必要になります。

5 鉄線蛇かご工

鉄線蛇かご工は、工場製作の鉄線かごを現場で組み立て、現場の玉石などを詰める工法です。法勾配が 1.5 割より緩いところに使用します。鉄線蛇かごの詰め石の施工順序は、まず石を緩く入れておき、低いほうから順次、かごを満杯にしていきます。

2 根固工

根固工は、大きな流速の作用する場所に設置されるため、流体力に耐える重量で、護岸基礎前面に洗掘を生じさせない敷設量である必要があります。根固工の代表的な工種としては、捨石《すていし》工、ブロック層積工、ブロック乱積工、そだ沈床工、木工沈床工、かご工等があります。

①根固工の敷設天端高は、護岸基礎工の天端高と同じ高さとすることを基本とする。
②河床変化に追随できる屈とう性構造とする。
③根固工の破壊が直ちに基礎工の崩壊を招かぬよう、基礎工または法覆工とは絶縁し、両者との空隙には適当な間詰工を実施する。
④異形コンクリートブロックの層積みは、河床整正を行って積み上げるので、水深の浅い箇所で施工する。
⑤深掘れ箇所や、水深の深い箇所では、乱積みで施工する。
⑥根固ブロックを連結する場合は、据付け完了後、連結用ナットが抜けないようボルトのネジ山を潰しておく。
⑦捨石工の施工は、土砂の吸出し防止のために表層に大きな石を用い、内側に栗石または砂礫を目つぶしとして用いる。
⑧かご系の根固工は、屈とう性があり多孔質であるため、河床変動を抑制するとともに、水際の多様化にも適している。

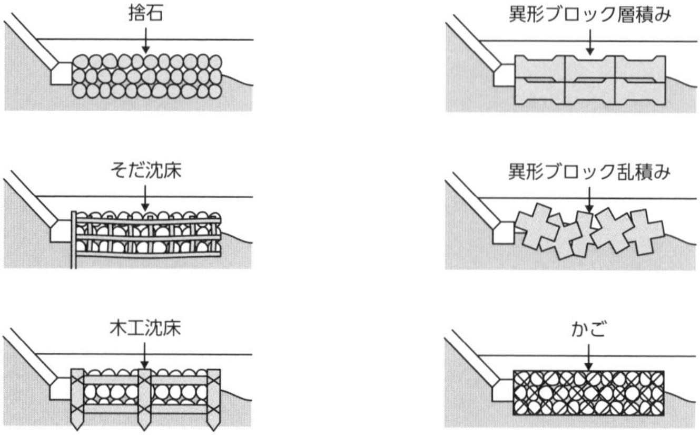

根固工の代表的な工種

ゴロ合わせで覚えよう！　根固工と法覆工

猫が柵を乗り越えてお堀に落ちた！
（根固工）　（法覆工）

隙間に栗を詰めて助けよう
（隙間）　（栗石）（間詰工）

根固工と法覆工との間に隙間が生じる場合、栗石など適当な間詰工を施す。

3　その他の施工上の留意点

1 基礎工

基礎工は、法覆工の法先を直接受け止め、法覆工の基礎の役割を持つほか、洗掘に対して法覆工の基礎部分を保護し、裏込め土砂の流出を防ぐ機能を持ちます。基礎工の天端高は、感潮区間などの水深の大きい箇所以外では、護岸基礎の浮上りが生じないよう、過去の実績を配慮して、原則として最深河床高より低く設置します。

2 すり付け工

すり付け工は、護岸の上下流で浸食が生じた際に、その影響を吸収して、護岸が上下流から破壊されることを防ぐために設置します。屈とう性を有し、粗度の大きな連結ブロックやかご工が用いられます。

3 横帯《よこおび》工

横帯工は、護岸の変位や破損が他に波及しないよう、絶縁するために施工するものです。法覆工の延長方向の一定区間ごとに設けます。

4 天端工

天端工は、護岸肩部の洗掘防止のために、護岸の天端に水平折返しを設置するもので、折返しの終端には巻止めコンクリートを設けます。

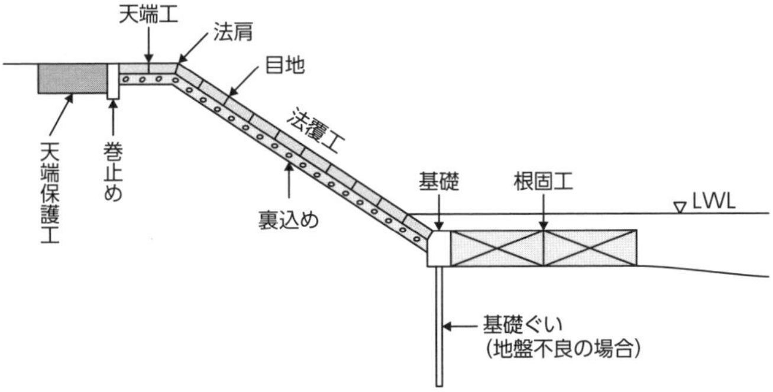

護岸の一般的構造

基礎工と法覆工以外は、必要に応じて設けられるよ。

1-3 柔構造樋門と堤防開削を伴う工事

1 柔構造樋門の施工

柔構造樋門《ひもん》施工上の留意点は、以下のとおりです。

①地盤沈下により函体《かんたい》底版下に空洞が発生した場合の対策は、グラウトが有効なので、底版にグラウトホールを設置する。

②樋門本体の不同沈下対策として、残留沈下量の一部に対応するキャンバー盛土を行い、函体を上げ越して設置する。

③キャンバー盛土の施工は、キャンバー盛土下端付近まで掘削し、新たに適切な盛土材を用いて盛土する。

④樋門本体の沈下形状を設計で想定した沈下形状に近づけるために、盛土を函軸に沿って水平に盛り上げる。

⑤函体の継手は、キャンバー量および残留沈下量を考慮した函体の変位量に対応できる水密性と、必要な可とう性を確保する。

⑥許容残留沈下量を超過する場合は、地盤改良を併用し、残留沈下量を許容残留沈下量以下に抑制する。

⑦床付け面は、開削による荷重の除去に伴って緩むことが多いため、乱さないで施工すると共に、転圧によって締め固めることが好ましい。

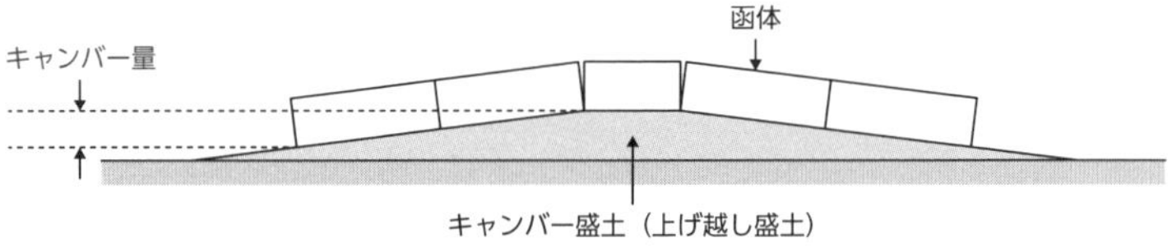

キャンバー盛土

2 堤防の開削を伴う工事

堤防の開削を伴う工事における留意点は、以下のとおりです。

①鋼矢板の二重締切りに使用する盛土、中埋め土については、堤体の剛性を増し、鋼矢板などの壁体に作用する土圧を低減するために、良質の砂質土を用いることを原則とする。

②オープン掘削時の法面すべりに対しては、一般に、安全率を 1.5 以上

とする。

③掘削法面勾配は、砂質地盤の場合は1：1.5、粘性土地盤で1：1.0を標準とし、安定計算により照査して決定する。

④函渠などの構造物の埋戻しは、急速に行うと偏土圧が発生して函体などにねじれ、クラック、変位などが発生することがあるので、構造物周辺での埋戻しは特に慎重に行う。

⑤強度が十分発揮された構造物の埋戻しを行う場合は、構造物に偏土圧を加えないよう注意し、構造物の両側から均等に締固め作業を行う。

頻出項目をチェック！

1 □ 堤体盛土の施工では、降雨による法面浸食の防止のため、適当な間隔で仮排水溝を設け、また降水の集中を防ぐため、堤体横断方向に排水勾配を設ける。

2 □ 石張り（積み）の護岸工では、布積みと谷積みがあるが、一般には強度の強い谷積みが用いられる。

3 □ 護岸の根固工は、河床変化に追随できる根固ブロック、沈床、捨石工等、屈とう性のある構造とする。

4 □ 護岸上下流端部のすり付け工は、上下流端で河岸浸食が発生した場合に護岸が破壊されるのを防ぐ機能があり、屈とう性を有し、ある程度粗度の大きな工種のものを設置する。

5 □ 樋門本体の不同沈下対策として、残留沈下量の一部に対応するキャンバー盛土を行い、函体を上げ越して設置することが有効である。

6 □ 鋼矢板の二重締切りに使用する盛土、中埋め土については、堤体の剛性を増す目的と、鋼矢板などの壁体に作用する土圧を低減する目的のために、良質の砂質土を用いることを原則とする。

こんな選択肢は誤り！

高含水比粘性土を敷き均すときは、運搬機械によるわだち掘れやこね返しによる強度低下をきたすので、別途の運搬路を設けたり、接地圧の~~大きい~~ブルドーザによる盛土箇所までの二次運搬を行う。

高含水比粘性土を敷き均すときは、運搬機械によるわだち掘れやこね返しによる強度低下をきたすので、別途の運搬路を設けたり、接地圧の小さいブルドーザによる盛土箇所までの二次運搬を行う。

築堤の施工中は、降雨により雨水が一部に集中して施工中の法面の浸食を防ぐため、堤体の~~縦断~~方向に3～5%程度の勾配を設けながら施工する。

築堤の施工中は、降雨により雨水が一部に集中して施工中の法面の浸食を防ぐため、堤体の横断方向に3～5%程度の勾配を設けながら施工する。

練石張工法では、目地は~~浅~~目地として植物繁茂の効果が期待~~できる~~。

練石張工法では、目地は深目地として植物繁茂の効果が期待できない。

基礎工天端高は、感潮区間などの水深の大きい箇所以外では護岸基礎の浮上りが生じないよう、過去の実績を配慮し原則として最深河床高より~~高く~~設置する。

基礎工天端高は、感潮区間などの水深の大きい箇所以外では護岸基礎の浮上りが生じないよう、過去の実績を配慮し原則として最深河床高より低く設置する。

鋼矢板の二重締切りに使用する中埋め土については、壁体の剛性を増す目的と鋼矢板の壁体に作用する土圧を低減するという目的のため、原則として~~粘性土~~を用いる。

鋼矢板の二重締切りに使用する中埋め土については、壁体の剛性を増す目的と鋼矢板の壁体に作用する土圧を低減するという目的のため、原則として良質の砂質土を用いる。

Lesson 02

重要度 ★★★

砂防・渓流保全

学習のポイント 一次

- 砂防えん堤の構造と施工について理解する。
- 地すべり防止工について理解する。
- 渓流保全工について理解する。

2-1 砂防えん堤

1 砂防工事の留意点

①砂防工事のために樹林を伐採する区域では、幼齢木や苗木となる樹木はできる限り保存し、現場の植栽に活用する。

②現場から発生する余剰コンクリート、コンクリート塊の破片は、現場に残さず、所定の処分施設に運搬し、適正に処分する。

③地山掘削に伴う現場発生土は、その工事に極力活用し、できる限り工事区域外へ搬出しないようにする。

④残土を現場内に仮置きする場合には、降雨などにより土砂が流出しないように、表面をシートなどで保護する。

2 砂防えん堤の機能

砂防えん堤は以下の 4 つの機能を持っています。

①渓岸・渓床の浸食の防止（土砂生産の抑制）

②流下土砂の調節（土砂調節機能）

③土石流の捕捉および減勢

④流木の捕捉

なお、砂防えん堤の基礎地盤が砂礫層の場合には、原則として堤高は 15 m 未満とします。主な目的に洪水の防止や調節は含まれません。

3 重力式砂防えん堤の構造

1 水通し

水通しは、上流からの対象流量を流しうる十分な断面を持ち、かつ砂防えん堤上・下流の地形・地質、渓岸の状態および流水の方向等を考慮して位置を定めます。水通し断面の形状は一般に逆台形を用い、その立ち上がり勾配は5分を標準としています。

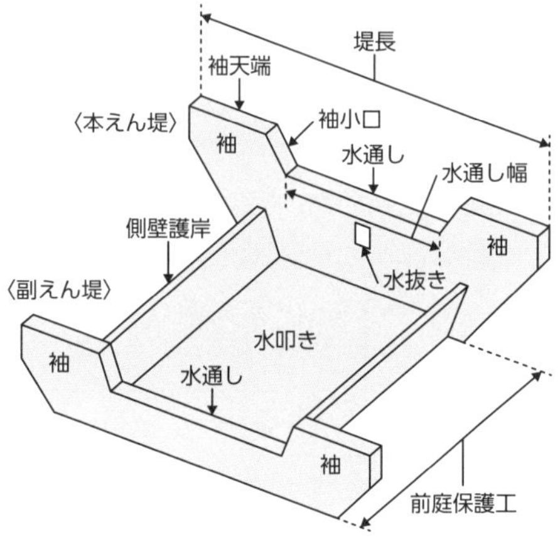

砂防えん堤各部の名称

2 袖

袖は、洪水を越流させない非越流を原則とするため、計画高水位以上の安全な高さとし、また、上流部の砂防えん堤で土石流等の大きな衝撃力が加わることが予想される場合には、袖の割増厚を検討し、十分強固な構造とします。袖天端の勾配は両岸に向かって上流の計画河床勾配と同等かそれ以上の上り勾配を確保し、えん堤袖からの異常な洪水や土石流を越流させない構造とします。

3 水抜き

水抜きは、一般に流出土砂量の調節、施工中の流水の切替え、堆砂後の水圧軽減等を目的として設けられます。

4 前庭保護工

前庭保護工は、砂防えん堤の下流側に築造され、砂礫の混入した落下水の直撃を防ぎ、洗掘による砂防えん堤本体の破壊を、本えん堤との間にできるウォータークッション（水褥池）により防止します。前庭保護工として代表的なものは、水叩き工と副えん堤工、側壁護岸です。

5 本えん堤の前法勾配

本えん堤の前法勾配は、越流土砂による損傷を受けないように、一般に1：0.2を標準としますが、流出土砂の粒径が小さく、かつ、その量が少ない場合には、必要に応じてこれより緩くすることができます。

6 基礎部

砂防えん堤の基礎の根入れは、一般に所定の強度が得られる地盤であっても、基礎の不均質性や風化の速度を考慮して、岩盤の場合で1m以上、砂礫地盤の場合は2m以上とします。

4 砂防えん堤の施工

1 基礎地盤

えん堤の基礎地盤は、原則として岩盤とします。基礎地盤が岩盤の場合でも、基礎の一部に弱層、風化層、断層などの軟弱部をはさむ場合は、軟弱部を取り除き、コンクリートで置き換える必要があります。

砂礫基礎で支持力が不足する場合は、えん堤の堤底幅を広くして応力を分散させたり、杭基礎、ケーソン基礎を施工します。

2 基礎の施工

基礎の掘削は、支持力、透水性、滑動・洗掘に対する抵抗力などの改善をはかり、基礎として適合する地盤を得るために行います。えん堤基礎の根入れ深さは、岩盤の場合には1m以上、砂礫の場合には2m以上とします。えん堤下流部の洗掘を防止するためには、えん堤基礎をできるだけ深く施工します。

砂礫基礎の仕上げ面付近の掘削は、掘削用重機のクローラ（履帯）などによって密実な地盤をかく乱しないように、50cm程度は人力で施工します。また、堤体コンクリート打設前の砂礫基礎の仕上げ面は、湧水や溜水の処理などを行わなければなりません。

3 その他の留意点

①えん堤高が 15m 以上の場合は、硬岩基礎であっても、副堤を設置して前庭部を保護する。

②えん堤軸の方向は、原則として計画箇所下流河道の流心線に直角に定める。

③袖の両岸へのかん入は、えん堤基礎と同程度の安定性を有する地盤まで行う。

2-2 地すべり防止工

1 地すべり防止工の分類

地すべり防止工は、抑制工と抑止工とに大別されます。

抑制工は、地すべりの誘因となる自然的条件を変化させることによって地すべり運動を停止または緩和させる工法で、代表的なものとして排土工や集水井工などが挙げられます。

一方、抑止工は、構造物により地すべり運動の一部または全部を停止させる工法で、一般に杭工やシャフト工などが用いられます。

- 抑制工
  - 地表水排除工（水路工、浸透防止工）
  - 地下水排除工
    - 浅層地下水排除工（明きょ工、暗きょ工、横ボーリング工、地下水しゃ断工）
    - 深層地下水排除工（横ボーリング工、集水井工、排水トンネル工）
  - 排土工
  - 押え盛土工
  - 河川構造物（ダム工、床固工、水制工、護岸工）
- 抑止工
  - 杭工
  - シャフト工
  - アンカー工
  - 擁壁工

2 地すべり防止工の選択の留意点

工法の主体は抑制工とし、抑止工は直接、人家や施設などを守るために運動ブロックの安定を図る場合に計画します。また、地すべり運動が活発に継続している場合には原則として抑止工は用いず、抑制工の先行によって運動が軽減、停止してから抑止工を導入します。

3 抑制工

1 地表水排除工

a) 水路工

水路工は、地すべり地域内の降水・地表水を速やかに集水して地域外に排除するため、また、地域外からの流入水を排除するために計画するもので、水の再浸透を防ぐ目的を持っています。

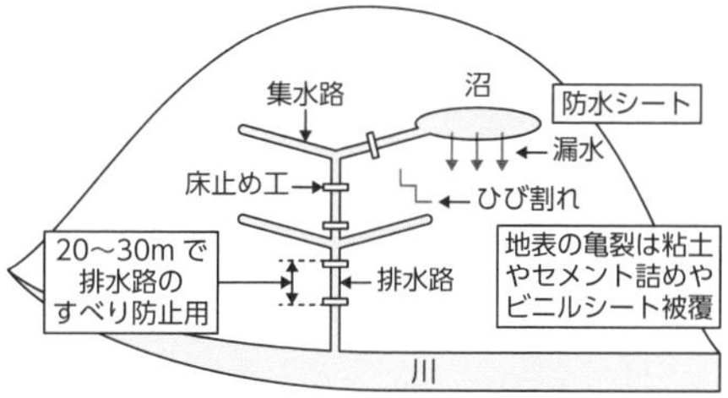

水路網

b) 浸透防止工

浸透防止工は、亀裂の発生箇所に粘土、セメントの充填《じゅうてん》およびシートの被覆等を行うものです。

2 地下水排除工

a) 横ボーリング工

横ボーリング工は、地下水を排除し、これによって、すべり面に働く間隙水圧の低減や地すべり土塊の含水比を低下させることを目的としています。このため、帯水層の分布、地下水の流動層を推定して、最も効果的に集水できるようにボーリングの位置、本数、方向および延長を決定し、集水した地下水が自然流下するように、おおむね仰角5～10°とします。

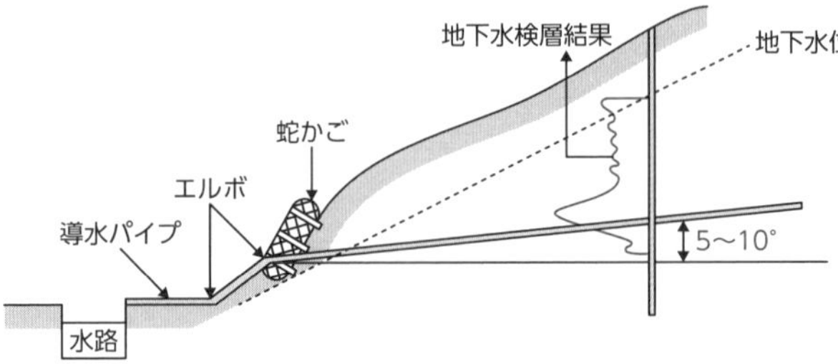

横ボーリング工横断図

b) 集水井工

集水井工は、効果的な地下水の集水が可能な範囲で、原則として堅固な地盤に設け、集水孔や集水ボーリングによって地下水を集水し、排水ボーリングにより原則として自然排水とします。

c) 排水トンネル工

排水トンネル工は、地すべり規模が大きい場合、厚い場合、あるいは運動速度の大きい場合に用いられる工法で、原則として地すべり土塊内ではなく、安定な地盤にトンネルを設けます。坑内からの集水ボーリングまたは小規模な分岐トンネルにより、主として基盤付近の深層地下水を排除します。

3 排土工

排土工は、原則として地すべり頭部の土塊の排除により、地すべりの滑動力を低減させ、斜面の安定化をはかります。また、その上方斜面の潜在的な地すべりを誘発する可能性がないか、事前に十分な調査・検討を行う必要があり、上方斜面の地すべり規模が大きい場合には、本工法は見合わせるべきです。排土工の施工は、斜面上部より下部に向かって行うのを原則としており、上部斜

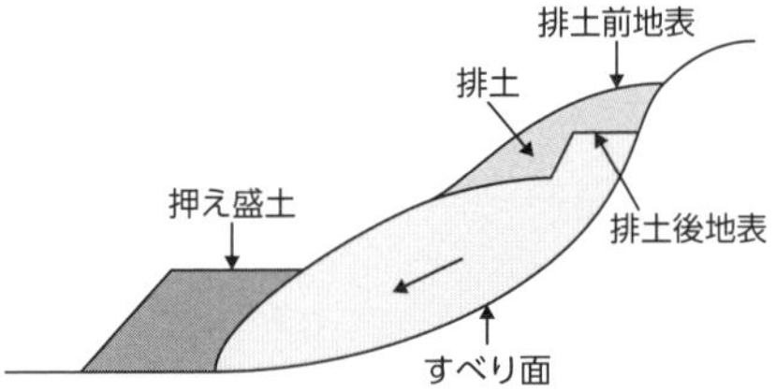

排土工の施工モデル

面の地塊を下部に向かって押し出し、これを排除する方法が取られます。

4 押え盛土工

押え盛土工は、排土工と併用すると効果的なので、通常はこれらを組み合わせて計画します。地すべりの滑動力に抵抗する力を増加させるため、原則として地すべり末端部に設けます。

4 抑止工

1 杭工

杭工は、地すべり斜面に鋼管またはコンクリート杭等を挿入することによって、せん断抵抗力や曲げ抵抗力を付加し、地すべり移動土塊の推力に対し、直接抵抗する工法です。単列の杭工を施工する場合は、基盤の破損を避けるために、孔壁間の距離は1m未満を原則とし、配列は地すべりの運動方向に対しておおむね直角で、等間隔になるよう施工します。

2 シャフト工（深礎工）

シャフト工は、径2.5～6.5m程度の縦坑を不動地盤内まで掘削し、鉄筋コンクリートを打設したものです。地すべりの滑動力が大きく、杭工では所定の計画安全率の確保が困難な場合で、不動地盤が良好な場合に設けます。

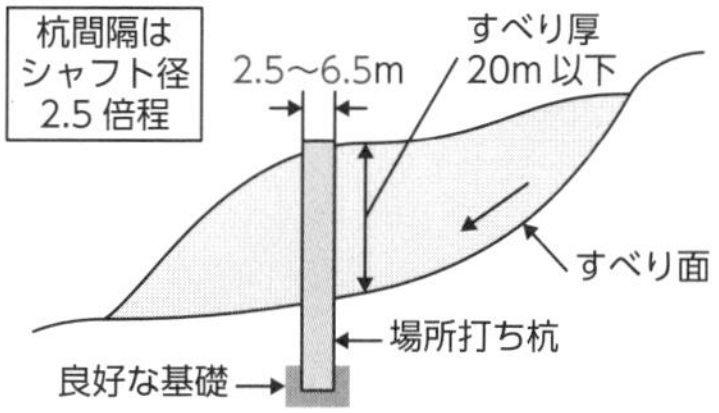

シャフト工の例

3 アンカー工

アンカー工は、高強度のPC鋼材を引張材として地盤に定着させて、地山と一体化することにより安定化させる工法です。

2-3　急傾斜地の崩壊防止工

急傾斜地の崩壊防止工には、排水工、切土工、法枠工、擁壁工、アンカー工などがあります。

1　排水工

排水工は、がけ崩れの主要因となる**地表水、地下水**の斜面への流入を防止することにより、斜面の安全性を高めるとともに、がけ崩れ防止施設の安全性を増すために設けられます。地表水排除工は、斜面に流入する水を速やかに集めて排水することによって斜面の安定をはかる工法で、一般に**横排水路と縦排水路**を組み合わせて施工します。

2　切土工

切土工は、斜面の不安定な土塊の一部または全部を切り取って斜面の安定化をはかる工法で、一般に切土面には**法面保護工**を施工します。不安定な土層や土塊をあらかじめ切り取るか、あるいは斜面を安定な勾配まで切り取るようにして施工します。切土法面の小段は、標準として直高５～10m 間隔とし、幅は１～２m を標準とします。

3　法枠工

法枠工は、斜面に枠材を設置し、法枠内を**植生工**や**吹付け工**、**コンクリート張り工**などで被覆し、斜面の**風化**や**侵食**の防止をはかる工法です。

現場打ちコンクリート枠工では、桁には一般に**鉄筋コンクリート**を用い、桁の間隔は１～４m を標準として、桁の交点には**すべり止め杭**または鉄筋を法面に直角に入れて補強します。

4　擁壁工

擁壁工は、石積み擁壁・ブロック積み擁壁やコンクリート擁壁などによって、斜面**脚部**の安定や、斜面上部からの**崩壊土砂**の待受けなどをはかる工法です。この際、基礎掘削や斜面下部の切土は、斜面の安定に及ぼす影響が大きいので、最小限になるように検討します。

擁壁の伸縮目地は、一般に、10～20mに1箇所設置し、擁壁背面の水を排除するためには、一般に、外径5～10cm程度の水抜孔《みずぬきあな》を、擁壁面3m^{2}に1箇所以上の割合で設置します。

もたれ式コンクリート擁壁は、重力式コンクリート擁壁に比べ、擁壁背面が比較的良好な地山で用いられ、また、崩壊を比較的小さな擁壁で抑止できます。

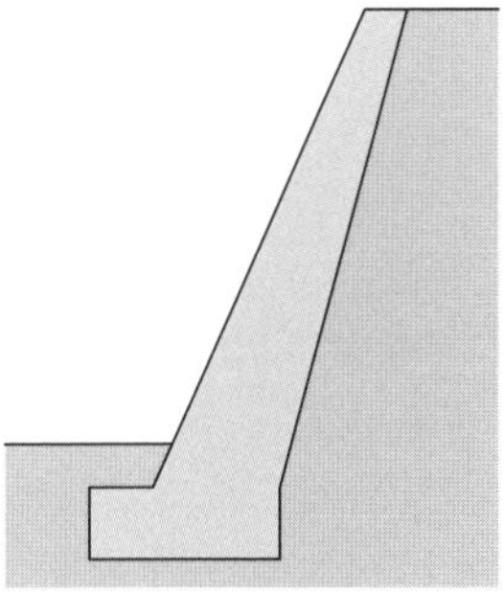

もたれ式擁壁

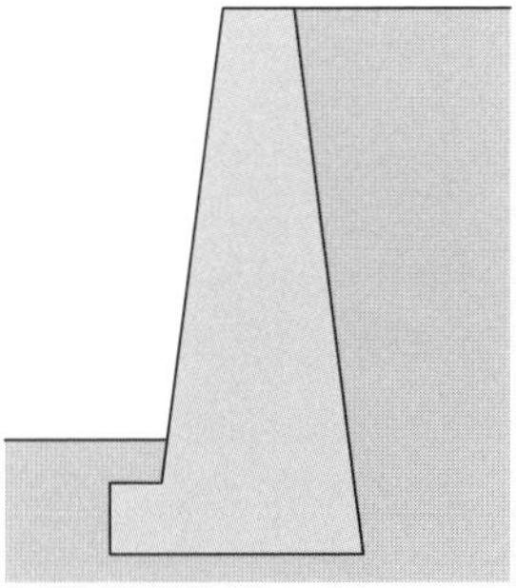

重力式擁壁

5 アンカー工

地すべり地が急勾配で、杭工、シャフト工では十分な地盤反力が得られない場合や、緊急性が高く早期に効果の発揮が望まれる場合には、アンカー工が検討されます。アンカーの定着層の位置や層厚は、事前に既存の地質調査資料により把握しておき、削孔中のスライムの状態や削孔速度などで判断します。

アンカーの削孔は、直線性を保つよう施工し、削孔後の孔内を清水により洗浄します。また孔内グラウトの注入は、削孔された孔の最深部から注入して、所定のグラウトが孔口から排出するまで連続して行います。

アンカーの緊張および定着は、グラウトが所定の強度に達したのち、適性試験、確認試験により変位特性を確認し、所定の有効緊張力が得られるようにします。

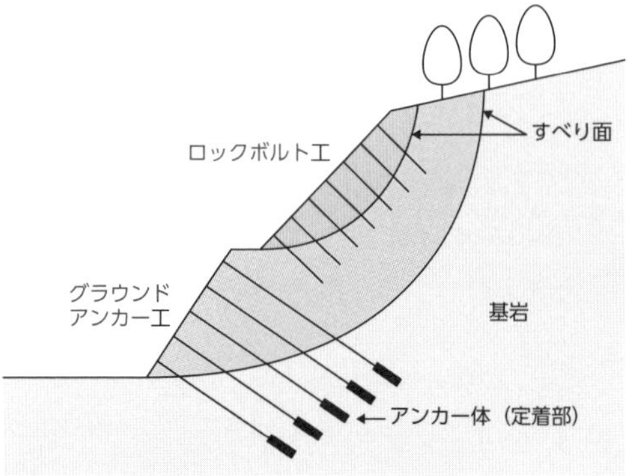

アンカー工

2-4 渓流保全工

渓流保全工は、流路の是正や土石流の後継流対策、特殊な地質の地域における崩壊防止の目的で施工されます。工事の実施にあたっては、工事そのものが渓流に現存する生態系に大きな影響を与えないように配慮して施工します。

1 床固工

床固工は、計画河床の安定化や、渓床堆積物の流出防止のために、渓流保全工の上下流端、計画河床勾配の変化点などに設置します。縦侵食を防止して河床の安定をはかり、護岸などの工作物の基礎を保護するために設けられるものです。一般に、重力式コンクリート型式が用いられますが、地すべり地や軟弱地盤などでは枠床固工、ブロック床固工が用いられます。

2 護岸工

護岸工は、山脚の固定、渓岸崩壊防止、横侵食の防止、床固工の袖部の保護などを目的に設置される場合が多く、法勾配は河床勾配、地形、地質、対象流量を考慮して定めます。渓床勾配が比較的緩く、流水やその中に含まれる砂礫による摩耗・破壊が少ないと考えられる区間では、緩勾配として親水性の向上をはかります。

護岸工の背後地に湧水が多い場合は、水抜き孔を設けて護岸にかかる外力の減少をはかり、水抜き孔の設置位置は常時の水位より高い位置とします。

3 帯工

帯工は、床固め工の間隔が大きい場合に、局所的洗掘により河岸に悪影響が及ぶことから、計画河床を維持するための構造物として設けられます。渓床の過度の洗掘を防止するために設けるものであり、原則として、天端高は計画渓床高と同一として落差をつけません。

4 水制工

水制工には、流水や流送土砂をはねて渓岸構造物の保護や渓岸侵食の防止をはかるものと、流水や流送土砂の流速を減少させて縦侵食の防止などをはかるものがあります。瀬や淵の創出効果は期待できません。

頻出項目をチェック！

1 □ 砂防工事において、現場から発生する余剰コンクリート、コンクリート塊の破片は、現場に残さず、所定の処分施設に運搬し、適正に処分する。

2 □ 地すべり防止工における抑制工は、地すべりの誘因となる自然的条件を変化させることによって地すべり運動を抑制するものであり、抑止工は、すべり面を貫いた構造物により、地すべり移動を抑止するものである。

3 □ 排土工における排土位置は、斜面の安定を図るために、原則として地すべり頭部の土塊とする。

4 ☐	**抑止杭工の杭の配列は、地すべりの運動方向に対して直角に等間隔で行う。**

5 ☐	**床固工は、渓流保全工の上下流端、計画河床勾配の変化点などに設置する。**

6 ☐	**護岸工は、渓岸の崩壊防止、渓岸の横侵食防止、床固工の袖部の保護などを目的として設置する。**

7 ☐	**帯工は、床固工の間隔が大きい区間における局所的洗掘を防止するために設置する。**

こんな選択肢は誤り！

砂防えん堤の基礎地盤が岩盤の場合で、基礎の一部に弱層、風化層、断層などの軟弱部をはさむ場合は、軟弱部を取り除き~~礫~~で置き換える必要がある。

砂防えん堤の基礎地盤が岩盤の場合で、基礎の一部に弱層、風化層、断層などの軟弱部をはさむ場合は、軟弱部を取り除きコンクリートで置き換える必要がある。

えん堤基礎の根入れ深さは、岩盤の場合には~~岩着面~~、砂礫の場合には ~~1m~~ とする。

えん堤基礎の根入れ深さは、岩盤の場合には 1m 以上、砂礫の場合には 2m 以上とする。

抑止杭工の杭の配列は、地すべりの運動方向に対してほぼ~~平行~~に等間隔で行う。

抑止杭工の杭の配列は、地すべりの運動方向に対してほぼ直角に等間隔で行う。

演習問題

堤体盛土の施工

河・砂1 河川堤防の堤体盛土の施工に関する次の記述のうち，**適当でないもの**はどれか。

(1) 盛土の締固め作業中に降雨が予測される場合は，雨水の滞水や浸透などが生じないように盛土表面を平滑にするとともに，盛土施工中の排水は原則として縦断方向とする。
(2) 盛土の敷均しは，厚すぎると締固めが不十分となり将来盛土自体の圧縮沈下などが起きやすく，また不同沈下の原因ともなるので高まきとならないようにする。
(3) 盛土の締固め作業は，盛土全体を均等に締め固め，盛土端部や隅部などの締固めが不十分にならないように注意する。
(4) 盛土材料が高含水比粘性土の場合は，運搬機械によるわだち掘れができやすく，こね返しによって著しい強度低下をきたすので，これを防止するために別途の運搬路を設けることがある。

答え (1)
盛土施工中の排水は、原則として横断方向とする。

河川護岸の施工

河・砂2 河川護岸の施工に関する次の記述のうち，**適当なもの**はどれか。

(1) 護岸上下流端部のすり付け工は，上下流端で河岸侵食が発生しても護岸が破壊されるのを防ぐ機能があり，屈とう性を有しある程度粗度の大きな工種のものを設置する。
(2) 根固工は，護岸基礎前面の河床の洗掘を防止し基礎工の安定をはかるために設けるもので，基礎工と連結し河床変化に追随しない構造とする。
(3) 低水護岸の天端工は，天端部分が洪水による侵食が予想されない場合でもその端に必ず巻止工を設置する。

(4) 基礎工天端高は，感潮区間などの水深の大きい箇所以外では護岸基礎の浮上がりが生じないよう，過去の実績を配慮し原則として最深河床高より高く設置する。

答え (1)

(2) 根固工は、基礎工と絶縁し、河床変化に追随できる構造とする。

(3) 巻止工は、必ず設置しなければならないわけではない。

(4) 基礎工天端高は、原則として最深河床高より低く設置する。

堤防を開削して行う構造物の施工

河・砂3 堤防を開削して行う構造物の施工に関する次の記述のうち，**適当でないもの**はどれか。

(1) 非出水期間中に仮締切り工を施工する場合は，施工期間中の設計対象水位に余裕高をとって仮締切り高を決定する。

(2) 仮締切り工の撤去は，構造物の築造後，締切り内と外との土圧，水圧をバランスさせせつつ撤去する必要があり，流水の影響がある場合は，流水側，上流側，下流側の順で撤去する。

(3) 函渠などの構造物の埋戻しは，急速に行うと偏土圧が発生して函体などにねじれ，クラック，変位などが発生することがあるので，構造物周辺での埋戻しは特に慎重に行う。

(4) 鋼矢板の二重締切りに使用する盛土，中埋め土については，堤体の剛性を増す目的と，鋼矢板などの壁体に作用する土圧を低減するという目的のため，良質の砂質土を用いることを原則とする。

答え (2)

下流側、流水側、上流側の順で撤去する。

砂防えん堤の基礎地盤

河・砂4 砂防えん堤の基礎地盤の施工に関する次の記述のうち，**適当でないもの**はどれか。

(1) 基礎地盤の掘削は，砂礫基礎では 1m 以上，岩盤基礎では 0.5m 以上とするが，これは一応の目途であって，えん堤の高さ，地盤の状態などに応じて十分な検討が必要である。

(2) 基礎地盤の掘削は，えん堤本体の基礎地盤へのかん入による支持，固定，滑動，洗掘に対する抵抗力の改善，安全度の向上を目的としている。

(3) 砂礫基礎の仕上げ面付近の掘削は，一般に掘削用機械のクローラ（履帯）などによって密実な地盤をかく乱しないよう 0.5m 程度は人力で施工する。

(4) 露出によって風化が急速に進行する岩質の基礎の場合は，コンクリートの打込み直前に仕上げを行うか，モルタルあるいはコンクリートで吹付けを行っておく必要がある。

答え (1)

基礎地盤の掘削は、砂礫基礎では 2m 以上, 岩盤基礎では 1m 以上とする。

渓流保全工

河・砂5 渓流保全工に関する次の記述のうち，**適当でないもの**はどれか。

(1) 帯工は，その帯工の上流にある床固工の埋没の防止や床固工の間隔が広い区間における縦侵食を防止するために設置する。

(2) 床固工は，計画河床の安定化や渓床堆積物の流出を防止するために，渓流保全工の上下流端，計画河床勾配の変化点などに設置する。

(3) 工事の実施にあたっては，工事そのものが渓流に現存する生態系に大きな影響を与えないように配慮して施工する。

(4) 護岸工は，渓岸の崩壊防止，渓岸の横侵食防止，床固工の袖部の保護などを目的として設置する。

答え (1)

帯工は、局所的洗掘を防止するために設置する。

Lesson 01

重要度 ★★★

道路工事

学習のポイント

一次

- **路床の施工について理解する。**
- **路盤の施工について理解する。**

1-1　路床の施工

1　路床の安定処理

構築路床の築造工法は、路床の必要とするCBR（支持力指標）と計画高さ、残土処分地および良質土の有無などに配慮して決定します。安定処理工法は、現状路床土の有効利用を目的とする場合はCBRが3未満の軟弱土に適用されます。

路床の安定処理における留意点は、以下のとおりです。

①路床安定処理の施工では、不陸整正や必要に応じて仮排水溝の設置などを行ってから、セメント、石灰など安定処理材の散布を行う。

②路床の安定処理に使用される安定材としては、一般に、砂質土にはセメントが、粘性土には石灰が有効である。

③路床の安定処理は、一般に路上混合方式で行い、所定の締固め度が得られることが確認できれば、全層を1層で仕上げる。

④安定材の混合は、散布終了後にロードスタビライザなどの混合機械を用いて所定の深さまでムラなくかき起こし、十分に混合する。混合ムラが生じた場合は再混合する。

⑤路床の安定処理材料に粒状の生石灰を用いる場合には、1回目の混合が終了したのち仮転圧して放置し、生石灰の消化を待ってから再び混合する。

⑥安定処理工法により路床を構築する場合は、タイヤローラなどによる仮転圧を行い、次にモーターグレーダなどにより所定の形状に整形し、タイヤローラなどにより締め固める。

⑦軟弱で締固め機械が入れない場合は、湿地ブルドーザなどで軽く転圧を行った後、数日間養生し、整形してタイヤローラなどで締め固める。

ロードスタビライザ

モーターグレーダ

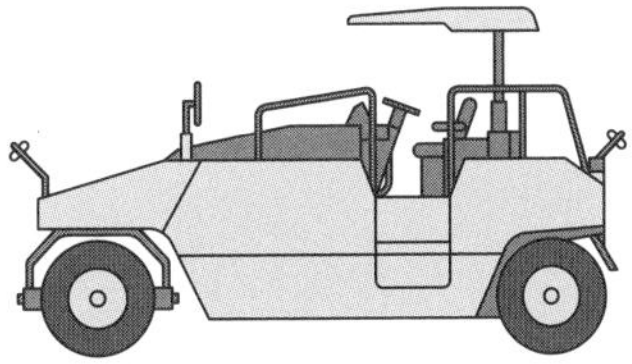

タイヤローラ

2 路床の施工におけるその他の留意事項

路床の施工においては、以下の点に留意します。

①盛土路床は、使用する盛土材の性質をよく把握した上で均一に敷き均し、十分に締め固める必要があり、その1層の敷均し厚さは、仕上り厚さ 20cm 以下を目安とする。

②置換え工法では、原地盤を所定の深さまで掘削し、掘削面以下の層をできるだけ乱さないように留意しながら、良質土や安定処理した材料を敷き均し、締め固めて仕上げる。

③切土路床は、表面から 30cm 程度以内に木根、転石などの路床の均一性を損なうものがある場合には、これらを取り除いて仕上げる。

④路床土が粘性土である場合や含水比が高い土の場合には、施工終了後に降雨によって荷重支持性能が低下しないように、縁部に仮排水溝を設けるなど、排水に十分注意する。

⑤路床の施工終了後は、タイヤローラなどを走行させてたわみを目視で観察するとともに、締固め不足や材料不良の箇所がないかを調べる方法としてプルーフローリングを行う。

1-2　路盤の施工

1　下層路盤の施工

下層路盤の施工における留意点は、以下のとおりです。

①下層路盤の粒状路盤工法では、締固め前に降雨などにより路盤材料が著しく水を含み、締固めが困難な場合には、晴天を待って曝気《ばっき》乾燥を行う。

②粒状路盤材の敷均しは、1層の仕上り厚さ 20cm 以下を標準として行う。

③セメント安定処理に用いる下層路盤材料の骨材の品質は、修正 CBR10%以上のものを使用する。

④下層路盤に用いるセメント安定処理路盤材料は、一般に、路上混合方式によって製造する。

⑤下層路盤の路上混合方式による石灰安定処理工法では、施工に先立ち在来砂利層などをモーターグレーダのスカリファイアなどで所定の深さまでかき起こし、必要に応じて散水を行い、含水比を調整したのちに整正する。

⑥セメント安定処理路盤の場合には、締固め後の補修が困難なので、締固め不足や仕上り面の不陸が生じないよう入念に行う。

⑦セメントや石灰による安定処理路盤の場合は、水分が蒸発してひび割れが生じたり、強度増進が阻害されないように、その上の層を施工するまで路盤面はアスファルト乳剤などでプライムコートを行う。

2　上層路盤の施工

上層路盤の施工における留意点は、以下のとおりです。

①上層路盤は、材料分離が起こらないように注意しながら所定の仕上り厚さとなるよう、所要の余盛りを考慮して、均一な厚さに敷き均す。

②上層路盤の安定処理に用いる骨材の最大粒径は、40mm 以下でかつ 1 層の仕上り厚さの 1/2 以下とする。

③粒度調整工法における上層路盤材料の品質規格は、修正 CBR80%以上、PI（塑性指数）4 以下とする。

④粒度調整路盤では、路盤材料が著しく水を含み、締固めが困難な場合には、晴天を待って曝気乾燥を行う。
⑤材料が乾燥しすぎている場合は適宜散水し、最適含水比付近の状態で締め固める。
⑥粒度調整路盤の1層の仕上り厚さは15cm以下を標準とし、振動ローラを用いる場合は20cm以下としてもよい。
⑦粒度調整路盤の場合には、施工終了後の降雨による洗掘や、雨水の浸透によって路盤が損傷しないように、上層路盤面はアスファルト乳剤などでプライムコートを施す。
⑧セメント安定処理路盤でセメント量が多くなる場合は、安定処理層の収縮ひび割れにより上層のアスファルト混合物層にリフレクションクラックが発生するので注意する。
⑨セメント安定処理路盤の施工に振動ローラを使用する場合は、1層の仕上り厚さは30cm以下で、所要の締固め度が確保できる厚さとすることができる。
⑩セメント安定処理路盤の締固めは、敷均し後の路盤材料が硬化し始める前までに締め固める。
⑪石灰安定処理工法では、その締固めは最適含水比より湿潤状態で行う。
⑫瀝青安定処理工法では、基層および表層用混合物に比べてアスファルト量が少ないため、あまり混合時間を長くするとアスファルトの劣化が進むので注意する。
⑬瀝青安定処理路盤の敷均しは、一般にアスファルトフィニッシャを用いるが、アスファルトフィニッシャ以外で敷き均す場合は材料分離に留意する。

アスファルトフィニッシャ

頻出項目をチェック！

1 □ 路床の安定処理に使用される安定材としては、一般に、砂質土には<u>セメント</u>が、粘性土には<u>石灰</u>が有効である。

2 □ 路床の安定処理を路上混合方式で行う場合は、<u>ロードスタビライザ</u>などの混合機械を用いて、安定処理材と路床土を所定の深さまで<u>ムラなく</u>かき起こし、十分に混合する。

3 □ 路床の安定処理材料に粒状の<u>生石灰</u>を用いる場合には、1回目の混合が終了したのち仮転圧して<u>放置</u>し、生石灰の<u>消化</u>を待ってから再び混合する。

4 □ 下層路盤の粒状路盤工法では、締固め前に降雨などにより路盤材料が著しく水を含み締固めが困難な場合には、晴天を待って<u>曝気乾燥</u>を行う。

こんな選択肢は誤り！

路床の安定処理工法では、~~中央プラント~~で現状路床上の安定処理を行い、所定の締固め度が得られることが確認できれば全厚を1層で仕上げる。

路床の安定処理工法では、<u>路上混合方式</u>で現状路床上の安定処理を行い、所定の締固め度が得られることが確認できれば全厚を1層で仕上げる。

上層路盤の安定処理に用いる骨材の最大粒径は、~~60~~mm以下でかつ1層の仕上り厚の1/2以下がよい。

上層路盤の安定処理に用いる骨材の最大粒径は、<u>40</u>mm以下でかつ1層の仕上り厚の1/2以下がよい。

Lesson 02 重要度 ★★★

アスファルト舗装

学習のポイント　一次

- **アスファルト混合物の舗設について理解する。**
- **アスファルト舗装の補修工法について理解する。**

2-1 アスファルト混合物の舗設

1 アスファルト混合物の敷均し

アスファルト混合物の敷均しにおける留意点は、以下のとおりです。

①アスファルト混合物の敷均しは、通常、アスファルトフィニッシャにより行い、敷均し時の混合物の温度は、一般に、110℃を下回らないようにする。

②アスファルト混合物の敷均しにあたっては、使用アスファルトの温度粘度曲線に示された最適締固め温度を下回らないよう、温度管理に注意する。

③敷均し作業中に雨が降り始めた場合には、敷均し作業を中止するとともに、敷き均した混合物を速やかに締め固めて仕上げる。

2 アスファルト混合物の締固め

アスファルト混合物の締固めにおける留意点は、以下のとおりです。

①アスファルト混合物の締固め作業は、継目転圧→初転圧→二次転圧→仕上げ転圧の順序で行う。

②初転圧の転圧温度は、一般に 110 ～ 140℃で行い、ヘアクラックの生じない限り、できるだけ高い温度で行う。

③初転圧は、一般に 10 ～ 12t のロードローラで 2 回（1 往復）程度行う。

④二次転圧は、一般に 8 ～ 20t のタイヤローラまたは 6 ～ 10t の振動ローラで行う。

⑤振動ローラによる混合物の二次転圧では、転圧速度が速すぎると不陸や小波が発生したり、遅すぎると過転圧になったりするおそれがある。

⑥仕上げ転圧は、不陸の修正、ローラマークの消去のために行うものであり、タイヤローラあるいはロードローラで2回（1往復）程度行う。

⑦締固め作業のローラは、一般にアスファルトフィニッシャ側に駆動輪を向けて、横断勾配の低いほうから高いほうに向かい、順次幅寄せしながら、低速かつ等速で転圧する。

⑧転圧時のヘアクラックは、ローラの線圧過大や、転圧時の温度の高すぎ、過転圧などの場合に多く見られる。

⑨継目位置は、既設舗装の補修・拡幅の場合を除いて、下層の継目の上に上層の継目を重ねないようにする。

⑩コールドジョイント部は、温度が低下しやすく締固め不足になりやすいため、ガスバーナ等の使用により、既設舗装部分を施工直前に加熱する。

⑪交通開放時の舗装の温度は、舗装の初期のわだち掘れに大きく影響するが、表面の温度を50℃以下とすることにより、交通開放時の舗装の変形を小さくすることができる。

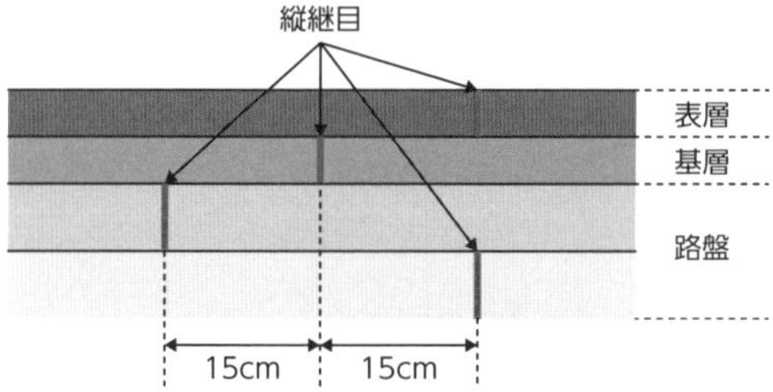

各層縦継目の一例

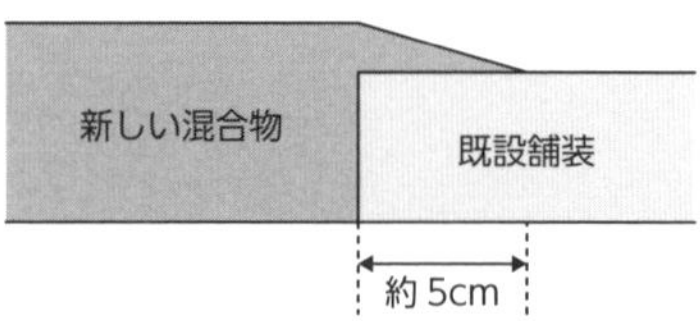

縦継目の重ね合わせ

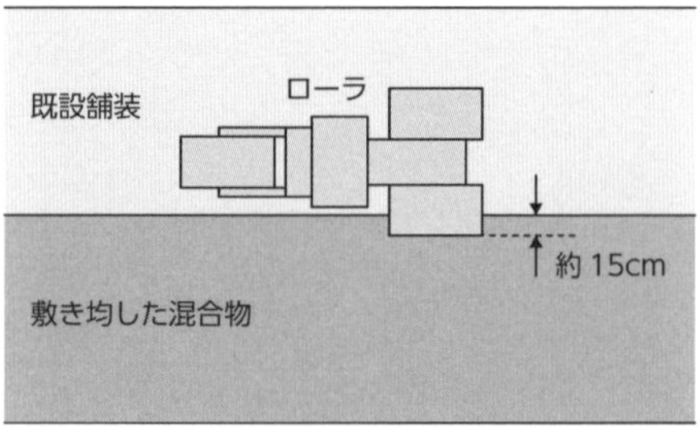

縦継目の転圧

2-2 排水性舗装の施工

排水性舗装とは、高機能舗装ともいわれる新しい工法の一つです。粒度の粗い特殊な舗装材を表面に使用し、雨水が路面を流れることなく舗装内部に浸透し、路肩《ろかた》の排水施設に導くものです。透水機能層には、一般にポーラスアスファルト混合物が用いられます。

排水性舗装の施工上の留意点は、以下のとおりです。

①排水性舗装の表層の厚さは、粗骨材の最大粒径の 2.5 倍以上とする。

②ポーラスアスファルト混合物は、粗骨材が多いためすりつけが難しく、骨材も飛散しやすいので、すりつけ最小厚さは粗骨材の最大粒径以上とする。

③ポーラスアスファルト混合物は、敷均し後の温度低下が早いため、温度管理には十分注意し、敷均し終了後、速やかに初転圧を行う。

④仕上げ転圧には、タンデムローラとタイヤローラを用いる場合があるが、表面のきめを整えるなどの効果も期待してタイヤローラを使用することが多い。

⑤タイヤローラによる仕上げ転圧は、転圧温度が高すぎるとタイヤにポーラスアスファルト混合物が付着しやすく、空隙つぶれの生じる懸念もあることから、ポーラスアスファルト混合物の表面温度が 70℃程度になってから行う。

⑥ポーラスアスファルト混合物の締固めには、ロードローラ、タイヤローラなどを用いるが、振動ローラを無振で使用してロードローラの代替機械とすることもある。

⑦タックコートには、原則としてゴム入りアスファルト乳剤を使用し、散布量は一般に 0.3 ～ 0.6L/m^2 を標準に、均一に散布する。

⑧既設排水性舗装との継目部は、一般にジョイントヒータで加温し、新しい舗装と十分密着させて施工する。

透水性を有した材料を用いて雨水などを表層から路盤、路床に浸透させる構造とした透水性舗装との違いを区別しよう。

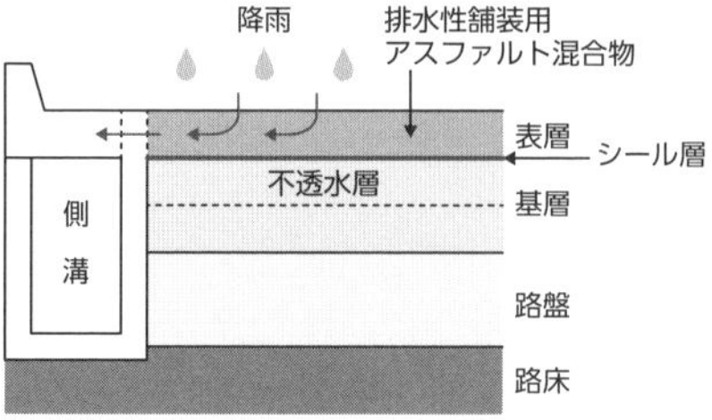

排水性舗装

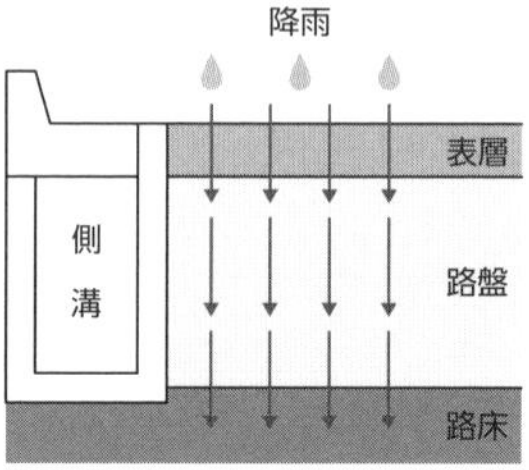

透水性舗装

2-3 アスファルト舗装の補修工法

1 補修工法の種類

補修工法一覧表

補修工法の種類	補修工法の概要
打換え工法	既設舗装破損が著しい場合や、他の工法では補修が不適当であるときに、表層あるいは路盤から打ち換える工法である。状況により路床の入れ換え、路床または路盤の安定処理を行うこともある。
局部打換え工法	既設舗装の破損が局部的に著しいときに、路盤から局部的に打ち換える工法である。
線状打換え工法	線状に発生したひび割れに沿って舗装を打ち換える工法で、通常は、線状切削機械を用い、加熱アスファルト混合物層のみを打ち換える。
パッチング	加熱アスファルト混合物、瀝青材料や樹脂結合材料のバインダーを用いた常温混合材などで、ポットホール、くぼみなどを応急的に修繕する工法。
表層・基層打換え工法	線状に発生したひび割れに沿って、既設舗装を表層または基層まで打ち換える工法で、切削により既設アスファルト混合物層を撤去する工法を、特に切削オーバーレイ工法と呼ぶ。
オーバーレイ工法	既設舗装の上に、一般的にはアスファルトフィニッシャを用い、厚さ 3 cm 以上の加熱アスファルト混合物層を施工する工法。オーバーレイ箇所に局部的な不良箇所が含まれる場合は、事前に局部打換えを行うとよい。
薄層オーバーレイ工法	予防的維持工法として用いられることもあり、既設舗装の上に厚さ 3cm 未満の加熱アスファルト混合物を舗設する工法である。

わだち部オーバーレイ工法	既設舗装のわだち掘れ部のみを、加熱アスファルト混合物で施工する工法で、主に摩耗等によってすり減った部分を補うものであり、流動によって生じたわだち掘れ箇所には適さない。
切削工法	路面が連続的あるいは断続的に凹凸が発生して平たん性が極端に悪くなった場合などに、路面の凸部等を切削除去し、不陸や段差を解消する工法である。オーバーレイ工法や表面処理工法の事前処理として行われることも多い。
表面処理工法	瀝青路面処理の表層として、あるいは舗装の寿命を延ばすために行う予防的維持工法として用いられ、既設舗装の上に、加熱アスファルト混合物以外の材料を使用して、3 cm 未満の封かん層を設ける工法である。
路上表層再生工法	路上で、路上表層再生機械を用い、既設アスファルト混合物層の加熱、かきほぐしを行い、これに必要に応じて新規アスファルト混合物や、再生用添加剤を加え、混合した上で敷き均して締め固め、再生した表層を構築する工法。
路上路盤再生工法	路上で既設アスファルト混合物層を破砕すると同時に、セメントやアスファルト乳剤などの安定材と破砕した既設路盤材料をともに混合し、締め固めて新たに安定処理した路盤を構築する工法である。

2 補修工法選定の留意点

①流動性によるわだち掘れは、その原因となっている層を除去する表層・基層の打換え工法を選択する。

②ひび割れの程度が大きい場合は、路床、路盤の破損の可能性が大きいので、オーバーレイ工法より打換え工法を選択することが望ましい。

③アスファルト舗装道路の補修工法の選定において、路面のたわみが大きい場合は、路床、路盤に破損が生じている可能性があり、これらを開削して調査し、その原因を把握した上で工法の選定を行う。路床、路盤が破損している場合には、打換え工法を選択することが望ましい。

④オーバーレイの厚さは、沿道条件などから、最大で 15 cm 程度とする。これ以上厚さが必要となる場合には、他の工法を検討する。

頻出項目をチェック！

1 □ アスファルト混合物の敷均しにあたっては、使用アスファルトの温度粘度曲線に示された最適締固め温度を下回らないよう、温度管理に注意する。

2 □ アスファルト混合物の敷均し作業中に雨が降り始めた場合には、敷均し作業を中止するとともに、敷き均した混合物を速やかに締め固めて仕上げる。

3 □ アスファルト混合物は、敷均し終了後、所定の密度が得られるように、継目転圧、初転圧、二次転圧および仕上げ転圧の順に締固め作業を行う。

4 □ 初転圧の転圧温度は、ヘアクラックの生じない限りできるだけ高い温度で、10～12t のロードローラで 2 回（1 往復）程度行う。

5 □ 振動ローラによる混合物の二次転圧では、転圧速度が速すぎると不陸や小波が発生したり、遅すぎると過転圧になったりするおそれがある。

6 □ 仕上げ転圧は、不陸の修正、ローラマークの消去のために行うものであり、タイヤローラあるいはロードローラで 2 回（1 往復）程度行う。

7 □ 締固め作業のローラは、一般にアスファルトフィニッシャ側に駆動輪を向けて、横断勾配の低いほうから高いほうに向かい、順次幅寄せしながら、低速かつ等速で転圧する。

8 □ 転圧時のヘアクラックは、ローラの線圧過大や、転圧時の温度の高すぎ、過転圧などの場合に多く見られる。

9 □ 継目位置は、既設舗装の補修・拡幅の場合を除いて、下層の継目の上に上層の継目を重ねないようにする。

10 ☐ **排水性舗装に使用するポーラスアスファルト混合物は、敷均し後の温度低下が早いため、温度管理には十分注意し、敷均し終了後、速やかに初転圧を行う。**

11 ☐ **タイヤローラによる仕上転圧は、ポーラスアスファルト混合物の表面温度が 70℃程度になってから行う。**

こんな選択肢は誤り！

振動ローラによる二次転圧では、転圧速度が~~速すぎる~~と過転圧となり、~~遅すぎる~~と不陸や小波が発生するため、転圧速度に注意する。

振動ローラによる二次転圧では、転圧速度が遅すぎると過転圧となり、速すぎると不陸や小波が発生するため、転圧速度に注意する。

仕上げ転圧は、締め固めた舗装表面の不陸修正やローラマークの消去のため行うものであり、~~振動ローラを振動させて~~2回程度行う。

仕上げ転圧は、締め固めた舗装表面の不陸修正やローラマークの消去のため行うものであり、タイヤローラあるいはロードローラで2回程度行う。

排水性舗装の仕上げ転圧は、空隙のつぶれを防止するため、一般的に~~マカダムローラ~~で行う。

排水性舗装の仕上げ転圧は、空隙のつぶれを防止するため、一般的にタンデムローラやタイヤローラで行う。

流動によるわだち掘れや線状に発生したひび割れが著しい箇所の補修を行う場合には、一般に~~表面処理工法~~が用いられる。

流動によるわだち掘れや線状に発生したひび割れが著しい箇所の補修を行う場合には、一般に表層・基層打換え工法が用いられる。

Lesson 03

重要度 ★★☆

コンクリート舗装

学習のポイント

一次

- **コンクリート舗装の施工について理解する。**
- **コンクリート舗装の補修工法について理解する。**

3-1 コンクリート舗装の施工

1 コンクリート版の施工

コンクリート版の施工における留意点は、以下のとおりです。

①コンクリートを直接路盤上に荷《に》卸《おろ》しする場合は、できるだけ何回にも分けて荷卸しし、材料分離を防ぐ。

②コンクリート版の施工の工程は、荷卸し、敷均し、鉄網および縁部補強鉄筋の設置、敷均し、締固め、荒仕上げ、平坦仕上げ、粗面仕上げ、養生の順に行う。

③コンクリートの敷均しは、スプレッダ（敷き均し機械）を用いて、全体ができるだけ均等な密度になるよう余盛りをつけて行う。

④コンクリートの敷均しは、鉄網を用いる場合は２層で、鉄網を用いない場合は１層で行う。

⑤コンクリートの締固めは、鉄網の設置の有無にかかわらず１層で行う。

⑥コンクリート版に使用する鉄網の埋込み深さは、コンクリート版上面から版厚の 1/3 の位置とする。

⑦コンクリートの表面仕上げは、平坦仕上げだけでは表面が平滑すぎるため、表面を粗面に仕上げる。

⑧コンクリートの後期養生は、その期間中、養生マットなどを用いてコンクリート版表面をすき間なく覆い、完全に湿潤状態になるように散水する。

⑨初期ひび割れの処置としては、比較的小さな乾燥によるひび割れや沈下ひび割れが発見された場合は、舗設したコンクリートがまだ固まらないうちにコテなどで修復する。

2 目地の施工

コンクリート舗装の普通コンクリート版には、膨張、収縮、そり等をある程度自由に起こさせることによって、応力を軽減する目的で目地を設けます。目地の施工における留意点は、以下のとおりです。

①横目地に設けるダウエルバーは、路面および道路軸に平行で、一般には版厚の 1/2 の高さに設置する。

②横収縮目地に設ける目地溝は、カッターにより切削する場合には、コンクリート版に有害な角欠けが生じない範囲で、できるだけ早期に行う。

③横収縮目地として打込み目地を設ける場合は、平坦仕上げ終了後に振動目地切り機で溝を設けて仮挿入物を埋め込み、コンクリート硬化後に仮挿入物の上部をカッタで切削して目地溝とする。

④構造物との突合せ部等に設ける横膨張目地の施工では、舗設時に目地板が傾いたり湾曲したりしないように注意する。

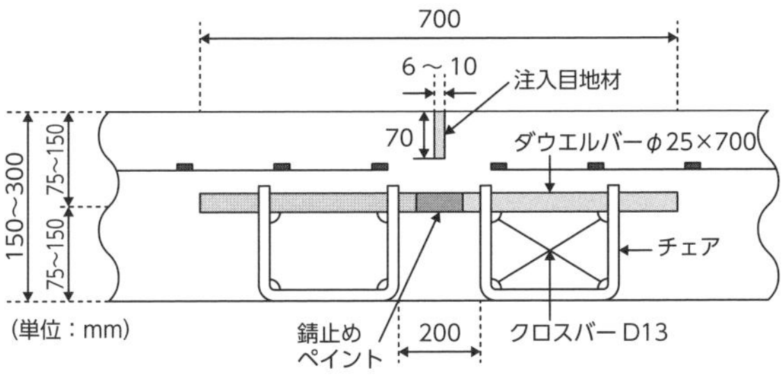

横収縮目地（ダミー目地）の構造例

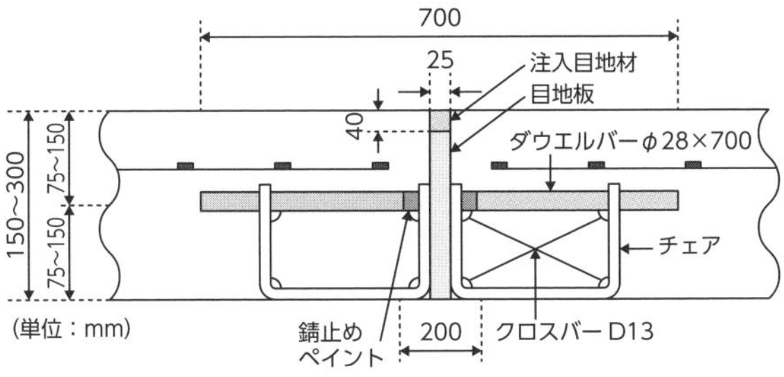

横伸縮目地（横膨張目地）の構造例

3-2 普通コンクリート舗装の補修工法

1 補修工法の種類

補修工法一覧表

補修工法の種類	補修工法の概要
打換え工法	広域にわたりコンクリート版そのものに破損が生じた場合に、打換え面積、路床･路盤の状態、交通量などを考慮して、コンクリートまたはアスファルト混合物で打ち換える工法。
局部打換え工法	隅角部、横断方向など、版の厚さ方向全体に達するひび割れが発生し、この部分における荷重伝達が期待できない場合に、版あるいは路盤を含めて局部的に打ち換える工法。
オーバーレイ工法	既設コンクリート版上に、アスファルト混合物を舗設するかまたは、新しいコンクリートを打ち継ぎ、舗装の耐荷力を向上させる工法。
バーステッチ工法	コンクリート版のひび割れ部に直角に切り込んだカッター溝を設け、その中に鋼材を埋設して、高強度のセメントモルタルや樹脂モルタルを用いてその溝を埋め戻す工法。
注入工法	コンクリート版と路盤との間にできた空隙や空洞を充填したり、沈下を生じた版を押し上げて平常の位置に戻したりする工法。
パッチング工法	コンクリート版に生じた欠損箇所や段差などに材料を充填して、路面の平坦性などを応急的に回復させる工法である。

2 各工法の施工上の留意点

①打換え工法の路盤の締固めにあたっては、特に縁部や隅角部の締固めが不十分になりやすいので、ハンドガイドローラなどを使用して締め固める。

②コンクリート版を打ち換える際の既設版と打換え版とが接する縦目地は、ダイバーにより連結する。

③横断方向のひび割れに対する局部打換えでは、ひび割れが目地から3m以上の位置に生じた場合、そのひび割れ部を収縮目地に置き換える。

④隅角部の局部打換え工法では、ブレーカなどを用いてひび割れを含む方形部分のコンクリートを取り除き、旧コンクリートの打継面は鉛直になるようにはつる。

⑤コンクリート舗装版上のアスファルト混合物によるオーバーレイ工法では、オーバーレイ厚の最小厚は 8cm とする。
⑥コンクリートによるオーバーレイ工法でポルトランドセメントを用いた場合には、散水養生を行い、養生マットで十分な湿潤状態を保つようにする。
⑦パッチング工法では、既設コンクリートとパッチング材料との付着を確実にする。

頻出項目をチェック！

1 □ コンクリートの敷均しは、スプレッダ（敷き均し機械）を用いて、全体ができるだけ均等な密度になるよう余盛りをつけて行う。

2 □ コンクリートの敷均しは、鉄網を用いる場合は 2 層で、鉄網を用いない場合は 1 層で行う。

こんな選択肢は誤り！

コンクリート版の施工の工程は、荷卸し、敷均し、鉄網及び縁部補強鉄筋の設置、敷均し、締固め、荒仕上げ、~~粗面仕上げ~~、~~平坦仕上げ~~、養生の順に行う。

コンクリート版の施工の工程は、荷卸し、敷均し、鉄網及び縁部補強鉄筋の設置、敷均し、締固め、荒仕上げ、平坦仕上げ、粗面仕上げ、養生の順に行う。

コンクリート舗装版の横断方向のひび割れに対する局部打換えで、ひび割れが目地から 3m 以上の位置に生じている場合には、そのひび割れ部を~~膨張目地~~に置き換えて局部打換えを行う。

コンクリート舗装版の横断方向のひび割れに対する局部打換えで、ひび割れが目地から 3m 以上の位置に生じている場合には、そのひび割れ部を収縮目地に置き換えて局部打換えを行う。

演習問題

路床の安定処理

道路・舗装 1 道路のアスファルト舗装における路床の安定処理に関する次の記述のうち，**適当でないもの**はどれか。

(1) 安定処理材は，一般的に対象土が砂質系材料の場合は石灰が有効であり，粘性土の場合はセメントが有効である。
(2) 路床安定処理の施工では，不陸整正や必要に応じて仮排水溝の設置などを行ってからセメント，石灰など安定処理材の散布を行う。
(3) 路床の安定処理を路上混合方式で行う場合は，ロードスタビライザなどの混合機械を用いて，安定処理材と路床土を所定の深さまでむらなくかき起こし十分に混合する。
(4) 混合終了した安定処理土は，タイヤローラなどによる仮転圧を行い，モータグレーダなどで所定の形状に整形した後，タイヤローラなどにより締め固める。

答え (1)
対象土が砂質系材料の場合はセメントが有効であり、粘性土の場合は石灰が有効である。

アスファルト舗装の舗設

道路・舗装 2 道路のアスファルト舗装の舗設に関する次の記述のうち，**適当なもの**はどれか。

(1) アスファルト混合物の締固め作業は，敷き均し終了後，初転圧，継目転圧，二次転圧，及び仕上げ転圧の順序で行う。
(2) 仕上げ転圧は，締め固めた舗装表面の不陸修正やローラマークの消去のため行うものであり，振動ローラを振動させて2回程度行う。
(3) 締固めのローラは，一般にアスファルトフィニッシャ側に駆動輪を向けて，横断勾配の高い方から低い方へ向かって転圧する。

(4) 初転圧の転圧温度は，一般に110～140℃で行い，ヘアクラックの生じない限りできるだけ高い温度で行う。

答え (4)

(1) アスファルト混合物の締固め作業は、継目転圧→初転圧→二次転圧→仕上げ転圧の順序で行う。

(2) 仕上げ転圧は、タイヤローラあるいはロードローラで2回程度行う。

(3) 締固めのローラは、横断勾配の低い方から高い方へ向かって転圧する。

アスファルト舗装の補修工法

道路・舗装3 道路のアスファルト舗装の補修工法に関する次の記述のうち，**適当でないもの**はどれか。

(1) 打換え工法は，既設舗装のひび割れの程度が大きい場合に，路盤若しくは路盤の一部まで打ち換えるものである。

(2) 切削オーバーレイ工法は，切削により既設アスファルト混合物層を撤去してから，その上に加熱アスファルト混合物で舗設するものである。

(3) パッチング工法は，既設舗装の路面に生じたポットホール，局部的なひび割れ破損部分をアスファルト混合物などで穴埋めするものである。

(4) 線状打換え工法は，主として摩耗などによってすり減った部分を補うことを目的として，既設舗装のわだち部のみを加熱アスファルト混合物で舗設するものである。

答え (4)

わだち部オーバーレイ工法に関する記述である。

排水性舗装の施工

道路・舗装 4 アスファルト舗装道路の排水性舗装の施工に関する次の記述のうち，**適当でないもの**はどれか。

(1) すりつけ最小厚さは，使用する混合物の粗骨材が多いのですりつけが難しく骨材も飛散しやすいので，粗骨材の最大粒径以上とする。
(2) 混合物の締固めは，敷均し後の温度低下が早いため，温度管理には十分注意して敷均し終了後速やかに初転圧を行い，所定の締固め度を初転圧及び二次転圧のロードローラによる締固めで確保する。
(3) タイヤローラによる仕上げ転圧は，転圧時の温度が高すぎるとタイヤに混合物が付着しやすく，空隙つぶれの生じる懸念もあることから，混合物がタイヤローラに付着しない程度の表面温度になってから行う。
(4) 舗装に使用するタックコートは，下層の防水処理としての役割も期待されており，原則としてアスファルト乳剤（PK-4）を使用する。

答え (4)

舗装に使用するタックコートは、原則としてゴム入りアスファルト乳剤（PKR-T）を使用する。

ゴロ合わせで覚えよう！ **プライムコートとタックコートの散布量の違い**

たくさん、
(タックコート)

さん《3》ざん無《6》理した。
(0.3～0.6L/㎡)

私のプライムタイムは 1 時から 2 時
(プライムコート)　(1～2L/㎡)

タックコートでのアスファルト乳剤（PK-4）散布量は、0.3～0.6L/m^2。
プライムコートでのアスファルト乳剤（PK-3）散布量は、1～2L/m^2。

Lesson 01 重要度 ★★★

ダム工事

学習のポイント 一次

- **ダムの基礎処理について理解する。**
- **ダムの施工について理解する。**

1-1 ダムの種類

ダムは、堤体材料などから、コンクリートダムとフィルダムに分類されます。

コンクリートダムは、無筋コンクリート、鉄筋コンクリートからなり、ダムサイトの地形・地質により形式が選定されます。

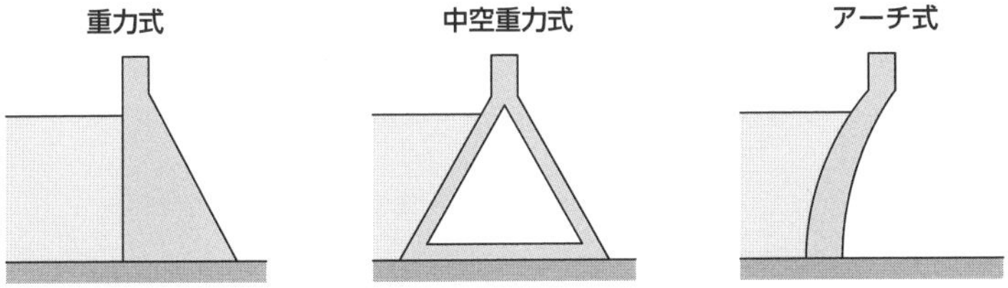

コンクリートダム

フィルダムは、ダム本体の材料が土砂および岩石、砂利などからなるダムで、ダムサイトの地形・地質、ダム高および付近から得られる材料により形式が選定されます。

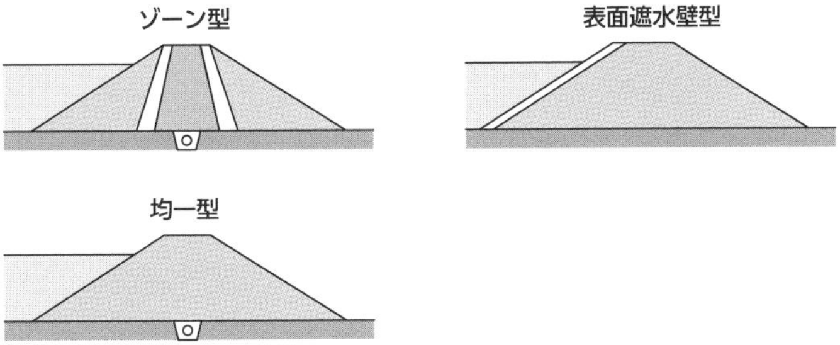

フィルダム

1-2 ダムの基礎処理

1 グラウチングの種類

ダム基礎の処理として最も一般的に行われるのがグラウチングです。グラウチングは、ダムの基礎地盤の遮水性の改良と弱部の補強を目的として行われるものであり、セメントを主材料とするセメントグラウトを用いるのが最も一般的な方法です。

1 カーテングラウチング

カーテングラウチングは、深さ方向の遮水性の改良を目的として施工します。ダムの基礎地盤およびリム部の地盤において、浸透路長が短い部分と、貯水池外への水みちとなるおそれのある高透水部の遮水性を改良します。

2 コンソリデーショングラウチング

重力式コンクリートダムのコンソリデーショングラウチングは、ダム本体の着岩部付近の遮水性の改良、基礎地盤弱部の補強を目的として行います。アーチ式コンクリートダムでは、堤体幅が狭く、基礎地盤に作用する応力が大きいため、堤敷全体に施工します。

ロックフィルダムにおいては、堤敷上流端から基礎排水孔までの間、または浸透路長の短い部分が施工範囲となります。

3 ブランケットグラウチング

ブランケットグラウチングは、フィルダムのコア敷きに施工します。着岩部付近は水理的に最も厳しい場所にあたるため、遮水性を高めてコアの流失を防止し、基礎岩盤からの浸透の軽減をはかります。

深さ方向の遮水性の改良のためにカーテングラウチング、一定の厚みをもった平面的遮水性の改良のためにブランケットグラウチングを施工するよ。

ゴロ合わせで覚えよう！ グラウチングの種類

紺のソリと
(コンソリデーショングラウチング)

カーテンを持って、
(カーテングラウチング)

ブランコで遊ぼう
(ブランケットグラウチング)

グラウチングには、主に<u>コンソリデーショングラウチング</u>、<u>カーテングラウチング</u>、<u>ブランケットグラウチング</u>がある。

2 グラウチングの施工

ダム基礎グラウチングの施工法には、ステージ注入工法（ステージ方式）とパッカー注入工法（パッカー方式）があります。

1 ステージ注入工法

削孔と透水・水押し試験、グラウトの注入を繰り返しながら行う工法です。時間がかかるものの、孔壁の崩壊によるジャーミングの危険性が少ないため、標準的な工法とされています。

2 パッカー注入工法

注入孔の全長を一度に削孔し、パッカーを使用して、最深部から順次上に向かって注入する工法です。良好な岩盤にのみ行われます。

グラウチング施工上の留意点は、以下のとおりです。

①グラウチングは、セメントミルクの濃度の薄いものから開始し、順次濃度の濃いものに切り替えて行う。

②注入圧力は、地盤の限界圧力を考慮し、堤体、基礎地盤等に有害な変位を生じない範囲で、地盤の改良が最大となるように設定する。

③近接孔で同時に注入作業を行う場合は、注入や地盤への影響を考慮して、平面的には同ステージで隣接孔と6m以上、深さ方向には隣接孔と5m以上の間隔を取る。

④グラウチングの施工は、注入による基礎地盤の改良状況の確認と、追

加孔の必要性の判断が容易にできる中央内挿法により実施する。
⑤グラウチング施工中は、常にデータを収集分析し、グラウチング計画の妥当性の検証を行い、必要に応じて計画の見直しを行う。

3 透水・水押し試験

透水試験は、パイロット孔、検査孔、チェック孔において、岩盤の透水性を把握して、グラウト注入仕様の検討、効果の判定などのために行います。

水押し試験は、上記以外の孔において、グラウト注入開始時の配合の決定のための資料を得たり、既設孔の改良効果を知るために行います。

ダム基礎地盤の透水性は、通常、ボーリング孔を利用した水の圧入によるルジオンテストにより調査され、**ルジオン値**（Lu）で評価されます。**遮水性の改良**を目的とするグラウチングの改良効果は、このルジオン値で判定しますが、改良効果の判断指標は、最終次数孔の改良目標値の非超過確率を**85～90％以上**としています。

弱部の補強を目的とするグラウチングの改良効果は、**ルジオン値**または**単位セメント注入量**で判定します。

1-3 コンクリートダムの施工

1 打設工法

コンクリートダムの打設方法には、大きく分けて**柱状工法**と**面状工法**があります。

1 柱状工法

柱状工法は、ブロック内のコンクリートを少なくし、コンクリート硬化時の発熱・膨張と、その後の冷却に伴う**ひび割れ**を防止するため、一定の**ブロック割り**で隣接リフトとの差をつける工法です。コンクリートの打設を連続して大量に行うことは困難です。

a）柱状ブロック工法

柱状ブロック工法は、水和熱によるひび割れを制御するため、一般に横継目を15m間隔に、縦継目を30～50m程度の間隔に設け、それによって分割されたブロックごとに打設する工法です。隣接ブロック間のリフト差は、標準リフト1.5mの場合に横継目間で8リフト、縦継目間で4リフト以内とします。

b）柱状レヤー工法

縦目地を設けず、横目地だけ設けて、1リフト差のまま打ち継いでいく工法です。

2 面状工法

面状工法は、柱状ブロック工法に比較して、低リフトで大区画を対象に、大量のコンクリートを一度に打設する工法です。面状工法のコンクリート打設は、施工中の堤体を横断方向（ダム軸に直角方向）に、原則として、3打設区画以上に分割し、分割した区画内を一度に行います。

a）RCD工法

RCD工法は、超硬練りコンクリートをブルドーザで敷き均し、振動ローラで締め固める工法です。打込みは、0.75mリフトで3層、1.0mリフトでは4層に分割して仕上げます。

b）拡張レヤー工法（ELCM）

拡張レヤー工法（ELCM）では、単位セメント量の少ない有スランプコンクリートを一度に複数ブロック打設し、横継目は打設後または打設中に設けて、堤体を面状に打ち上げます。コンクリート打込みの1リフトの高さは、1.5～2.0mを標準とし、締固めは内部振動機で行います。全面レヤー打設であることから、打設面が水平に打ち上がるので、大きな段差がなく、重機の移動、建設資材の運搬をより安全に行うことができます。

3 CSG 工法

CSGとは、現地発生材（土石）とセメント、水を混合して得られる材料のことです。CSG工法では、手近で得られる岩石質材料を分級し、粒度調整および洗浄は行わず、水とセメントを添加·混合して、ブルドーザで敷き均し、振動ローラで締め固めます。打込み面はブリーディングが極めて少ないことから、グリーンカットは必要としません。

1-4 ゾーン型フィルダムの施工

遮水ゾーンの施工は、一般に最適含水比前後の定められた狭い範囲で締め固めることが要求されるので、一般に降雨時には行いません。基礎掘削は、遮水ゾーンでは十分な遮水性が期待できる岩盤まで掘削し、透水ゾーンでは所要のせん断強度が得られるまで地山の緩んだ部分を取り除く程度の掘削を行います。

遮水ゾーンと半透水ゾーンの盛立ては、水平に盛り立てることが望ましく、境界部では半透水性材料が遮水ゾーンにはみ出さないように施工します。また、遮水ゾーンの転圧は、原則としてダム軸方向に行い、未転圧部が生じないように10cmは重複させます。

遮水ゾーンの盛立てにおける留意点は、以下のとおりです。

①基礎部においてヘアクラックなどを通して浸出してくる程度の湧水がある場合は、湧水箇所の周囲を先に盛り立てて排水を実施し、その後、一挙にコンタクトクレイで盛り立てる。

②ブルドーザによる敷均しは、できるだけダム軸方向に行うとともに、均等な厚さに仕上げる。

③盛立面に遮水材料をダンプトラックで撒きだすときは、遮水ゾーンは最小限の距離しか走行させないものとし、できるだけフィルターゾーンを走行させる。

④着岩部の施工では、一般に遮水材料よりも粒径の小さい着岩材を、人力あるいは小型締固め機械を用いて施工する。

1-5 ダムコンクリート

1 ダムコンクリートの施工

ダムコンクリートの施工上の留意点は、以下のとおりです。

①ダムコンクリート用骨材の品質は、密度、吸水率、粗粒率その他必要な項目で管理され、密度および吸水率は、骨材の物理的な品質を示す指標となる。

②中庸熱ポルトランドセメントを用いたダムコンクリートは、普通ポルトランドセメントを用いたコンクリートに比べて水和熱が小さく、初期強度が小さい。

③ダムコンクリートは、作業に適するワーカビリティーが得られる範囲で、できるだけ硬練りコンクリートとする。

④プレクーリングは、ダムコンクリートまたは材料の一部を冷却し、打込み時のコンクリートの温度を下げて最高温度を抑制する方法である。

⑤有スランプコンクリートの締固めの判断は、コンクリートの沈下がなくなること、大きな気泡が生じなくなること、水が表面に現れて光沢が生じることなどによって確認できる。

⑥ダムコンクリートの温度ひび割れを抑制するため、打設が完了したコンクリート部材内外の温度差が大きくならないように配慮する。

⑦コンクリート打込み終了後は、硬化作用の順調な進展と乾燥による表面ひび割れを防ぐため、柱状ブロック工法では湛水養生、面状工法では散水養生を標準とする。

2 ダムコンクリートの打込み

ダムコンクリートの打込みにおける留意点は、以下のとおりです。

①モルタルの敷込み厚さは、岩盤表面で2cm、水平打継目で1.5cmを標準とし、モルタルを一度に敷き込む範囲は、30分程度でコンクリートを打ち込める範囲とする。

②ダムコンクリートの一般部の打込み方向は、材料分離や降雨などによる打止めを考慮して、ダム軸に平行な方向に打ち込むものとする。

③棒状バイブレータ（内部振動機）による有スランプコンクリートの締固めは、棒状バイブレータを鉛直に差し込み、先端が10cm程度下層コンクリートに入るようにする。

④水平打継目に生じたレイタンスの除去は、ダムコンクリートが完全に硬化する前に、圧力水や電動ブラシなどで行う。

頻出項目をチェック！

1 □ カーテングラウチングの目的は、ダムの基礎地盤およびリム部の地盤において、浸透路長が短い部分と、貯水池外への水みちとなるおそれのある高透水部の遮水性を改良することである。

2 □ 重力式コンクリートダムのコンソリデーショングラウチングは、着岩部付近において、遮水性の改良、基礎地盤弱部の補強を目的として行う。

3 □ グラウチングは、セメントミルクの濃度の薄いものから開始し、順次濃度の濃いものに切り替えて行う。

4 □ グラウチングの施工は、改良状況の確認と追加孔の必要性の判断が容易にできる中央内挿法を標準とする。

5 □ 水押し試験は、グラウチングによる遮水性の改良状況を把握するとともに、注入するセメントミルクの初期濃度などを決定するために実施する。

6 □ 柱状ブロック工法は、縦継目と横継目で分割した区画ごとにコンクリートを打ち込む方法であり、そのうち、縦継目を設けず、横継目だけを設ける場合を特にレヤー工法と呼ぶ。

7 □ RCD工法は、超硬練りコンクリートをブルドーザで敷き均し、振動ローラで締め固める工法である。

8 □ 拡張レヤー工法（ELCM）では、単位セメント量の少ない有スランプコンクリートを一度に複数ブロック打設し、横継目は打設後または打設中に設け、堤体を面状に打ち上げる。

9 □ フィルダムの基礎掘削は、遮水ゾーンと透水ゾーン及び半透水ゾーンとでは要求される条件が異なり、透水ゾーンの基礎の掘削は所要のせん断強度が得られるまで掘削する。

こんな選択肢は誤り！

グラウチングのセメントミルクの配合は、水セメント比 W/C で表わされ、一般に~~濃い~~配合から順に注入していく。

グラウチングのセメントミルクの配合は、水セメント比 W/C で表わされ、一般に薄い配合から順に注入していく。

グラウチングの注入方式は、孔壁崩壊によるジャーミングの危険性が少なく、より確実な施工が可能な~~パッカー方式~~が標準である。

グラウチングの注入方式は、孔壁崩壊によるジャーミングの危険性が少なく、より確実な施工が可能なステージ方式が標準である。

面状工法は、柱状ブロック工法に比較して、高リフトで大区画を対象に、大量のコンクリートを一度に打設するものである。

面状工法は、柱状ブロック工法に比較して、低リフトで大区画を対象に、大量のコンクリートを一度に打設するものである。

~~拡張レヤー工法~~は、超硬練りコンクリートを、ブルドーザで薄層に敷き均し、振動ローラで締め固めるものである。

RCD 工法は、超硬練りコンクリートを、ブルドーザで薄層に敷き均し、振動ローラで締め固めるものである。

Lesson 02

重要度 ★★☆

トンネル工事

学習のポイント

一次

- **切《きり》羽《は》の安定対策について理解する。**
- **覆工《ふっこう》の施工について理解する。**

2-1 トンネルの観察・計測

都市部におけるトンネル工事の施工では、トンネル自体の安定性だけでなく、地表面沈下、近接構造物の挙動、地下水変動といった、周辺環境に与える影響を把握できる観察・計測を行わなければなりません。

観察・計測の項目には、内空変位測定、天端沈下測定、地中変位測定、地表面沈下測定などがあり、地山の変位挙動を測定し、トンネルの安定性と支保工の妥当性を評価します。大きな変位が問題となるトンネルの場合は、内空変位の計測を主体とした計測計画が必要となります。

観察・計測における留意点は、以下のとおりです。

①地表面沈下や近接構造物の挙動把握のための変位計測では、切羽通過前の変位を把握することが、最終変位の予測や適用した支保工および補助工法の対策効果を確認する上で重要である。

②坑外から実施される地表面沈下測定の間隔は、一般に横断方向で 3 ～ 5m であり、トンネル断面の中心に近いほど測定間隔を小さくし、その結果は掘削影響範囲の検討などに活用する。

③切羽観察は、掘削切羽ごとに行い、地質状況およびその変化状況を観察した結果について、原則として 1 日に 1 回は記録し、その結果は未施工区間の支保選定などに活用する。

④周辺の地下水に関しては、トンネルの工事中以外にも、工事前から工事後の長期にわたって計測を行う必要があるため、効率的な観察・計測計画を事前に立案しておく。

2-2 トンネルの掘削

1 掘削工法

標準的な掘削工法の分類と特徴

掘削方式		加背割	地山条件等	
全断面工法			・小断面トンネルにおける一般的な方法であるが、中断面では比較的安定した地山、大断面では、極めて安定した地山に適する。 ・トンネルの全長が単一工法で施工可能とは限らないので、補助ベンチ等の施工法の変更体制が必要。	
ベンチカット工法	ロングベンチ工法	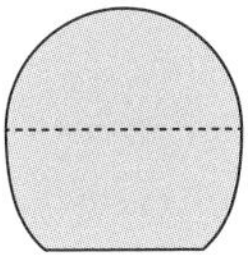	・全断面では施工が困難であるが、比較的安定した地山の場合に適用する。 ・上半・下半を交互に掘削する交互掘進方式の場合、機械設備、作業員が少なくてすむが、工期がかかる。	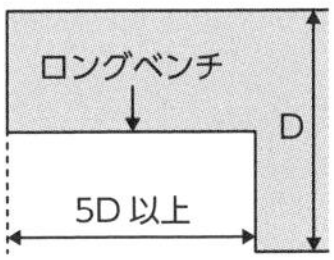
	ショートベンチ工法	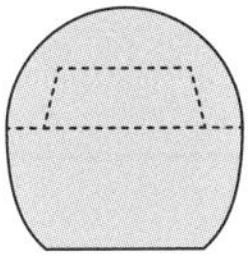	・土砂地山、膨張性地山から中硬岩地山まで適用できる工法。最も基本的かつ一般的な施工法で、地山の変化に対応しやすい。 ・同時併進の場合には上・下半の作業時間サイクルのバランスがとりにくい。	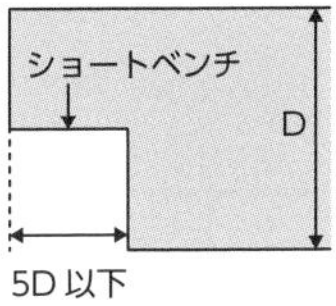
	ミニベンチ工法	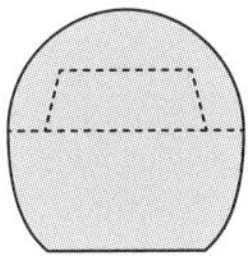	・ショートベンチ工法の場合よりさらに内空変位を制御する必要がある場合や、膨張性地山等で早期の閉合を必要とする場合に適する。 ・インバートの早期閉合がしやすい。 ・上半施工用の架台が必要となり、掘削に用いる施工機械が限定されやすい。	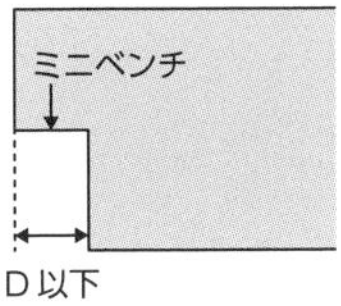
	多段ベンチ工法	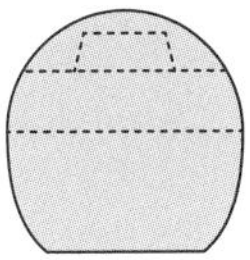	・縦長の大断面トンネルで比較的良好な地山に適用されることが多い。 ・切羽の安全が確保しやすい。 ・閉合時期が遅れると不良地山では変形が大きくなる。 ・各ベンチの長さが限定され、作業スペースが狭くなる。	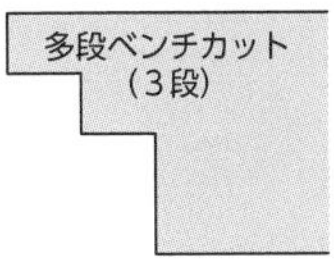

導坑先進工法

掘削方式		加背割	地山条件等
導坑先進工法	側壁導坑先進工法	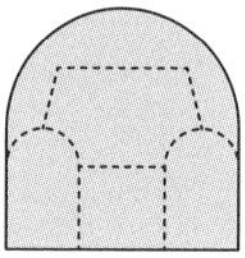	・地盤支持力の不足する地山であらかじめ十分な支持力を確保したうえ、上半部の掘削を行う必要がある場合に適する。 ・偏圧、地すべり等の懸念される土被りの小さい軟岩や土砂地山に適する。 ・導坑断面の一部を比較的マッシブな側壁コンクリートとして先行施工するため、支持力が期待できるとともに、偏圧に対する抵抗力も高い。 ・導坑掘削に用いる施工機械が小さくなる。 ・導坑掘削時に上方の地山を緩ませることが懸念される。
	底設導坑先進工法	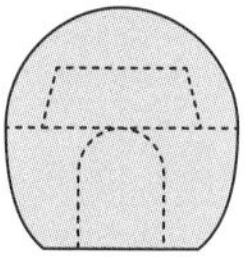	・地下水位低下工法を必要とするような地山。 ・導坑を先行することにより地質の確認ができる。 ・切上りを行うことによって切羽を増やし、工期の短縮が可能。 ・各切羽のサイクルのバランスがとりにくい。 ・施工機械が多種多様になる。
	TBM先進工法	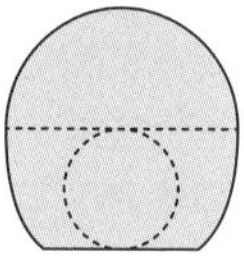	・地質確認や水抜き効果等を期待してTBMによる導坑を先進する場合に適する。 ・発破工法の場合、心抜きがいらないため、振動・騒音対策にもなる。 ・導坑位置によっては、あらかじめ地下水位低下をはかることが可能。 ・導坑を先行することにより地質の確認ができる。 ・地質が比較的安定していないと、TBM掘削に時間がかかる。
中壁分割工法		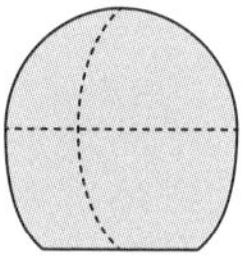	・地表面沈下を最小限に防止する必要のある土被りの小さい土砂地山や、大断面トンネルで比較的不良な地山に適する。 ・断面を分割することにより、切羽の安定が確保しやすい。 ・側壁導坑先進工法より加背が大きく、施工機械をやや大きくできる。 ・中壁撤去時の変形等に留意が必要。 ・坑内からの特殊な補助工法の併用が困難。

中壁分割工法には、上半のみ分割する方法と、上下半ともに分割する方法があるよ。

ゴロ合わせで覚えよう！ ベンチカット工法のベンチ長

小さなベンチは、数名掛け、
(ミニベンチ)　(数m)

短いベンチは、30 名掛け、
(ショートベンチ)　(30m)

長いベンチは、100 名掛け
(ロングベンチ)　(100m)

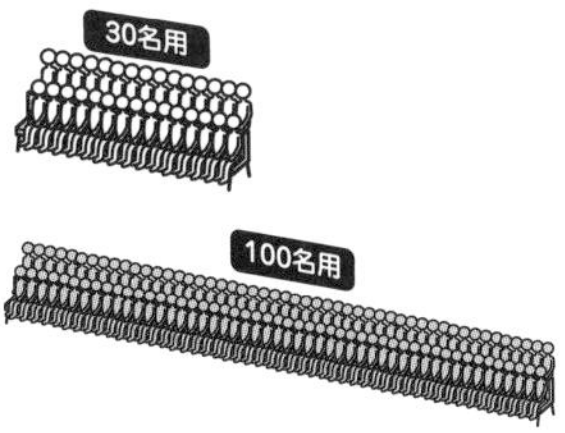

ベンチカット工法のベンチ長は、ミニベンチカット工法が数 m 程度、ショートベンチカット工法が 30m 程度、ロングベンチカット工法が 100m 程度である。

2 掘削方式

掘削方式の種類

掘削方式	適用条件等
発破掘削	・硬岩、中硬岩に用いられる。 ・発破振動や発破音等による周辺環境への影響が問題にならない場所に用いられる。
機械掘削	・中硬岩、軟岩、土砂地山に用いられる。 ・自由断面掘削機（ブーム掘削機、バックホウ、大型ブレーカー、割岩機等）によるものがある。 ・全断面掘削機（TBM）によるものがある。
人力掘削	・小断面で地山が不安定である等、特殊な場合に用いられる。

2-3 切羽の安定対策

支保工の施工が終了するまで切羽が自立しない場合には、切羽の安定対策を行う必要があります。

1 天端の安定対策

1 フォアポーリング工法

掘削前にボルト・鉄筋・単管パイプなどを切羽天端前方に向けて挿入し、地山を拘束する工法です。打設角度はできるだけ小さくします。切羽天端の安定が悪く、支保工の施工までに崩落するような場合の、地山のはく落防止対策として用いられます。

天端安定対策工は、最初にフォアポーリングで対処可能か判断し、ボルト間地山の抜け落ちなどが発生する場合は、一般に注入式フォアポーリングの採用により地山を改良します。

2 充填《じゅうてん》式フォアポーリング工法

セメントミルクやモルタル等を充填することにより、前方地山の変形に対する拘束力を高める工法です。

3 注入式フォアポーリング工法

セメントミルク、ウレタン、シリカレジン等の薬液を圧力注入することにより、前方地山の変形に対する拘束力および天端安定を高める工法です。天端の簡易な安定対策としては比較的信頼性が高く、施工実績も豊富です。

4 長尺フォアパイリング工法

断層破砕帯等の、地山のアーチ作用が期待できない不安定な地山を補強し、先行変位を抑制するとともに切羽の安定化をはかる工法です。

5m 以下の鋼管等を使用するものをフォアポーリング、5m よりも長い鋼管等を使用するものをフォアパイリングというよ。

5 パイプルーフ工法

パイプルーフは、トンネル掘削断面外にあらかじめボーリングしてパイプを埋設する工法で、鉄道・道路・家屋などの構造物沈下防止対策として用いられます。特に天端部の安定性確保や地表面沈下対策などに採用されますが、一般に大きな設備を要し、工期・工費ともに大きいため、採用にあたっては十分な検討が必要になります。

6 水平ジェットグラウト工法

水平ジェットグラウトは、地山条件が土砂などの軟質な箇所に用いられ、セメントミルクなどを高圧噴射して地山を切削し、同時にセメントミルクにより地山を置き換え、補強する工法です。

2 鏡面の安定対策

鏡面《かがみめん》の安定対策としては、一般に、鏡吹付けコンクリート工法、鏡止めボルト工法を適用します。最初に鏡吹付けコンクリートで対処可能か判断し、安定性が確保できない場合は鏡ボルトの併用を検討します。

1 鏡吹付けコンクリート工法

掘削直後の切羽面に3～5cmのコンクリート吹付けを行い、掘削初期の崩落防止と鏡面の安定性を向上させる工法です。

2 鏡止めボルト工法

鏡面の一部または全部にロックボルトを打設して、切羽の安定をはかる工法です。切羽補強効果を高めるため、薬液を注入する場合もあります。

3 脚部の安定対策

脚部の安定対策工は、最初に脚部の皿板の見直しなどに加え、脚部吹付け厚の増加で対処可能か判断し、効果が得られない場合は、ウイングリブ付き鋼アーチ支保工などを選定します。

脚部補強ボルト・パイルによる工法は、上半盤支保工接地部の応力集中の緩和や、下半掘削時の地山崩落防止などを目的として採用されますが、打設時に穿孔水で地山を見出し、逆効果となることがあるので、穿孔方法には十分注意する必要があります。

仮インバートは、切羽近傍および後方で、上半盤あるいはインバート部に吹付けコンクリートなどを行うもので、上半鋼アーチ支保工と吹付けコンクリートの脚部支持地盤の強度が不足し、変形が生じるような場合に用いられます。

4　湧水対策

湧水により切羽の自立性の不足や吹付けコンクリートなどの施工が困難な場合の湧水対策として、**水抜きボーリング工法**が用いられます。水抜きボーリング工法は、先進ボーリングによって**集水孔**を設け、排水を行う方法であり、一般に多く利用されていますが、未固結な地山の場合では、水と一緒に土粒子を抜かないように十分注意する必要があります。

湧水対策は、最初に**水抜きボーリング**で対処可能か判断し、水抜きボーリングで対処が難しいと判断される場合は、水抜き坑、ウェルポイント、ディープウェルを選定します。

2-4　トンネル支保工

トンネルの支保構造部材のうち、**吹付けコンクリート**、**ロックボルト**および**鋼製支保工**を総称して支保工と呼びます。支保工の施工は、周辺地山の有する支保機能が早期に発揮されるよう、**掘削後速やか**に行い、支保工と地山とを密着あるいは一体化させることが必要です。

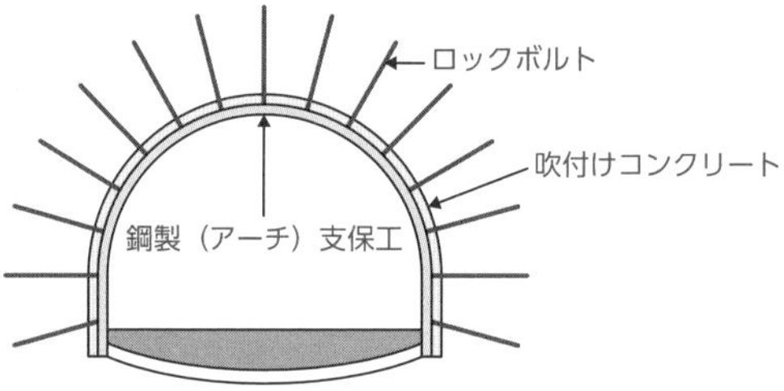

支保工

1　吹付けコンクリート

吹付けコンクリート施工上の留意点は、以下のとおりです。

①吹付けコンクリートの施工は、**掘削後できるだけ速やか**に行わなければならないが、吹付けコンクリートの付着性や強度に悪影響を及ぼす掘削面の浮石《うきいし》などは、吹付け前に入念に取り除く。

②吹付けノズルを吹付け面に**直角**に保ち、ノズルと吹付け面の距離を適

正となるようにする。

③吹き付けたコンクリートが垂れ下がらない適当な厚さで吹き付け、次の吹付け層が保持できるまでに硬化した後、ただちに次層を吹き付ける。

④吹付けコンクリートの施工は、地山の凹凸を埋めるように行い、鋼製支保工がある場合には、鋼製支保工の背面に空隙を残さないように注意して吹き付ける。

⑤地山に吹き付けられたコンクリートの強度発現の状態を把握し、特に初期強度が極めて重要であるので、適切な試験方法を選定して強度を確認する。

2 ロックボルト

ロックボルト施工上の留意点は、以下のとおりです。

①ロックボルトは、十分な定着力が得られるよう、施工前あるいは初期掘削段階の同一地質の箇所で引抜き試験を行い、その引抜き耐力から適切な定着方式やロックボルトの種類などの選定を行う。

②挿入孔から湧水がある場合、定着材のモルタルが流出することがあるため、事前に近くに水抜き孔を設けるなど、適切な処置を講ずる。

③所定の定着力が得られるように定着し、定着後、掘削面や吹付けコンクリート面に密着するようナットなどで固定する。

④摩擦定着式ロックボルトでは、定着材を介さず、ロックボルトと周辺地山との直接の摩擦力に定着力を期待するため、特に孔径の拡大や孔荒れに注意する。

3 鋼製支保工

鋼製支保工は、地山または一次吹付けコンクリート面にできる限り密着して建て込み、荷重が支保工に円滑に伝達されるように、空隙を吹付けコンクリートなどで充填します。

所要の巻厚を確保するためには、建込み誤差等を考慮した適切な上げ越しや広げ越しを行います。

鋼製支保工脚部の地耐力が不足すると、脚部沈下を生じ、周辺地山の緩みを招くことになるため、脚部面積を大きくしたウイングリブ付き鋼製支保工を用いる場合もあります。

2-5 トンネル覆工

トンネル覆工とは、トンネルのアーチ・側壁部とインバートを総称していいます。覆工の施工時期は、内空変位が収束したことを確認した後に施工することを原則としますが、膨張性地山の場合には、収束を待たずに早期に覆工を施工する場合もあります。

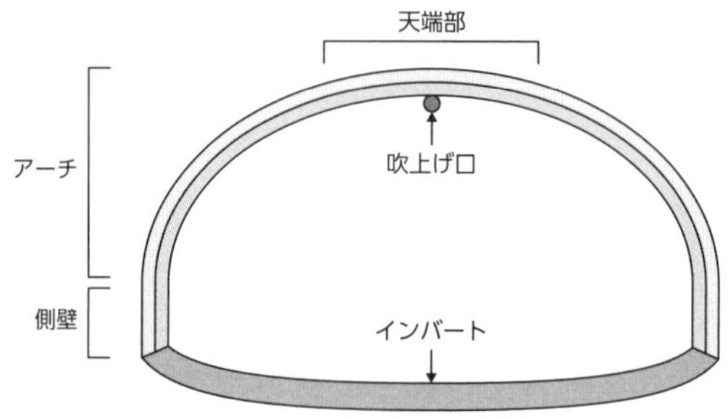

覆工コンクリートの各部の名称

1 覆工コンクリートの施工

覆工コンクリートの施工上の留意点は、以下のとおりです。

①覆工コンクリートの打込みは、施工体制や型枠の剛性を考慮した適切な打上がり速度で打ち込み、型枠に偏圧がかからないよう左右均等に、できるだけ水平に、連続して打ち込む。

②側壁部のコンクリートの打込みでは、コンクリートの材料分離を生じさせないよう、適切な高さの複数の作業窓を投入口として用いて打ち込む。

③天端部のコンクリートの打込みでは、天端部背面に空隙を残さないために、空隙の発生しそうな部分には空気抜きなどの対策を講ずる。

④天端部のコンクリートの打込みに使用する吹上げ口は、覆工コンクリート中に空気溜まりによる空隙が残らないよう、既設コンクリート

側に1箇所設置する。

⑤コンクリート打込み後の養生では、坑内換気やトンネル貫通後の外気の影響について注意し、一定期間中、コンクリートを適当な温度および湿度に保つ。

2 型枠の施工

トンネルの覆工に用いられる型枠は、移動式と組立式に大別されます。通常は移動式が使用されています。

型枠の施工上の留意点は、以下のとおりです。

①型枠の据付け時には、既設の覆工コンクリートとの重ね合わせ部に過度な荷重がかかるとひび割れなどが発生するため、特に天端部や平面線形で曲線半径の小さいカーブの側壁部は注意が必要である。

②移動式型枠の長さ（一打込み長）は、長すぎると温度収縮や乾燥収縮によるコンクリートのひび割れが発生しやすくなるため、一般には9～12mの長さのものを使用する。

③つま型枠は、コンクリート打込み時の圧力で変形しないよう、十分な剛性を有し、モルタル漏れがないように固定する。

④つま型枠の施工では、防水シートが張ってある場合は、型枠により防水シートを破損しないよう注意し、止水板を取り付ける場合は、止水板の機能を損なわないように取り付ける。

⑤型枠の取外し時期を決定するコンクリートの材齢強度は、養生条件を実際の現場条件と合わせた供試体を用いた試験によって確認した強度とする。

天端部のコンクリートの打込みでは、つま型枠からブリーディング水や空気を排出するようにして、既設の覆工コンクリート側から連続して打ち込む必要があるよ。

頻出項目をチェック！

1 □ ベンチカット工法は、一般に上部半断面と下部半断面に分割して掘削する工法であり、地山が不良な場合にはベンチ長を短くする。

2 □ フォアポーリングは、掘削前にボルト・鉄筋・単管パイプなどを切羽天端前方に向けて挿入し、地山を拘束するもので、打設角度はできるだけ小さい角度が望ましい。

3 □ 覆工コンクリートの施工は、原則として、トンネル掘削後に地山の内空変位が収束したことを確認した後に行う。

4 □ 覆工天端部のコンクリートの打込みでは、天端部背面に空隙を残さないために、空隙の発生しそうな部分には空気抜きなどの対策を講ずる。

こんな選択肢は誤り！

鏡面の安定対策としては、一般に、~~長尺フォアパイリング工法~~、~~パイプルーフ工法~~を適用する。

鏡面の安定対策としては、一般に、鏡吹付けコンクリート工法、鏡止めボルト工法を適用する。

全断面工法は、小断面のトンネルや地質が安定した地山で採用され、施工途中での地山条件の変化に対する順応性が~~高い~~。

全断面工法は、小断面のトンネルや地質が安定した地山で採用され、施工途中での地山条件の変化に対する順応性が低い。

演習問題

グラウチング

ダム・トン1 ダムの基礎処理として行われるグラウチングに関する次の記述のうち，**適当でないもの**はどれか。

(1) セメントミルクの初期配合は，ルジオンテストや水押し試験のルジオン値に応じて適切に設定する。
(2) グラウチングの施工は，改良状況の確認と追加孔の必要性の判断が容易にできる中央内挿法を標準とする。
(3) グラウチングの注入方式は，ステージ方式より孔壁の崩壊によるジャーミングの危険性が少ないパッカー方式を標準とする。
(4) 注入圧力は，地盤の限界圧力を考慮し，堤体，基礎地盤等に有害な変位を生じない範囲で，地盤の改良が最大となるように設定する。

答え (3)

パッカー方式より、ステージ方式を標準とする。

グラウチング

ダム・トン2 ダム建設におけるグラウチングの施工に関する次の記述のうち，**適当でないもの**はどれか。

(1) アーチ式コンクリートダムは，堤体幅が狭く基礎地盤に作用する応力が大きいため，ブランケットグラウチングを堤敷全体に施工する。
(2) グラウチングは，セメントミルクの濃度の薄いものから開始し，順次濃度の濃いものに切り替えて行う。
(3) グラウチングの水押し試験は，グラウチングによる遮水性の改良状況の把握やグラウトの初期濃度の決定のため行う。
(4) カーテングラウチングは，ダムの基礎地盤及びリム部の地盤において，浸透路長が短い部分と貯水池外への水みちとなるおそれのある高透水部の遮水性を改良する目的で施工する。

答え (1)

アーチ式コンクリートダムにおいては、コンソリデーショングラウチングを施工する。

ダムの施工法

ダム・トン3 ダムの施工法に関する次の記述のうち，**適当でないもの**はどれか。

(1) RCD工法は，ダンプトラックなどで堤体に運搬されたRCD用コンクリートをブルドーザにより敷き均し，振動目地切り機などで横継目を設置し，振動ローラで締固めを行う工法である。
(2) ELCM（拡張レヤー工法）は，従来のブロックレヤー工法をダム軸方向に拡張し，複数ブロックを一度に打ち込み堤体を面状に打ち上げる工法で，連続施工を可能とする合理化施工法である。
(3) 柱状ブロック工法は，縦継目と横継目で分割した区画ごとにコンクリートを打ち込む方法であり，そのうち横継目を設けず縦継目だけを設ける場合を特にレヤー工法と呼ぶ。
(4) フィルダムの施工は，ダムサイト周辺で得られる自然材料を用いた大規模盛土構造物と，洪水吐きや通廊などのコンクリート構造物となるため，両系統の施工設備が必要となる。

答え (3)

柱状ブロック工法のうち、レヤー工法は横継目だけを設ける工法である。

トンネル施工

ダム・トン4 山岳工法のトンネル施工に関する次の記述のうち，**適当なもの**はどれか。

(1) 都市部山岳工法のトンネル工事においては，切羽通過前に地表面沈下や近接構造物の挙動等を把握することが，その後の最終変位の予測などのために重要である。
(2) 鏡面の安定対策としては，一般に，長尺フォアパイリング工法，パイプルーフ工法を適用する。
(3) 注入式フォアポーリング工法は，天端の簡易な安定対策としては比較的信頼性が低く，施工実績が少ない。
(4) 山岳工法によるトンネルの施工では，掘削後，地山の変形が収束する前に覆工を施工する。

答え (1)

(2) 鏡面の安定対策としては、一般に、鏡吹付けコンクリート工法、鏡止めボルト工法を適用する。
(3) 注入式フォアポーリング工法は、信頼性が高く、施工実績が多い。
(4) 地山の変形が収束した後に覆工を施工する。

覆工コンクリートの施工

ダム・トン5 トンネルの山岳工法における覆工コンクリートの施工に関する次の記述のうち，**適当でないもの**はどれか。

(1) つま型枠の施工では，凹凸のある吹付けコンクリート面に合わせて現場合わせとしているのが一般的であるので，型枠により防水シートを破損しないよう適切な防護対策を行う必要がある。
(2) 側壁部のコンクリートの打込みでは，コンクリートの材料分離を生じさせないよう，適切な高さの複数の作業窓を投入口として用いて打ち込む必要がある。
(3) コンクリート打込み後の養生では，坑内換気やトンネル貫通後の外気の影響について注意し，一定期間中，コンクリートを適当な温度及び湿度に保つ必要がある。
(4) 天端部のコンクリートの打込みでは，つま型枠からブリーディング水や空気が漏れないようにして，既設の覆工コンクリート側から連続して打ち込む必要がある。

答え (4)

天端部のコンクリートの打込みでは、つま型枠からブリーディング水や空気を排出するようにして打ち込む。

Lesson 01

重要度 ★★★

海岸工事

学習のポイント

一次

- 堤防・護岸の施工について理解する。
- 消波工・離岸堤等の海岸施設の施工について理解する。

1-1 海岸堤防・護岸

原地盤をかさ上げして築造するものを堤防といい、かさ上げを伴わないか、背後を堤体天端まで埋めたものを護岸といいます。斜面の勾配が1:3（3割）より緩い表法勾配を有する緩傾斜堤防は、通常、護岸に分類されます。

1 根固工の施工

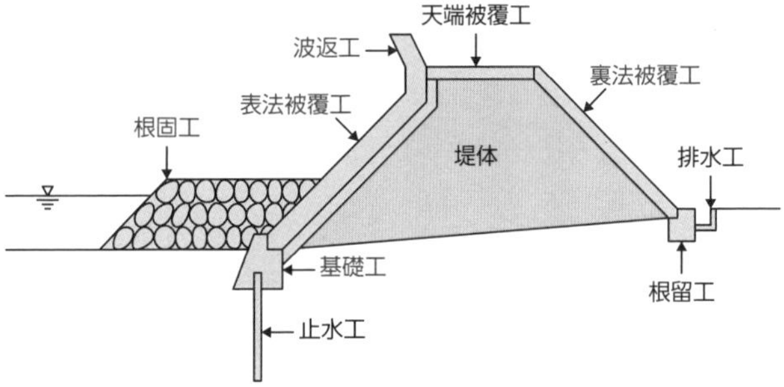

根固工は、表法被覆工の法先または基礎工の前面に設けられるもので、波浪による前面の洗掘を防止して、被覆工または基礎工を保護する必要がある場合、および堤体の滑動を防止する必要がある場合に設けます。根固工の施工上の留意点は、以下のとおりです。

①根固工は、海岸堤防の表法被覆工の法先または基礎工の前面に接続して設け、単独に沈下、屈とうできるように被覆工や基礎工と絶縁する。

②根固工の基礎工は、法先が砂地盤などで波による洗掘や吸出しを受け

やすい箇所などに、栗石、捨石の基礎工を設ける。

③捨石根固工の施工にあたっては、表層に所要の質量のものを3個並び以上とし、根固工の内部に向かって次第に小さい石を捨て込む。

④捨石根固工を汀線《ていせん》付近に設置する場合は、原地盤を1m以上掘り込むか、天端幅を広くとる。

⑤異形ブロック根固工は、適度のかみ合わせ効果を期待する意味から、天端幅は異形ブロックを最小限2個並び、層厚は2層以上とする。

2 緩傾斜堤防の施工

緩傾斜型（階段型）

緩傾斜型（コンクリート被覆式）

緩傾斜堤防の施工上の留意点は、以下のとおりです。

①緩傾斜堤防の天端および裏法被覆工は、堤体土の収縮および圧密による沈下に適応できる構造とする。

②天端被覆工の表面は、排水のため陸側に2～5%程度の片勾配をつける。

③緩傾斜堤防の排水工は裏法被覆工の法尻に設け、緩傾斜護岸の排水工は天端被覆工の陸側端に設ける。

④表法護岸の裏込め工は、一般に50cm以上の厚さとし、裏込め材を2層に分ける場合の粒径は、盛土面に接する部分は小さくし、その上層のブロックに接する部分は大きなものとする。

⑤緩傾斜護岸の法尻は、先端のブロックが波を反射して洗掘を助長しないよう、ブロックの先端を同一勾配で地盤に突込んで施工する。

⑥緩傾斜護岸は、堤脚位置が海中にある場合に汀線付近で吸出しが発生することがあるので、層厚を厚くするとともに、上層から下層へ粒径を徐々に小さくして、かみ合わせをよくする。

1-2　消波工の施工

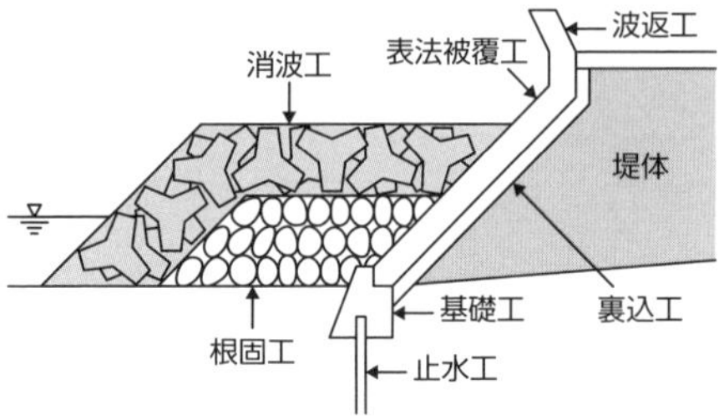

消波工

消波工は、衝撃砕波圧の発生を回避し、波の打上げ高さを抑え、さらに越波を防止あるいは低減するために設置されます。通常は、捨石あるいは消波ブロックを用います。

消波工の施工上の留意点は、以下のとおりです。

①消波効果を高めるため、表面粗度を大きくする。

②波の規模に応じた適度の空隙を持たせる。

③異形コンクリートブロックを用いる場合の構造には乱積みと層積みがあり、異形ブロックの下部に捨石マウンドをする場合は、ブロック間隙からの吸出し防止のため、ブロック重量の 1/10 ～ 1/25 程度の捨石を用いる。

④異形ブロックの空隙率と消波効果の関係については、空隙率が 25 ～ 30% までは空隙率の増加に伴う消波効果は急増するが、それ以上の空隙率の増加に伴う消波効果は微弱となる。

1-3　離岸堤の施工

離岸堤は、汀線から離れた沖側に、汀線にほぼ平行に設置される構造物であり、消波または波高減衰を目的とするもの、その背後に砂を貯え、侵食防止や海浜の造成をはかることを目的とするものがあります。

離岸堤の堆砂効果は、設置水深が砕波水深より浅い場合に高くなる傾向があります。また、消波効果については、離岸堤の長さが、離岸堤設置位置での波長の半分より短くなると、離岸堤背後に波が回り込み、効果が低くなります。

1 離岸堤の施工手順

侵食区域の下手側から着手し、順次上手に施工するのを原則とします。例えば、供給源となりうる河川がある場合には、これから最も離れた下手側を施工します。ただし、現地における施工効果を把握しつつ柔軟に対応する必要があります。また、一般に離岸堤の下手側は浸食されやすいので、注意を要します。

汀線が後退しつつあって、護岸と離岸堤を新設しようとするときは、なるべく護岸を施工する前に離岸堤を設置し、その後に護岸を設置します。

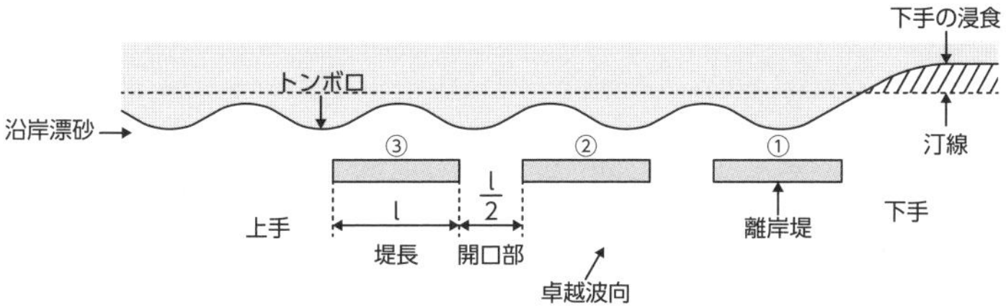

離岸堤の施工順序

2 開口部

離岸堤の開口部あるいは堤端部は、施工後の波浪によって洗掘されることがあります。したがって、計画の1基分はなるべくまとめて施工します。

砕波帯付近に離岸堤を設置する場合は、沈下対策を講ずる必要があるため、捨石工を用いるのが確実だよ。

1-4　潜堤・人工リーフの施工

潜堤・人工リーフは、汀線から離れた沖側に、汀線にほぼ平行に設置され、天端が海面下となるため、構造物が見えず、景観を損ないません。離岸堤に比較して堤背後の堆砂機能は小さく、また、波の反射も小さくなります。天端水深、天端幅により、堤背後への透過波が変化します。

潜堤のうち、天端水深を深く、天端幅を広くしたものを人工リーフというよ。

1　潜堤・人工リーフの被覆工

被覆工は、屈とう性を持たせる必要があるため、一般には十分な質量の自然石やコンクリートブロックが用いられます。被覆工の施工上の留意点は、以下のとおりです。

①被覆工に形状の整った自然石やコンクリートブロックを用いる場合には、被覆材をできるだけ並べずに、自然に積まれているように施工する。

②形状の不揃いな自然石あるいは丸みを帯びた自然石を使用する場合には、被覆工の厚さは、自然石の代表径の２～３倍の厚さとする。

③中詰《なかづめ》工は、多くの場合砂質の海底地盤上に設置されるため、海底面となじみのよい10～500kg程度の自然石を用いる。

④被覆工が大きな間隙を有する場合には、中詰工の表面付近には被覆工の間隙と同等以上の径を有する中詰材の層を設け、中詰材が吸い出されないように施工する。

⑤被覆工に空隙率の高い異形ブロックを用いる場合には、中詰工の法勾配は緩勾配とせずに、各異形ブロックが最も安定した形状となるように積む。

⑥被覆工に平型ブロックを用いる場合には、空隙のある形状・構造のコンクリートブロックを用いる。

1-5 養浜の施工

養浜の施工方法は、養浜材の採取場所、運搬距離、社会的要因などを考慮して、最も効率的で周辺環境に**影響**を**及ぼさない**工法を選定します。また養浜の陸上施工においては、工事用車両の搬入路の確保や、投入する養浜砂の背後地への飛散など、**周辺への影響**についても十分検討し、慎重に施工します。

養浜の材料は、養浜場所に存在している砂に近い**粒度組成**を持つ材料を用いるのが基本です。養浜場所にある砂より粗い材料を用いた場合には、効率的に汀線を前進させることができ、前浜の勾配が従前より急になります。

現況よりも**大きい粒径**の材料を用いた場合は、汀線付近での保全効果が期待できるが、前浜の勾配は従前より急になる。粒度組成は、養浜箇所の生物の生息に影響を与えるとともに、流出した土砂によって周辺海域にも影響を与えることがあります。

養浜材として、浚渫土砂などの混合粒径土砂を効果的に用いる場合や、シルト分による海域への濁りの発生を抑えるためには、あらかじめ投入土砂の**粒度組成**を調整することが必要です。

前浜養浜、沖合養浜の施工時は、海水汚濁により海域環境や水生生物に大きな影響を与える可能性があるため、陸上においてあらかじめ汚濁の**発生源**となるシルト、有機物、ゴミなどを養浜材から取り除いてから施工します。

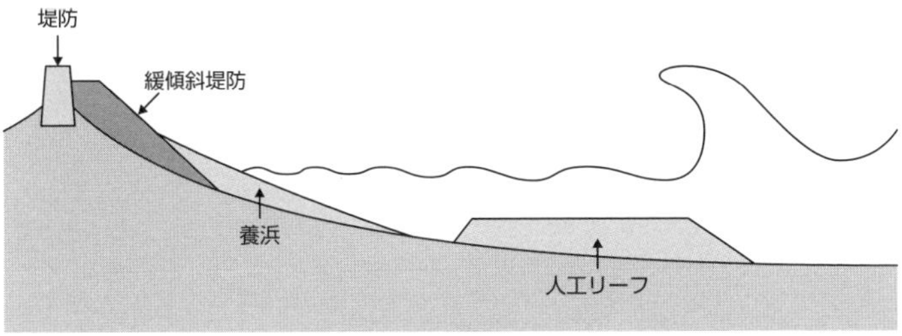

養浜と人工リーフ

頻出項目をチェック！

1 □ 海岸堤防の捨石根固工の施工にあたっては、表層に所要の質量のものを3個並び以上とし、根固工の内部に向かって次第に小さい石を捨て込む。

2 □ 根固工は、海岸堤防の表法被覆工の法先または基礎工の前面に接続して設け、単独に沈下、屈とうできるように被覆工や基礎工と絶縁する。

3 □ 表法に設置する裏込め工は、現地盤上に栗石・砕石層を50cm以上の厚さとして、十分安全となるように施工する。

こんな選択肢は誤り！

離岸堤は、侵食区域の~~下手~~側（漂砂供給源に~~遠~~い側）から設置すると~~上手~~側の侵食傾向を増長させることになるので、原則として~~上手~~側から着手し、順次~~下手~~に施工する。

離岸堤は、侵食区域の上手側（漂砂供給源に近い側）から設置すると下手側の侵食傾向を増長させることになるので、原則として下手側から着手し、順次上手に施工する。

護岸と離岸堤を汀線が後退しつつあるところに新設するときは、~~離岸堤~~を施工する前に~~護岸~~を施工する。

護岸と離岸堤を汀線が後退しつつあるところに新設するときは、護岸を施工する前に離岸堤を施工する。

潜堤・人工リーフは、離岸堤に比較して堤背後の堆砂機能が~~大きい~~。

潜堤・人工リーフは、離岸堤に比較して堤背後の堆砂機能が小さい。

Lesson 02

重要度 ★★★

港湾工事

学習のポイント

一次

- 混成堤の施工について理解する。
- 浚渫工の施工について理解する。

2-1 防波堤の種類と特徴

防波堤は、港内の静穏を維持し、荷役の円滑化、船舶の航行・停泊の安全および港内施設の安全をはかるために設けられる施設です。防波堤は構造様式により傾斜堤、直立堤、混成堤、消波混成堤に分類されます。

1 傾斜堤

傾斜堤は、石やコンクリートブロックを台形型に捨て込んだもので、主として傾斜面で波のエネルギーを散逸させる施設です。傾斜堤は地盤の凹凸に関係なく、軟弱地盤にも適応でき、波による洗掘に対し比較的順応性があります。

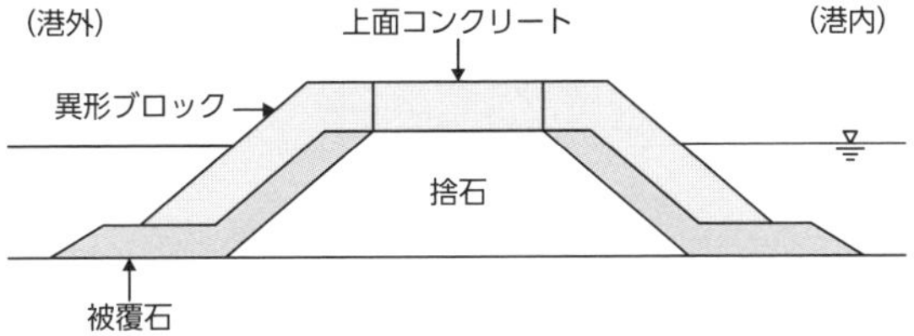

2 直立堤

直立堤は、前面が鉛直である壁体を海底に据えた構造であり、主として波のエネルギーを反射させるものです。堤体の形式により「ケーソン式」「コンクリートブロック式」「セルラーブロック式」「コンクリート単塊式」があります。直立式は、波による洗掘のおそれがありますから海底地盤が堅固でないと適しません。

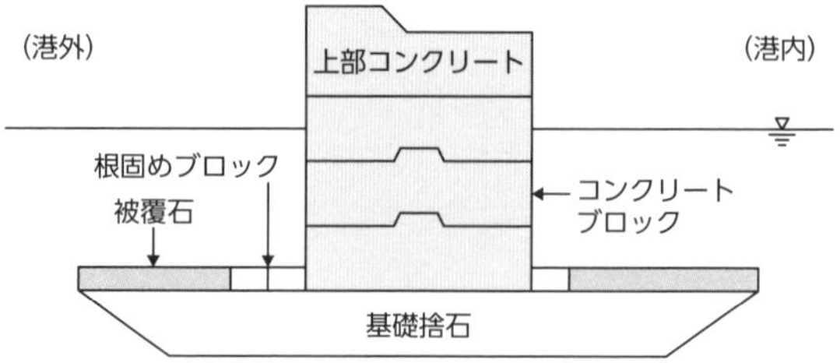

方塊ブロック式

3 混成堤

混成堤は、捨石部の上に直立壁を設けたもので、波高に比べ捨石部の天端が浅いときには傾斜堤の機能に近く、深いときには直立堤の機能に近くなります。構造上、水深の深い場所、比較的軟弱な地盤に適します。

混成堤は、石材とコンクリート資材の入手の容易さ、価格等を比較して捨石部と直立部の高さの割合を決めることにより、経済的な断面にすることができます。

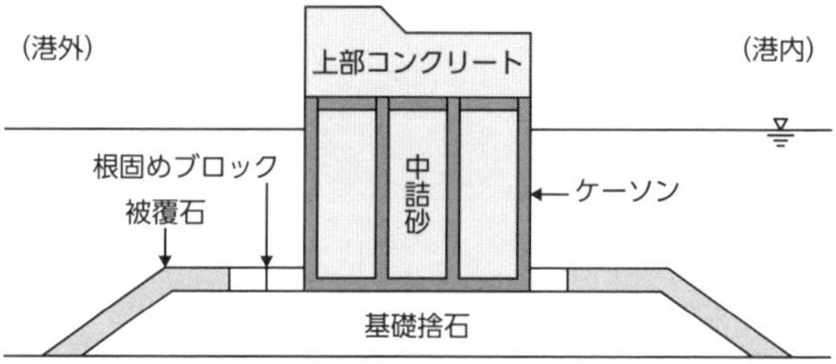

ゴロ合わせで覚えよう！ **防波堤の種類**

日が傾いても、
（傾斜堤）

真っ直ぐ棒状に続く混雑のショー
（直立堤）　（防波堤）　（混成堤）（消波混成堤）

港湾部分に施工されている防波堤には、主に傾斜堤、直立堤、混成堤、消波混成堤の4種類の形状が用いられている。

4 消波混成堤

消波混成堤は、混成堤の前面に異形コンクリート（消波）ブロックを積んだもので、ブロックで混成堤の直立部への波力の作用を減少させ、また、防波堤の前面海面での反射波の乱れを小さくするために設けられます。

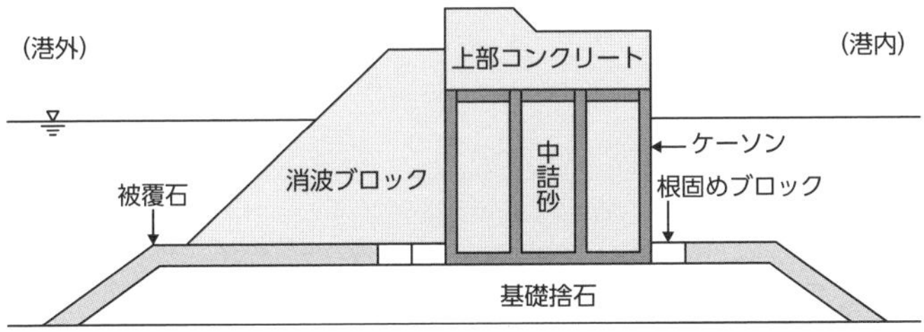

2-2 混成堤の施工

1 基礎捨石部の施工

捨石は、基礎として本体構造物の荷重を分散させて地盤に伝えるもので、使用する石の大きさは5～500kg程度の範囲のものを用いる場合が多く、100～500kgの割石を用いるのが普通です。石の材質は、花崗岩等の堅硬、緻密、耐久的なものを選びます。捨石用石材は、長さが幅の3倍以上の細長いもの、厚さが幅の1/2以下の薄いものを使用してはなりません。

石材の投入区域の設定順序は、①捨石法線の設定→②法肩線・法尻線の設定→③法肩・法尻の標識設置→④標識位置の確認測量の順に行います。

捨石の捨込みは、標識をもとに、中心部より順次周辺部に捨込みを行い、極度の凹凸がないように施工します。捨込みの第1段階は、計画天端高さより1.0～1.5m程度低い断面を形成するように捨て込み、第2段階は、音響測深機等により管理測量を行い、計画天端高さ等の遣形を設置してから行います。

捨石の均しには、荒均しと本均しがあり、荒均しを本体構造物が直接接していない箇所において、本均しを天端部などの本体構造物と直接接する箇所において行います。荒均しは、均し面に対し凸部は取り除き、凹部は補足しながら均すもので、ほぼ面が揃うまで施工します。本均しは、均し定規を使用し、石材料のうち、大きい石材で基礎表面を形成し、小さい石材を間詰めに使用して、緩みのないようにかみ合わせて施工します。本均しの精度は、本体構造物が直接接する面であることから平坦性が必要で、一般には均し基準面に対し± 5cm とされています。

2 ケーソンの施工

ケーソンの進水方式

進水方式	特　徴
つり降ろし方式	・つり鉄筋の大きさと長さは、ケーソンの空中重量、コンクリートのふくらみ重量および底面付着力に耐えることが必要である。 ・既設護岸の背後などでケーソンを製作するため、計画時にケーソンの自重による既設護岸の安定などを確認しておく必要がある。
ドライドック方式	・安全性に富んでおり、規模が大きく長期的な利用が可能な場合に有利であるが、初期投資が大きい。
浮ドック方式	・適当な水深の場所に船体を引き出し、船艙内に注入して船体を沈下させ、ケーソンを進水させることができる。 ・浮ドックの吃水に十分な水深がある静穏な係留場所が必要である。
ドルフィンドック方式	・船体全体を水面下に沈めるため、クレーンおよび注水排水設備、発電設備などは別途、陸上や付属船に装備される。
斜路（滑路）方式	・奥側のケーソンの降下速度が大きくなり危険であるため、一度に製作する函数に制限がある。

ケーソンの曳航・据付けにおける留意点は、以下のとおりです。

①一般にケーソンの曳航は、据付け、中詰、蓋コンクリート等の連続した作業工程を後に伴うため、気象・海象状況をあらかじめ十分に調査して実施する。

②長距離曳航の場合には、ケーソンに大廻しをするワイヤーは、原則として二重回しとし、大廻しのワイヤーの位置は吃水線より下に取り付ける。

③港外で長距離曳航をする場合は、天候の急変などが予想され、波浪などによる急激な張力の作用が想定されることから、曳航ロープは長め

にする。
④ケーソン据付け時の注水方法は、気象、海象の変わりやすい海上での作業であり、できる限り短時間で、かつ、各隔室内の水位差が 1m 以上にならないようバランスよく平均的に注水する。
⑤ケーソンの据付けは、函体が基礎マウンド上に達する直前 10 ～ 25cm のところでいったん注水を中止し、最終的なケーソン引寄せを行い、据付け位置を確認、修正を行った上で、一気に注水着底させる。

2-3　矢板式係船岸の施工

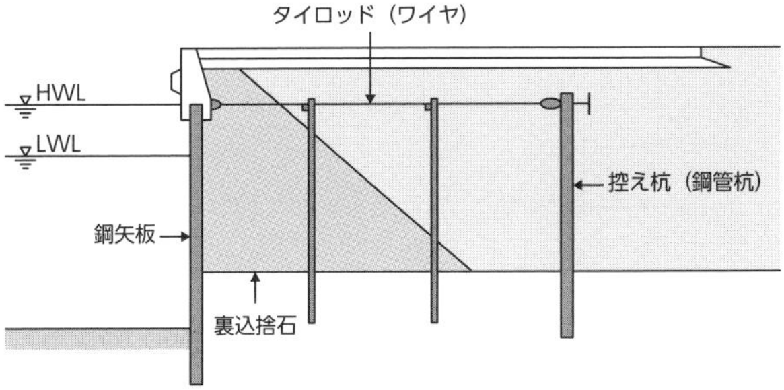

矢板式係船岸

矢板式係船岸の施工上の留意点は、以下のとおりです。
①タイロッドが長過ぎたり不足したりする場合は、原則として新たに適合したタイロッドを使用する。
②タイロッドに大きな曲げ応力が作用する場合、リングジョイントの取付け位置は、鋼矢板および控え工にできるだけ近い位置に設ける。
③タイロッドの締付けは、均等な張力が加わるように締め付け、最後の締付けはターンバックルまたは控え側のナットで行う。
④タイワイヤの締付けは、取付け完了後、引張装置にて仮締めを行った後、鋼矢板法線の出入りを考慮しながら張力をかけて緊張締付けをする。
⑤腹起しを鋼矢板の海側に取り付けるときは、鋼矢板は腹起しにもたれかかる状態になるので、個々の鋼矢板をボルトで強制的に縫い付ける

必要はなくなり、ボルト締めは少数でよい。

2-4　水中コンクリートの施工

水中コンクリートの打込みにおける留意点は、以下のとおりです。

①水中コンクリートの打込みは、打上がりの表面をなるべく水平に保ちながら所定の高さ、または水面上に達するまで、連続して打ち込む。

②水中コンクリートの打込みは、水と接触する部分のコンクリートの材料分離を極力少なくするため、打込み中はトレミーおよびポンプの先端を固定する。

③水中不分離性コンクリートの打込みは、コンクリートポンプあるいはトレミーを用いて行い、筒先を打ち込まれたコンクリートに埋め込んだ状態で打ち込む。

水中不分離性コンクリートは、多少の速度を有する流水中へ打ち込んだり、水中落下させて打ち込んでも、信頼性の高いものが得られる性能を有しているぞ。

2-5　浚渫工事

1　事前調査

1 土質調査

浚渫工事の施工方法を検討する場合には、海底土砂の性質が工期、工費に大きく影響するため、事前に土質調査を行う必要があります。土質調査では、事前に海底土砂の硬さや強さ、その締まり具合や粒の粗さを把握する必要があり、それらは粒度分析、比重試験および標準貫入試験により必要十分なデータを得ることができます。一般に三軸圧縮試験、土の透水性試験が行われます。

2 水質調査

水質調査は、海水汚濁の原因が、バックグラウンド値か浚渫による濁りかを確認するために実施するもので、事前および浚渫中の調査が必要です。

3 深浅調査

深浅調査では、測量を始める前に必ず測深機械を検定し、毎日の測量の開始・終了時および作業途中に、ベルトやペンなどを調整・交換した時刻を記述し、その時刻の測深地域でバーチェックによる測深値のチェックを行います。深浅測量の範囲は、必要区域よりある程度外側までとし、測線間隔は5～30mとします。音響測深機による深浅測量は、連続的な記録がとれる利点があり、測線間隔が小さく、未測深幅が狭いほど、測深精度は高くなります。

4 潮流調査

潮流調査は、浚渫による汚濁水が潮流により拡散することが想定される場合や、狭水道における浚渫工事の場合に行います。

5 漂砂調査

漂砂調査は、浚渫工事を行う現地の海底が緩い砂の場合や、近くに土砂を流下させる河川がある場合に行います。

その他、事前調査においては、以下の点に留意します。

①機雷などの危険物が残存すると推定される海域においては、浚渫に先立って工事区域の機雷などの探査を行い、浚渫工事の安全を確保する。

②浚渫区域が漁場に近い場合には、作業中の濁りによる漁場などへの影響が問題となる場合が多いので、事前に漁場などの利用の実態、浚渫土質、潮流などを調査し、工法を検討する。

2 浚渫船

1 ポンプ浚渫船

ポンプ船による浚渫ではカッターを使用するため、軟泥から軟質岩盤まで広範囲の地質条件に対応できます。あまり硬い地盤には適しませんが、

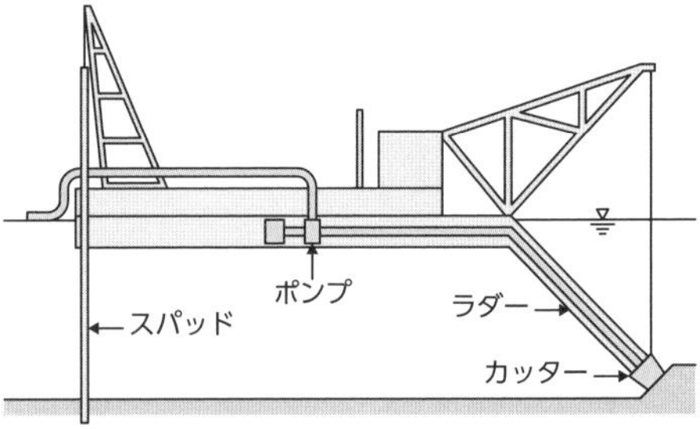

カッター付非自航式ポンプ浚渫船は、一般に、軟らかい地盤から硬い地盤に至る広範囲の浚渫が可能です。大量の浚渫や埋立てに適していますが、掘削後の水底面の凹凸が比較的大きいため、構造物の築造箇所の浚渫工事には適していません。余掘は、一般にグラブ船に比べて大きく見込む必要があります。

2 グラブ浚渫船

グラブバケットで土砂をつかんで浚渫するものがグラブ浚渫船です。グラブバケット浚渫のため、ポンプ浚渫に比べ、底面を平坦に仕上げ

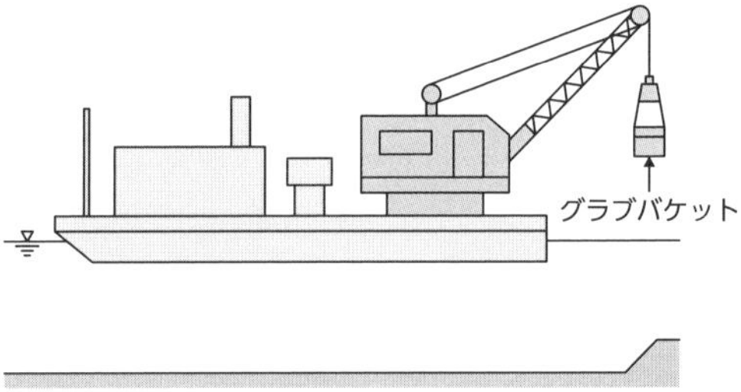

るのが困難です。グラブ浚渫船は、適用される地盤の範囲が極めて広く、軟泥から岩盤まで対応可能で、浚渫深度の制限が少ない箇所によく使用されます。非自航式グラブ浚渫船は、中規模の浚渫に適していて、適用範囲は広く、岸壁など構造物の前面や狭い場所の浚渫に適します。

3 バケット浚渫船

バケット浚渫船は、船体の中央空間（ラダーウェル）にラダーが

あり、そこに繋がれた多くの鋼製のバケットが回転しながら海底の土砂をすくい上げる機械方式の浚渫船です。バケット浚渫船は、比較的能力が大きく、大規模で広範囲の浚渫に適しています。さらに風浪に対する作業性もよく、浚渫跡が平坦であるという長所もあります。対象の土質も軟弱地盤から砂礫地盤まで広範囲に適用できます。自航式と非自航式があります。

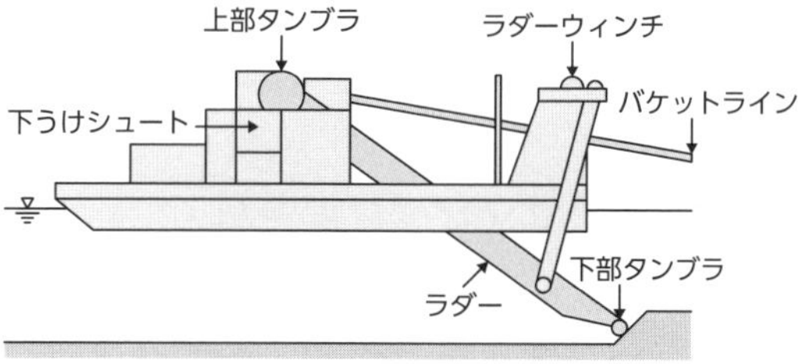

4 ディッパー浚渫船

ディッパー浚渫船は、鋼製箱形の台船上に陸上で使用しているパワーショベルと類似の油圧ショベル型掘削機を搭載した機械式浚渫船です。陸上に比べ掘削深が深く、特殊な装置が施されています。一般に非自航式です。掘削力の集中効果が大きく、硬質地盤の浚渫に適しています。

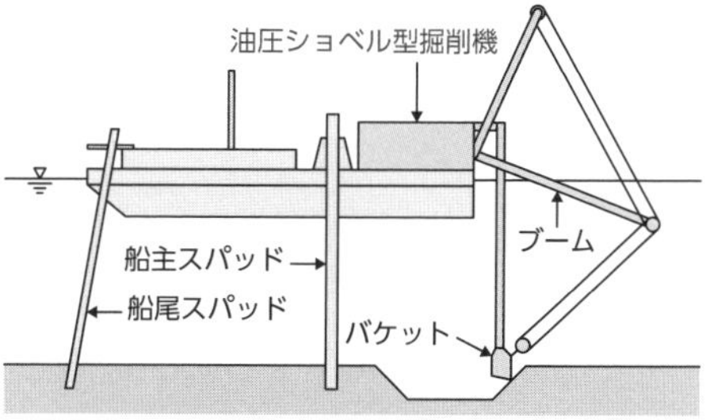

5 バックホウ浚渫船

バックホウを台船上に搭載した浚渫船で、比較的規模の小さい浚渫工事に使用されます。掘削機の操作が容易で、掘削精度が比較的高く、船体をスパッドで支えるため、狭い

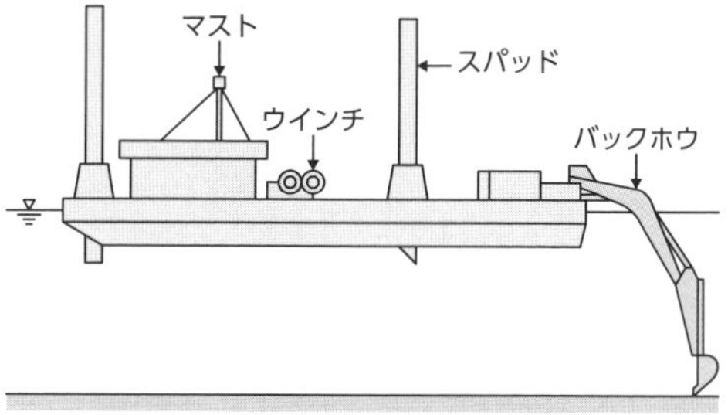

作業場所や構造物の近くでも作業できます。掘削力も大きく、泥、土砂、砂利、軟岩まで広範囲の土質に対応できます。

6 ドラグサクション浚渫船

ドラグサクション浚渫船は、自航できることから機動性に優れ、主に船舶の往来が頻繁な航路などの維持浚渫に使用されます。ドラグヘッドを替えることにより、粘土、シルトなどの軟弱地盤はもちろんのこと、N 値 30 以下の砂地盤の浚渫も可能です。

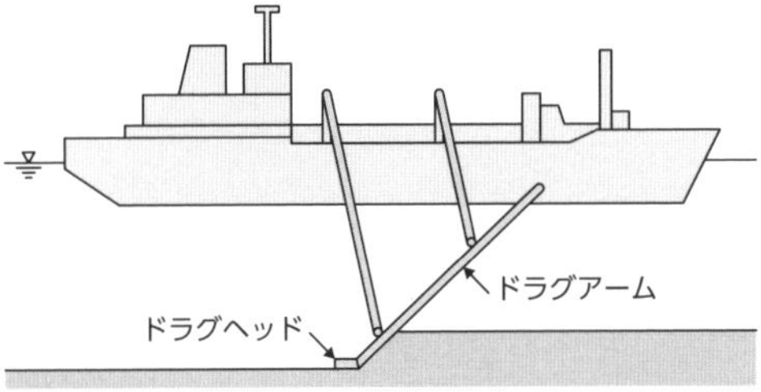

頻出項目をチェック！

1 □ ケーソンに大廻しワイヤを回して回航する場合には、原則として二重回しとし、その取付け位置はケーソンの吃水線以下で浮心付近の高さとする。

2 □ ケーソン据付け時の注水方法は、できる限り短時間でかつバランスよく各隔室に平均的に注水する。

3 □ 水中コンクリートの打込みは、打上がりの表面をなるべく水平に保ちながら所定の高さ、または水面上に達するまで、連続して打ち込む。

4 □ グラブ浚渫船は、適用される地盤の範囲は極めて広く、浚渫深度の制限も少ない箇所に使用されることが多い。

こんな選択肢は誤り！

混成堤基礎捨石部の施工における石材の捨込みは、投入海域を示す旗やブイなどの標識をもとに~~周辺より順次中心部~~に行い、極度の凹凸がないように施工する。

混成堤基礎捨石部の施工における石材の捨込みは、投入海域を示す旗やブイなどの標識をもとに中心部より順次周辺部に行い、極度の凹凸がないように施工する。

つり降ろし方式では、つり鉄筋の大きさと長さはケーソンの~~水中~~重量、コンクリートのふくらみ重量及び底面付着力に耐えることが必要である。

つり降ろし方式では、つり鉄筋の大きさと長さはケーソンの空中重量、コンクリートのふくらみ重量及び底面付着力に耐えることが必要である。

タイロッドに大きな曲げ応力が作用するのは、鋼矢板及び控え工との取付け部であるから、リングジョイントの取付け位置は鋼矢板及び控え工からできるだけ~~離して~~設ける。

タイロッドに大きな曲げ応力が作用するのは、鋼矢板及び控え工との取付け部であるから、リングジョイントの取付け位置は鋼矢板及び控え工からできるだけ近くに設ける。

ポンプ浚渫船は、掘削後の水底面の凹凸が比較的~~小さい~~ため、構造物の築造箇所の浚渫工事に~~使用されることが多い~~。

ポンプ浚渫船は、掘削後の水底面の凹凸が比較的大きいため、構造物の築造箇所の浚渫工事に適していない。

ポンプ船とグラブ船の余掘は、一般に~~ポンプ船~~に比べ~~グラブ船~~の余掘を大きく見込む必要がある。

ポンプ船とグラブ船の余掘は、一般にグラブ船に比べポンプ船の余掘を大きく見込む必要がある。

演習問題

海岸堤防の施工

海岸・港湾1 海岸堤防の根固工の施工に関する次の記述のうち，**適当でないもの**はどれか。

(1) 根固工は，海岸堤防の表法被覆工の法先又は基礎工の前面に接続して設け，単独に沈下，屈とうできるように被覆工や基礎工と絶縁する。
(2) 根固工の基礎工は，法先が砂地盤などで波による洗掘や吸出しを受けやすい箇所などに，栗石，捨石の基礎工を設ける。
(3) 異形ブロック根固工は，適度のかみ合せ効果を期待する意味から，天端幅は異形ブロックを最小限2個並び，層厚は2層以上とすることが多い。
(4) 捨石根固工は，一般に表層に所要の質量の捨石を3個並び以上とし，根固工の内部に向かって次第に大きい石を用いる。

答え (4)

捨石根固工は、根固工の内部に向かって次第に小さい石を用いる。

潜堤・人工リーフ

海岸・港湾2 海岸の潜堤・人工リーフの機能や特徴に関する次の記述のうち，**適当なもの**はどれか。

(1) 潜堤・人工リーフは，離岸堤に比較して堤背後の堆砂機能が大きい。
(2) 潜堤・人工リーフは，一般に離岸堤や消波堤に比較して波の反射が大きい。
(3) 潜堤･人工リーフは，天端が海面下となるため，構造物が見えず，景観を損なわない。
(4) 潜堤・人工リーフでは，天端水深や天端幅にかかわらず堤背後への透過波は変化しない。

答え (3)

(1) 潜堤・人工リーフは、離岸堤に比較して堤背後の堆砂機能が小さい。
(2) 潜堤・人工リーフは、一般に離岸堤や消波堤に比較して波の反射が小さい。
(4) 潜堤・人工リーフでは、天端水深や天端幅により堤背後への透過波が変化する。

養浜の施工

海岸・港湾3 海岸保全施設の養浜の施工に関する次の記述のうち，**適当でないもの**はどれか。

(1) 養浜の施工方法は，養浜材の採取場所，運搬距離，社会的要因などを考慮して，最も効率的で周辺環境に影響を及ぼさない工法を選定する。
(2) 養浜の投入土砂は，現況と同じ粒径の細砂を用いた場合，沖合部の海底面を保持する上で役立ち，汀線付近での保全効果も期待できる。
(3) 養浜の陸上施工においては，工事用車両の搬入路の確保や，投入する養浜砂の背後地への飛散など，周辺への影響について十分検討し，慎重に施工する。
(4) 前浜養浜，沖合養浜の施工時は，海水汚濁により海域環境や水生生物に大きな影響を与える可能性があるので，陸上において予め汚濁の発生源となるシルト，有機物，ゴミなどを養浜材から取り除いて施工する。

答え (2)

養浜の投入土砂は、現況よりも大きい粒径の材料を用いた場合に、汀線付近での保全効果が期待できる。

ケーソンの曳航・据付け

海岸・港湾 4 港湾工事におけるケーソンの曳航及び据付けに関する次の記述のうち，**適当でないもの**はどれか。

(1) 一般にケーソンの曳航は，据付け，中詰，蓋コンクリート等の連続した作業工程を後に伴うため，気象，海象状況をあらかじめ十分に調査して実施する。

(2) ケーソン据付け時の注水方法は，気象，海象の変わりやすい海上での作業を手際よく進めるために所定の位置上にあることを確認し，各隔室ごとに順次満水にしていく。

(3) ケーソンに大廻しワイヤを回して回航する場合には，原則として二重回しとし，その取付け位置はケーソンの吃水線以下で浮心付近の高さに取り付ける。

(4) ケーソンの据付けは，函体が基礎マウンド上に達する直前 10 ～ 20cm のところでいったん注水を中止し，最終的なケーソン引寄せを行い，据付け位置を確認，修正を行なったうえで一気に注水着底させる。

答え (2)

ケーソン据付け時の注水方法は、各隔室内の水位差が 1m 以上にならないよう注意する。

ゴロ合わせで覚えよう！ 浚渫船の種類と能力

しゅんとするな　大きなポンプ、
(浚渫)　(ポンプ船)

中ぐらいのバケツ、
(バケット船)

小さなグローブを買おう
(グラブ船)

浚渫に使われる船の浚渫能力は、能力が高い順に、ポンプ船、バケット船、グラブ船となっている。→ p.176

Lesson 01

重要度 ★★★

鉄道工事

学習のポイント

一次

- 鉄道路床・路盤の施工について理解する。
- 軌道の維持管理について理解する。
- 営業線近接工事における保安対策について理解する。

1-1　鉄道路床・路盤

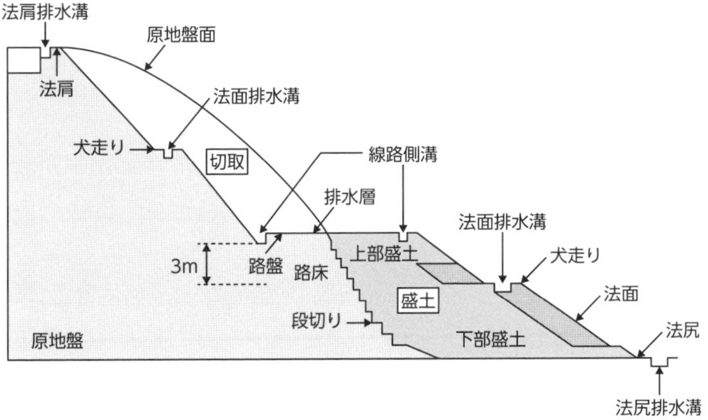

1　鉄道路床の施工管理

路床とは、一般に列車荷重の影響が大きい施工基面から3mまでのうち、路盤を除いた部分をいいます。

路床面の仕上り精度は、設計高さに対して± 15mmとし、表面の排水が阻害されるような不陸がないように、できる限り平坦に仕上げます。また、路床表面は、地下水および路盤からの浸透水の排水をはかるため、排水工設置位置に向かって3%程度の適切な勾配を設け、平滑に仕上げます。

路床の強度および剛性の確認は、開業後に列車荷重によって路床が沈下したり、軌道や路盤に有害な変形が生じたりしないようにするため、盛土上面のK_{30}値によって照査します。盛土上面性能ランクⅠの路床の施工管理は、30m以下の間隔で行い、K_{30}値110MN/m^3以上を目標とします。

2 砕石路盤の施工

路盤材料は、列車荷重を支えるのに十分な強度が必要であることを考慮して、クラッシャランなどの砕石や、クラッシャラン鉄鋼スラグを用います。路盤の層厚は、不足するとその機能を十分発揮できないため、十分な管理を行い、設計に対して30mm以上不足してはなりません。

1 敷均し・締固め

①敷均しはモーターグレーダまたは人力により行い、1層の仕上り厚さが150mm以下になるよう敷き均す。

②敷き均した路盤材は、雨水などによる含水比の変化が生じないように、原則として、敷き均した日のうちに排水勾配をつけて平滑に締め固める。

③粒度調整砕石を用いる強化路盤の締固めは、締固め機械を使用して路盤全幅を均等に締め固め、締固め密度は最大乾燥密度の95%以上となるように行う。

④粒度調整砕石の締固めを仕上げた後は、速やかにプライムコートを施工する。

⑤水硬性粒度調整高炉スラグ砕石を用いる強化路盤の締固めは、その含水比が大きく影響するので、締固めに適した8～12%の含水比を確保して行う。

2 その他の留意点

①強化路盤を切土地盤に施工する場合には、路床表面の泥化を防止するため、路床土が砂礫、砂等で細粒土が10%以下と少ない場合を除き、強化路盤の下に排水層を設ける。

②路盤土には、土質性状を表すコンシステンシーからみて液性限界および塑性指数の大きい土は噴泥しやすいので、これを使用しな

い。

③路盤表面は、ローラによるわだちの段差などが生じないよう、全路盤面を平滑に仕上げ、3%程度の横断排水勾配をつける。

④路盤表面の仕上り精度は、設計高さに対して± 25mm 以内を標準とし、有害な不陸がないようにできるだけ平坦に仕上げる。

3 コンクリート路盤の施工

コンクリート路盤は、鉄筋コンクリート版と粒度調整砕石層で構成され、鉄筋コンクリート版の役割は、軌道から荷重を下部に伝達するとともに、大きな曲げ剛性により変位を抑制するように平坦な路盤面を確保することです。粒度調整砕石層の役割は、鉄筋コンクリート版を支持し、これから伝えられる荷重を分散して路床に伝達することで、狭軌用の粒度調整砕石層の厚さは 15cm に仕上げます。

コンクリート路盤の長さについては、鉄筋コンクリート版の1回当たりの現実的な施工延長と、ひび割れの抑制のために、最大長さ 60cm を標準とします。また、軌道スラブの施工および列車荷重の分散範囲を考慮して決めた構造上必要な幅は、狭軌では 2.6m です。

ゴロ合わせで覚えよう！ コンクリート路盤の長さと幅

今晩は
(コンクリート路盤)

チョー蒸れたので
(長さ)　(60cm)

服ごと風呂に
(幅)　(2.6m)

コンクリート路盤は長さ 60cm、狭軌では幅 2.6m を標準とする。

コンクリート路盤の施工上の留意点は、以下のとおりです。

①鉄筋コンクリート版に用いるセメントは、ポルトランドセメントを標準とし、使用する骨材の最大粒径は、版の断面形状および施工性を考慮して、最大粒径 25mm とする。

②コンクリート打込み前の粒度調整砕石の締固めは、ロードローラまたは振動ローラなどにタイヤローラを併用し、所定の密度が得られるまで十分に締め固める。
③コンクリート打込み前の構造物との取付け部および路肩部の粒度調整砕石の締固めは、小型転圧機械などにより特に入念に締め固める。
④コンクリートの打設は、横流しを避け、傾斜部にコンクリートを打設する場合、低いほうから高いほうへ、内部振動機を用いて均等厚に打ち込む。
⑤プライムコートは、コンクリート打設時にコンクリートの水分が粒度調整砕石に吸収されるのを防止するため、一般に1～2L/m^2を標準に散布する。
⑥コンクリート打設後の養生は、硬化に必要な温度および湿度を一定期間保ち、露出面は養生マットで覆うか、または散水、湛水を行い、湿潤状態を保つ。
⑦切土および素地のコンクリート路盤の場合は、粒度調整砕石層の下に150mmの排水層を設ける。

1-2 軌道の維持管理

1 軌道変位

軌道変位とは、軌道が列車の繰返し荷重を受けて次第に変形し、車両走行面の不整が生じることをいい、走行安全性や乗り心地に直結する重要な管理項目です。軌道変位には、軌間変位、水準変位、高低変位、通り変位、平面性変位の5種類があります。バラスト軌道においては、特に道床部分にひずみと変形が頻繁に生じやすく、このために軌道変位が生じます。

軌道変位の状態は、日常の巡回検査や検測車による定期的な検測により常に把握し、不良箇所は速やかに適切な補修作業を行います。軌道変位を整正する作業として、有道床軌道において最も多く用いられる作業は、マルチプルタイタンパによる道床つき固め作業です。

水準変位・通り変位の測定

変位	直線部	曲線部
水準変位	左側レールを測定	内側レールを測定
通り変位	左側レールを測定	外側レールを測定

2 レールの保守

レールは、直線区間ではレールの頭部が、また、曲線区間では外側のレールの頭部が顕著に摩耗します。レール交換では、施工に先立ち、新レールは建築限界を支障しないようレール受け台に配列し、仮止めをしておきます。

脱線防止レールおよび脱線防止ガードは、危険の大きな側に対する反対側のレールに設けることとし、本線レールと同じ高さ、またはそれより高いものとします。

ロングレール敷設区間では、夏季の高温時でのレール張出し防止、冬季の低温時でのレールの曲線内方への移動防止などのため、保守作業が制限されています。

3 道床交換

バラスト軌道は、日常的な保守が必要ですが、地盤沈下などが生じても軌道整備で補修できるメリットがあります。バラストは、列車通過のたびに繰り返しこすれ合うことにより、次第に丸みを帯び、軌道に変位が生じやすくなるため、丸みを帯びたバラストは順次交換しなければなりません。道床バラストの入れ替え作業においては、吸水率が小さく、強固でじん性に富み、できるだけ角ばった材料を用います。

なお、手作業によるマクラギ交換には、よせ落し法とこう上法の２通りがあり、特に指定がない時には、こう上法によることを原則とします。

こう上法は、線路を閉鎖して施工する方法だよ。

1-3 営業線近接工事

1 工事の管理体制

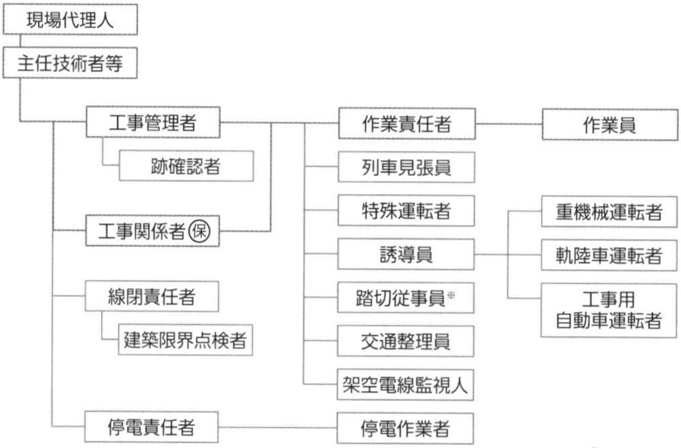

※踏切従事員とは，工事関係者㊙または踏切警備員をいう

1 工事管理者

工事管理者は、工事現場ごとに専任の者を常時配置し、工事の内容および施工方法等、必要により複数配置しなければなりません。また、踏切保安装置使用停止、障害物検知装置使用停止を行う指定された工事には配置しなければなりません。

工事管理者は、工事等終了後に作業区間内における作業員の退避状況、および建築限界内に使用器具等の支障がないことを確認します（仮置き場所の確認を含む）。また、当日の保守用車の足取り、作業・移動区間、防護措置、重量物等の仮置き場などを図示し、監督員へ提出します。

工事専用踏切、工事用仮通路を使用しない場合は、工事用しゃ断機を鎖錠し、鍵を保管します。

2 線閉責任者・停電責任者

線閉責任者は、線路閉鎖、保守用車使用の手続きを行い、使用間合、時間、作業範囲、競合作業などについて、あらかじめ監督員等と十分な打合せを行います。線閉責任者は、作業時間帯設定区間内の線路閉鎖工事が作業時間帯に終了できないと判断した場合は、施設指令員にその旨を連絡し、施設指令員の指示を受けます。

線路閉鎖工事等の手続きにあたって、き電停止を行う場合には、その手続きは停電責任者が行います。

作業員が概ね10人以下で、範囲が50m程度の線路閉鎖時の作業については、線閉責任者が作業責任者を兼務することができます。

2 工事の保安対策

1 事故防止対策

①既設構造物などに影響を与えるおそれのある工事の施工にあたっては、異常の有無を検測しこれを監督員などに報告する。

②工事現場において事故発生または発生のおそれのある場合は、直ちに列車防護の手配をとり、併発事故または事故を未然に防止する。

列車防護の方法としては、支障箇所の外方600m以上隔てた地点まで信号炎管を現示しながら走行し、その地点に信号炎管を現示する方法があるよ。

③架空線または地下埋設物に異常を認めた場合は、直ちに施工を中止し、列車防護および旅客公衆等の安全確保の手配をとり、関係箇所へ連絡する。

④埋設物等が支障となるおそれのある工事は、あらかじめ監督員等に立会を要請し、工事に埋設物等の支障がないことを確認のうえ施工する。

⑤工事に支障となる地下埋設物および架空線の防護工等は、施工時間の短縮をはかるため、工事と同時に施工する。

⑥触車事故を防止するためには、列車見張員を配置しなければならず、列車見通し距離が確保できない場合には、確保できるよう複数名を配置しなければならない。

⑦限界確認者は、列車退避時に指定された範囲の建築限界を確認し、工事管理者（軌道工事においては、軌道作業主任者）に報告する。

⑧線閉責任者などによる跡確認は、作業終了時に曲線部においては偏倚量を加えた最大寸法の建築限界で、建築限界内の支障物の確認をする。

⑨営業線近接作業において重機械を使用する場合には、ブームに過旋回などの防止措置を施し、き電線から2m以内に接近しないようにする。

⑩列車の振動、風圧などによって不安定、危険な状態になるおそれのある工事は、列車の接近時から通過するまでの間、施工を一時中止する。

2 保安設備

①建築限界内の作業等を計画するときで、線路閉鎖工事手続等によれない場合は、軌道短絡器または可搬式特殊信号発光機を使用する。

②可搬式特殊信号発光機の設置位置は、作業現場から800m以上離れた位置まで列車が進来したときに、列車の運転士が明滅を確認できる建築限界内を基本とする。

③工事専用踏切に工事用しゃ断機、列車防護装置、列車接近警報機および踏切支障検知装置等を設置した場合は、その性能、機能および使用方法ならびに点検方法を、指定された工事管理者に周知徹底させる。

④踏切と同種の設備を備えた工事用通路には、工事用しゃ断機、列車防護装置、列車接近警報機を備えておくものとする。

頻出項目をチェック！

1 □	路床面の仕上り精度は、設計高さに対して± 15mmとし、表面の排水が阻害されるような不陸がないように、できる限り平坦に仕上げる。

2 □ 脱線防止レールおよび脱線防止ガードは、危険の大きな側に対する反対側のレールに設けることとし、本線レールと同じ高さ、またはそれより高いものとする。

3 □ 道床バラストは、吸水率が小さく、強固でじん性に富み、できるだけ角ばった材料を用いる。

4 □ き電停止の作業を行う場合には、そのき電停止手続きは停電責任者が行う。

5 □ 工事現場において事故発生または発生のおそれのある場合は、直ちに列車防護の手配をとり、併発事故または事故を未然に防止する。

6 □ 列車の振動や風圧等によって不安定、危険な状態になるおそれのある工事は、列車の接近時から通過するまでの間、施工を一時中止する。

こんな選択肢は誤り！

路床の排水層は、~~切土~~の場合には設置しないが、~~盛土~~の場合には地下水排水のためコンクリート路盤部の粒度調整砕石層の下に排水層を設ける。

路床の排水層は、盛土の場合には設置しないが、切土の場合には地下水排水のためコンクリート路盤部の粒度調整砕石層の下に排水層を設ける。

軌道変位の通り変位の測定は、直線部では線路の起点を背にして左側レールを、また、曲線部では車両走行特性への影響が大きい~~内軌~~側レールを測定する。

軌道変位の通り変位の測定は、直線部では線路の起点を背にして左側レールを、また、曲線部では車両走行特性への影響が大きい外軌側レールを測定する。

Lesson 02 重要度 ★★☆

シールド工法

学習のポイント 一次

- 土圧式・泥水式シールド工法について理解する。
- 地盤変位の原因と対策について理解する。

2-1 シールド工法の種類

シールド工法は、地盤条件、立地条件、工事の安全性、周辺環境、経済性等を総合的に判断して、開削工法では困難な都市の下水道、地下鉄、道路工事などで多く採用されています。

シールドは前面の構造によって、密閉型および開放型に大別されます。

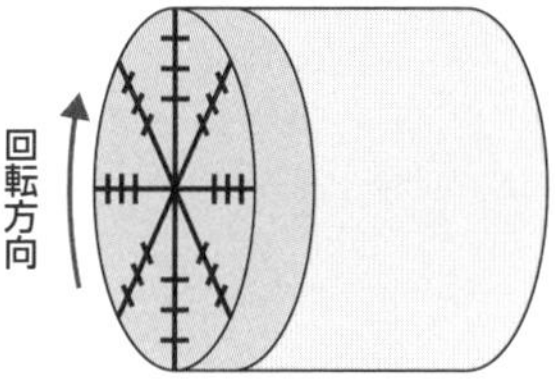

密閉型シールド
（泥水加圧式・泥土圧式など）

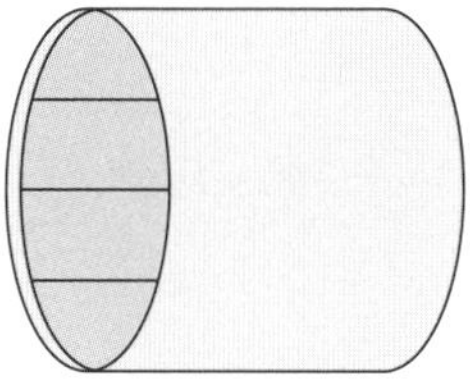

開放型シールド
（圧気シールド）

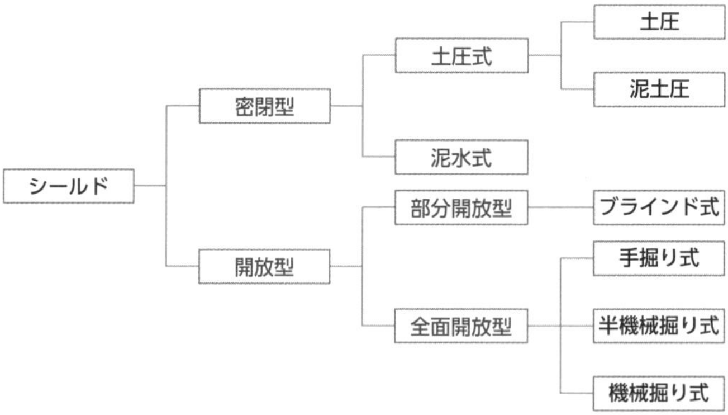

1 土圧式シールド

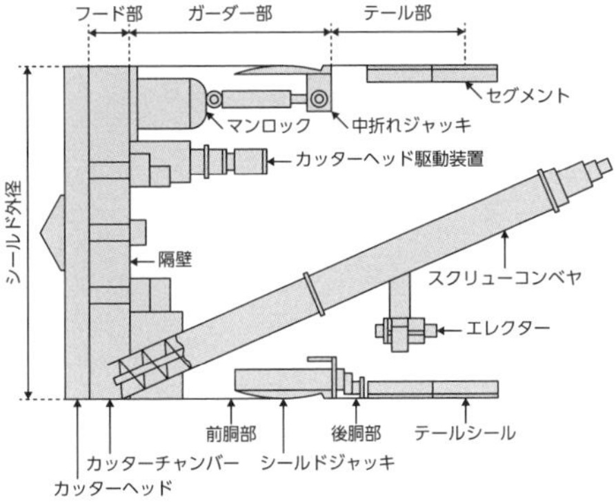

土圧式シールド工法は、カッターチャンバー内に掘削土砂を充満、加圧させた上で、掘進量に見合う土量をスクリューコンベヤで連続排土させ、切羽土圧とカッターチャンバー内泥土圧の安定をはかりながら掘進する工法です。一般に粘性土地盤に適しています。

粘着力が大きい硬質粘性土を掘削する場合は、掘削土砂に適切な添加材を注入して、カッターチャンバー内やカッターヘッドへの掘削土砂の付着を防止します。また、砂層、礫層からなる土層の掘削土砂は、流動性が乏しく透水性が高いため、止水性の確保が必要となるので、添加材を注入して強制的に攪拌《かくはん》し、塑性流動性を高めます。

土圧式シールド工法において切羽の安定をはかるためには、泥土圧の管理および泥土の塑性流動性管理と排土量管理が中心となります。排土量管理の容積管理方法としては、掘削土砂運搬車台数の検収による方法や、スクリューコンベヤ回転数、圧送ポンプ回転数からの推定方法が一般的です。

2 泥水式シールド

泥水式シールド工法は、泥水を循環させ、泥水によって切羽の安定をはかりながらカッターヘッドにより掘削し、掘削土砂は泥水として流体輸送方式によって地上に搬出する工法です。地上に泥水処理施設が必要となりますが、周辺地盤への影響が少なく、河川下、海岸等の水圧の高いところでの使用にも適するなど、都市部で多く用いられています。

泥水式シールド工法は、掘削、切羽の安定、泥水処理が一体化したシステムとして運用されるので、構成する設備の特徴、能力を十分把握して計画しなければなりません。

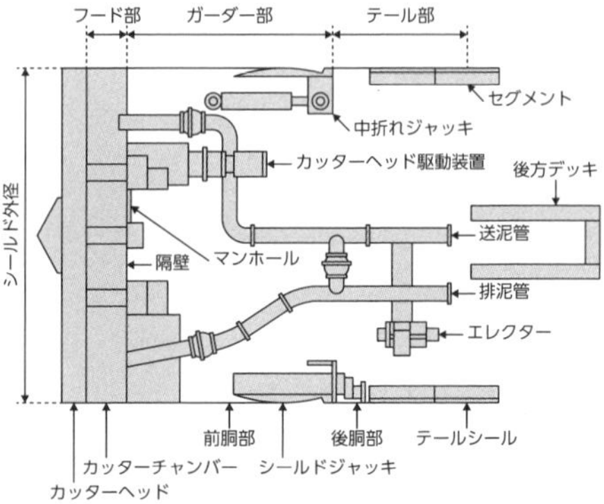

泥水は、切羽面で泥水圧を伝達するのに十分な**泥膜**が形成される必要があり、地山の条件に応じて比重や粘性を調整し、泥水圧が切羽に十分伝達するように管理します。土砂を分離した**余剰泥水**は、水や粘土、ベントナイト、増粘剤などを加えて、比重、濃度、粘性などを調整して切羽へ再循環されます。

送排泥管設備の送泥管と排泥管の管径は、シールド外径、土質および計画推進速度などに応じて設定され、一般に排泥管径は送泥管径より小さくします。

掘削時の**掘削土量**管理は、送泥管および排泥管に設置した流量計と密度計から得られるデータより偏差流量と掘削乾砂量を求め、地山の掘削土量の取込み量を調節して管理します。また、**掘進速度**の管理は、泥水圧の調整や掘削土量の計測を行い、掘削土量の取り込みすぎで切羽を緩めることのないよう注意して、カッタートルク、推力を調整して管理します。

泥水の**管理圧力**については、**上限値**として地表面の沈下を極力抑止する目的で「**静止土圧**」＋「水圧」＋「変動圧」を用い、**下限値**として多少の沈下を許しても切羽の安定を保つ目的で「**主働土圧**」+「水圧」+「変動圧」を用いて決めます。

泥水処理設備は、流体輸送設備から運ばれた排泥水の土砂分と水分を分離するとともに、切羽に再循環する送泥水の性状を調節する機能も備えています。泥水処理設備の**泥水処理系統**は、一次処理で排泥水の礫・砂を分離し、二次処理は余剰泥水のシルト・粘土を分離し、三次処理は放流水の pH を調整するもので構成されます。

2-2 セグメント

シールドトンネル周辺地山の土圧と水圧を受け、トンネル内空を確保するための構造体を覆工といいます。覆工には、一次覆工と二次覆工があり、一般に、一次覆工には、**鉄筋コンクリート**や**鉄鋼製**のプレキャスト部材であるセグメントを用います。二次覆工は、一次覆工の内側に構築される構造体で、主に**現場打ちのコンクリート**が用いられています。

セグメントは、対象とするトンネルの用途や地盤条件に応じて種類を選択します。

1 コンクリート系セグメント

耐久性および**耐圧縮性**に優れているため、土圧、ジャッキ推力等に対して**座屈**の発生が少なく、**剛性**も大きいセグメントです。施工に留意すれば、**水密性**にも優れます。

完成後の地山外力や推進時の施工荷重を対象に配筋がなされており、運搬時にはこれらと異なった荷重が作用することが考えられるので、**つり位置**の検討が必要です。

2 鋼製セグメント

材質が均一で強度も保証され、**溶接性**にも優れて、比較的軽量であるため**施工性**がよく、現場における加工や修正が容易です。コンクリート系セグメントと比べると変形しやすく、土圧、ジャッキ推力などによる**座屈**や**変形**の発生が多くなります。

3 合成セグメント

一般に、鋼材と鉄筋コンクリート、または鋼材と無筋コンクリートを組み合わせたものが用いられます。同じ断面であれば**高い耐力**と**剛性**を付与することが可能なことから、鉄筋コンクリートセグメントと比較して、セグメントの**高さ**を**低減**できます。

セグメントの組立てにおける留意点は、以下のとおりです。

①セグメントの組立ては、エレクタとスライドジャッキを使用して左右両側に交互に組み立て、最後に**上部**のセグメントを挿入する。

②セグメントの組立てでは、セグメントの継手ボルトを定められたトルクで十分に締め付ける。

③セグメントの損傷を防止するには、セグメントの強度を考慮して、1本当たりのジャッキ推力を小さくするため、多くのジャッキを使用して所要推力を得るようにする。

④軟弱な地盤におけるシールドのセグメントは、セグメントリングの変形に伴う地盤反力が期待できないため、継手はできるだけ剛な構造とする。

2-3 地盤変位の原因と対策

地盤変位防止対策として、以下の点に留意します。

①土圧式シールドや泥水式シールドでは、切羽土圧や水圧に対してチャンバー圧が小さい場合には地盤沈下、大きい場合には地盤隆起を生じるので、切羽土圧や水圧に見合うチャンバー圧の管理を入念に行う。

②テールボイドの発生および裏込め注入が不足の場合には、地盤沈下の原因となるので、充填《じゅうてん》性と早期強度の発現性に優れた裏込め注入材を選定し、できるだけシールド掘進と同時に裏込め注入を行う。

③地盤変位を防止するには、掘進に伴うシールドと地山との摩擦を低減し、周辺地山をできるかぎり乱さないように、ローリングやピッチングなどを少なくして蛇行を防止する。

④一次覆工からの漏水・地下水位の低下は地盤沈下の原因となるため、セグメントの組立てと防水工は入念に行い、セグメントの継手、裏込め注入孔からの漏水を防止する。

地盤変位の原因と対策は頻出だよ。しっかり覚えよう！

頻出項目をチェック！

1 □ 土圧式シールド工法において切羽の安定をはかるためには、泥土圧の管理および泥土の塑性流動性管理と排土量管理が中心となる。

2 □ 粘着力が大きい硬質粘性土の掘削では、カッターチャンバー内やカッターヘッドに掘削土砂が付着することがあるため、掘削土砂に添加材を注入して付着防止をはかる。

3 □ テールボイドの発生および裏込め注入が不足の場合には、地盤沈下の原因となるので、充填性と早期強度の発現性に優れた裏込め注入材を選定し、できるだけシールド掘進と同時に裏込め注入を行う。

こんな選択肢は誤り！

泥水の管理圧力については、~~下限値~~として地表面の沈下を極力抑止する目的で「静止土圧」＋「水圧」＋「変動圧」を用いる考え方を基本とする場合が多い。

泥水の管理圧力については、上限値として地表面の沈下を極力抑止する目的で「静止土圧」＋「水圧」＋「変動圧」を用いる考え方を基本とする場合が多い。

土圧式シールドや泥水式シールドでは、切羽土圧や水圧に対しチャンバー圧が小さい場合には~~地盤隆起~~、大きい場合には~~地盤沈下~~を生じるので、切羽土圧や水圧に見合うチャンバー圧管理を入念に行う。

土圧式シールドや泥水式シールドでは、切羽土圧や水圧に対しチャンバー圧が小さい場合には地盤沈下、大きい場合には地盤隆起を生じるので、切羽土圧や水圧に見合うチャンバー圧管理を入念に行う。

演習問題

鉄道の維持管理・保安設備

鉄道・地下1 鉄道の軌道の維持管理及び保安設備に関する次の記述のうち，**適当でないもの**はどれか。

(1) ロングレール敷設区間では，夏季の高温時でのレール張出し，冬季の低温時でのレールの曲線内方への移動防止などのため保守作業が制限されている。
(2) 有道床軌道において軌道狂いを整正するために最も多く用いられる作業は，マルチプルタイタンパによる道床つき固め作業である。
(3) 道床バラストは，吸水率が小さく，強固でじん性に富み，適当な粒径と粒度を持つ材料を用いる。
(4) 脱線防止レール及び脱線防止ガードの取付け方は，危険の大きい側に対する反対側のレールに設けることとし，本線レールと同高又はこれより低いものとする。

答え (4)
脱線防止レール及び脱線防止ガードの取付け方は、本線レールと同高またはこれより高いものとする。

営業線・近接工事の保安対策

鉄道・地下2 鉄道（在来線）の営業線及びその近接工事の保安対策に関する次の記述のうち，**適当でないもの**はどれか。

(1) 工事現場において事故発生又は発生のおそれのある場合は，直ちに列車防護の手配をとり，併発事故又は事故を未然に防止する。
(2) 線路閉鎖，保守用車使用の手続きは，線閉責任者が行うこととし，使用間合，時間，作業範囲，競合作業などについて，あらかじめ監督員等と十分打合せを行う。
(3) 施設指令員は，線路閉鎖工事が作業時間帯において終了できないと判断した場合は，その旨を線閉責任者に連絡し，その者の指示を受ける。

(4) 列車の振動，風圧などによって，不安定，危険な状態になるおそれのある工事は，列車接近時から通過するまで，施工を一時中止する。

答え (3)

線閉責任者は、線路閉鎖工事が作業時間帯において終了できないと判断した場合は、その旨を**施設指令員**に連絡し、その者の指示を受ける。

シールド工法の施工管理

鉄道・地下3 シールド工法の施工管理に関する記述のうち，**適当でないもの**はどれか。

(1) 土圧式シールド工法において切羽の安定をはかるためには，泥土圧の管理及び泥土の塑性流動性管理と排土量管理が中心となる。

(2) 地盤変位を防止するには，掘進に伴うシールドと地山との摩擦を低減し，周辺地山をできるかぎり乱さないように，ローリングやピッチングなどを多くして蛇行を防止する。

(3) 粘着力が大きい硬質粘性土を掘削する場合は，掘削土砂に適切な添加材を注入して，カッターチャンバ内やカッターヘッドへの掘削土砂の付着を防止する。

(4) シールドテールが通過した直後に生じる沈下あるいは隆起は，テールボイドの発生による応力解放や過大な裏込め注入圧などが原因で発生する。

答え (2)

地盤変位を防止するには、ローリングやピッチングなどを**少なく**して蛇行を防止する。

Lesson 01

重要度 ★★★

上水道・下水道

学習のポイント

一次

- **上水道管の施工および更新・更生工法について理解する。**
- **下水道管渠《きょ》の更生方法およびマンホールについて理解する。**

1-1 上水道管の施工

1 上水道管の布設

上水道管布設にあたっての留意点は、以下のとおりです。

①既設管との連絡工事箇所（接続工事箇所）では、試掘調査を行い、既設管の位置、管種、管径など、および他の埋設物の確認を行う。

②地下埋設物の位置を確認するため行う試掘は、原則として人力掘削により行う。

③配水管を他の地下埋設物と交差または近接して布設するときは、少なくとも30cm以上の間隔を保つ。

④床付けおよび接合部の掘削は、配管および接合作業が完全にできるよう、つぼ掘りまたは布掘りにより、所定の形状に仕上げる。えぐり掘りは行ってはならない。

⑤床付面に岩石やコンクリート塊などの支障物が出た場合は、床付面より10cm以上深く取り除き、砂などに置き換える。

⑥埋戻しは、片埋めにならないように注意しながら、厚さ30cm以下に敷き均し、現地盤と同程度以上の密度となるように締め固める。

⑦鋼管の切断は、切断線を中心に幅30cmの範囲の塗覆装をはく離し、切断線を表示して行う。

⑧管径800mm以上の鋳鉄管継手は、原則として監督員立会いのうえ、継手ごとに内面からテストバンドで水圧試験を行う。

⑨不断水連絡工の割T字管の取付けは、原則として水平とし、穿孔管径200mm以上は、割T字管に仮仕切弁を取り付けて穿孔作業を行う。

⑩1日の布設作業完了後は、管内に土砂、汚水等が流入しないよう、木蓋等で管端部をふさぐ。

⑪水道用硬質塩化ビニル管を横積みで保管する場合は、平地に積み上げ、高さ 1m 以下とし、崩れないように措置する。

ゴロ合わせで覚えよう！ 上水道管布設時の掘削方法

大事なつぼに　布をかけたけど
（つぼ掘り）　（布掘り）

割られちゃった！

心の傷を　えぐらないで・・・
（えぐり掘り）

上水道管布設時の掘削は、つぼ掘り・布掘りにより、えぐり掘りを行ってはならない。

2 上水道管の付属設備

制水弁や消火栓など付属設備の相互間は、原則として 1m 以上離れるように設置位置を選定します。消火栓は、消火の都合上、沿線の建築物の状況に配慮し、100 ～ 200m 間隔に設置することとし、消防利水上から求められる場所以外には設置してはなりません。

配水本管の減圧弁は、他系統との連絡箇所には設置してはなりません。また、配水管の排水設備は、配水本管路の低部で河川、用水路、下水管渠の付近を選んで設けます。

3 軟弱地盤での上水道管布設

将来、管路が不同沈下を起こすおそれがある軟弱地盤に管を布設する場合は、地盤状況や管路沈下量について検討し、適切な管理、継手、施工方法を用いるようにします。軟弱地盤に上水道管を布設するにあたっての留意点は、以下のとおりです。

①軟弱層が深く、予想沈下量が大きい地盤に管を布設する場合は、伸縮可とう性が大きく、かつ、離脱防止性能を持った継手を適所に用いる。

②軟弱層が深い地盤に管を布設する場合は、置換工法、薬液注入工法、サンドドレーン工法などにより地盤改良を行うことが必要である。

③不同沈下を防止するためはしご胴木を用いる場合は、胴木に直接管体を接触させると応力集中が生じるので、接触面にゴム板などクッション材を設置する。

④水管橋またはバルブ室など構造物の取付け部には、不同沈下に伴う応力集中が生じるので、たわみ性の大きい伸縮継手（可とう継手）を使用する。

4 上水道管の更新・更生工法

1 既設管内巻込工法

既設管内巻込工法は、縮径した巻込鋼管を引き込み、管内で拡管・溶接し、既設管と新設管の間にモルタルなどを注入する工法です。既設管に近い管径を確保することができ、曲がりに対しても対応しやすく、既設管が劣化して強度が低下している場合でも施工が可能です。

2 既設管内挿入工法

既設管内挿入工法は、既設管をさや管として使用して新管を布設する工法です。立坑部、付属設備および給水管のための部分的な開削を除けば、地表面を掘削することなく施工できます。

3 合成樹脂管挿入工法

合成樹脂管挿入工法は、やや管径の小さい合成樹脂管を挿入する工法です。管路の補強がはかられ、管内面は平滑であるため流速係数が大きく、耐摩耗性に優れる工法です。

4 被覆材管内装着工法

被覆材管内装着工法は、接着剤を塗布した薄肉状の管を引き込み、空気圧などで管内面に圧着させてから加熱し、ライニング層を形成する工法です。管路の動きに対する追随性があり、曲線部の施工が容易です。

5 既設管破砕推進工法

既設管破砕推進工法は、破砕機構を有する先頭管で既設管を破砕しながら、既設管と同等またはそれ以上大きい新管を推進するもので、新管にはダクタイル鋳鉄管または鋼管を用いて施工します。

6 既設管路更生工法

既設管路更生工法は、錆《さび》こぶによって機能が低下した管路を、種々の材料を使用して通水能力の回復および赤水発生防止をはかるものです。適用にあたっては既設管の管体および継手部の強度が、今後の使用に耐えうるものでなければなりません。

1-2　下水道管の施工

1　土留め工法

1 鋼矢板工法

鋼矢板を、継手部をかみ合わせながら打ち込んで築造する工法です。鋼矢板は、耐久性、水密性および強度において、木矢板や軽量鋼矢板よりも優れており、軟弱地盤で湧水のある場合に用いられ、ヒービングやボイリングを防止するために根入れ長を長くします。

2 軽量鋼矢板工法

軽量鋼矢板工法の軽量鋼矢板は、比較的軽量で取扱いが容易であり、木矢板に比べ品質も一定していて反復性も高いですが、水密性が期待できないため、湧水の少ない小規模な掘削に主に用いられます。

3 親杭横矢板工法

親杭横矢板工法は、H形鋼などを親杭として打設し、掘削の進行に合わせて木矢板などにより土留め壁とするもので、普通地盤で地下水が少なく、ある程度自立する地盤に用いられます。

4 建込み簡易土留め工法

建込み簡易土留め工法は、土留め矢板と切ばりをセットにした既製横矢板工法で、工期が短く、騒音・振動が少なく、掘削完了と同時に土留めが完了するので、比較的小規模な土留めとして用いられます。

2 鋼矢板の継手

鋼矢板の継手施工上の留意点は、以下のとおりです。

①現場溶接を用いる場合は、継手部の断面剛性を高めるため、**突合せ溶接と添接溶接**の併用とする。

②ボルト接合を用いる場合は、応力伝達はボルト接合のみで受け持たせ、ボルト接合と突合せ溶接を併用する場合には、この溶接は**止水**のみを目的とする。

③継手位置は、できるだけ応力の大きい位置を避け、隣接矢板の継手とは上下方向に少なくとも **1m** 離れた**千鳥配置**とする。

3 下水道管渠の接合

管渠径が変化する場合、または2本の管渠が合流する場合の接合方法は、原則として**水面接合**または**管頂接合**とします。また、地表勾配が急な場合には、管渠径の変化の有無にかかわらず、原則として地表勾配に応じて**段差接合**または**階段接合**とします。

管渠の方向、勾配または管渠径の変化する箇所、および管渠の合流する箇所には、**マンホール**を設けます。

ゴロ合わせで覚えよう！ 上水道の管布設工

上司の乾布摩擦
（上水道）（管布設工）

じゃま者たちの
（岩石やコンクリート塊等の支障物）

愉快な点取り合戦
（床付け面）（10cm）

上水道の管布設工に際し，岩石やコンクリート塊などの支障物がでた場合は，床付面から 10cm 以上深く取り除き砂等に置き換える。→ p.200 ⑤

1 水面接合

水面接合は、水理学計算により求めた上下流管渠の計画水位を一致させて接合する方式で、最も合理的な方法です。

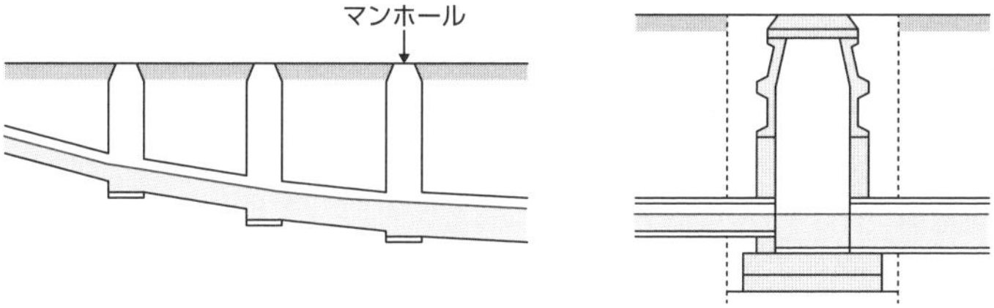

2 管頂接合

管頂接合は、流水は円滑となり水理学的には安全な方法ですが、管渠の埋設深さが増して建設費がかさみます。ポンプ排水の場合には、ポンプの揚程が増します。

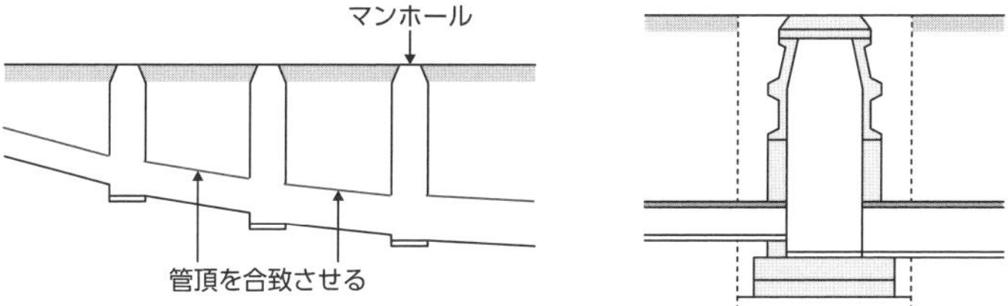

3 管底接合

管底接合は、掘削深さを減じて工費を軽減でき、特にポンプ排水の場合には経済的に有利となります。しかし上流部において動水勾配線が管頂より上昇するおそれがあります。

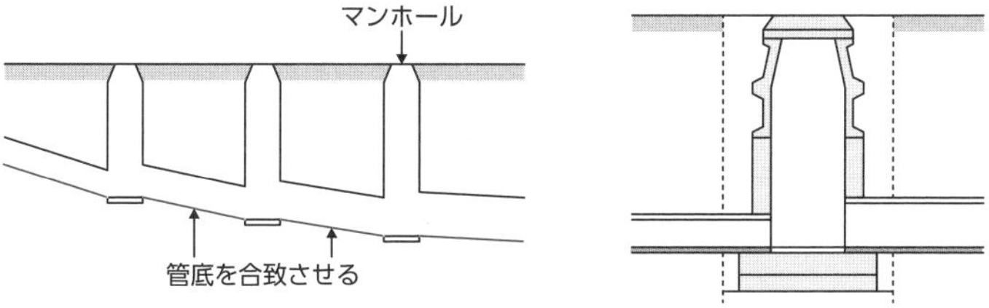

4 階段接合

階段接合は、地表勾配が急な場合に、管渠内の流速の調整などのため、管底を階段状にする方式で、通常、**大口径管渠**または**現場打ち管渠**に設けます。階段の高さは1段当たり0.3m以内とします。

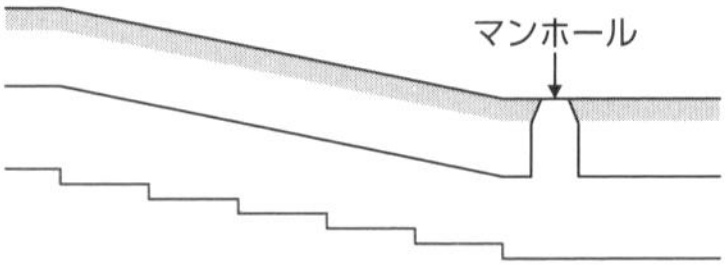

5 管中心接合

水面接合と管頂接合の中間的な接合であり、計画下水量に対応する水位の算出を**必要としないので**、水面接合に準用されることがあります。

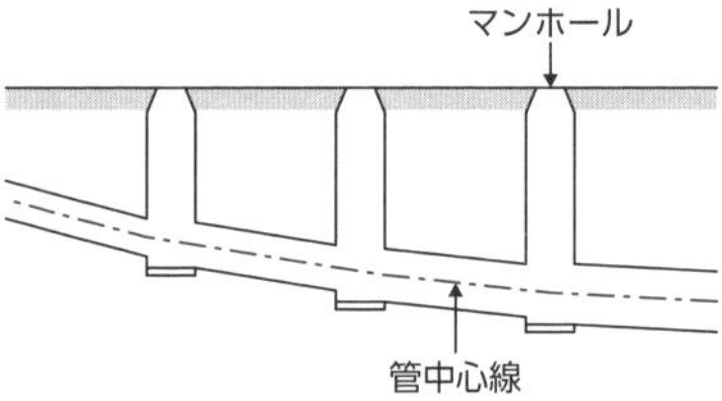

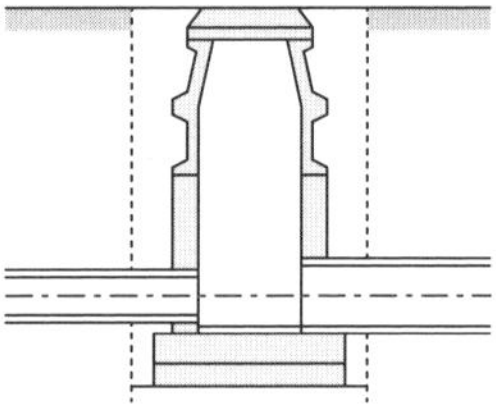

6 段差接合

段差接合は、地表勾配に応じて適当な間隔に**マンホール**を設けます。1箇所当たりの段差は**1.5 m**以内とします。なお、段差が**0.6 m**以上の場合は**副管**を設けます。

4 下水道管渠の更生工法

1 反転工法

反転工法は、熱または光などで硬化する樹脂を含浸させた材料を、既設のマンホールから既設管渠内に**反転加圧**させながら挿入し、既設管渠内で加圧状態のまま樹脂が硬化することで管を構築するものです。

2 形成工法

形成工法は、熱硬化性樹脂を含浸させたライナーや熱可塑性樹脂ライナーを既設管渠内に引き込み、水圧または空気圧などで拡張・密着させた後に硬化させることで管を構築するものです。

3 製管工法

製管工法は、既設管渠内に硬質塩化ビニル材などをかん合させながら製管し、既設管渠との間隙にモルタルなどを充填《じゅうてん》することで管を構築するものです。流下量が少量であれば、下水を流下させながらの施工が可能です。

4 さや管工法

さや管工法は、既設管渠よりも小さな管径で製作された管渠（新管）を牽引挿入し、間隙に充填材を注入することで管を構築するものです。既設管に破損が発生している場合は、断面形状が維持されていれば、施工は可能です。

5 マンホール

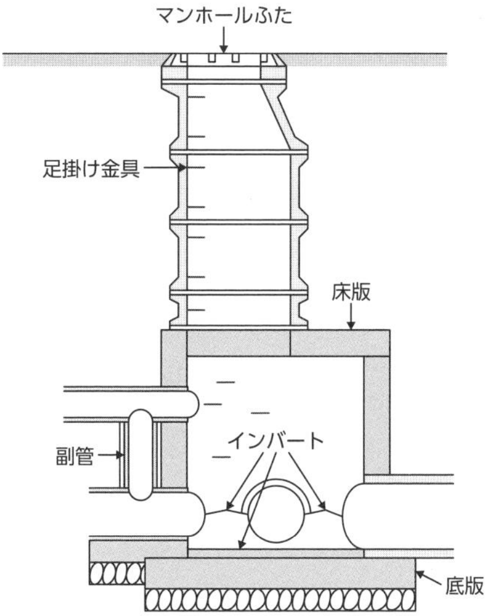

マンホールの設置・構造上の留意点は、以下のとおりです。

①マンホールの床版下および最下段中間スラブ下の有効高さは、維持管理作業に支障のないように、インバートから 2m 以上を確保する。

②マンホールが深くなる場合には、維持管理上の安全面を考慮して、3 ～ 5m ごとに踊り場として中間スラブを設ける。

③マンホール部での管渠接続は、水理損失を考慮し、上流管渠と下流管渠との最小段差を 2cm 程度設ける。

④副管は、マンホール内での清掃作業を容易にし、流水による底部などの摩耗を防ぐ役割があることから、上流管渠と下流管渠の段差が 0.6m 以上の場合に設ける。

⑤小型マンホールの最大設置間隔は、50m を標準とする。

頻出項目をチェック！

1 □ 上水道管の布設において、床付面に岩石やコンクリート塊などの支障物が出た場合は、床付面より 10cm 以上深く取り除き、砂などに置き換える。

2 □ 上水道布設時の埋戻しは、片埋めにならないように注意しながら、厚さ 30cm 以下に敷き均し、現地盤と同程度以上の密度となるように締め固める。

3 □ さや管工法は、既設管渠よりも小さな管径で製作された管渠を牽引挿入し、間隙に充填材を注入することで管を構築する。

4 □ 下水道管渠の方向、勾配または管渠径の変化する箇所、および管渠の合流する箇所には、マンホールを設ける。

5 □ マンホールの床版下および最下段中間スラブ下の有効高さは、維持管理作業に支障のないように、インバートから 2m 以上を確保する。

こんな選択肢は誤り！

配水管を他の地下埋設物と交差または近接して布設する場合は、最小離隔を ~~0.1~~m 以上確保する。

配水管を他の地下埋設物と交差または近接して布設する場合は、最小離隔を 0.3m 以上確保する。

床付け及び接合部の掘削は、配管及び接合作業が完全にできるよう、~~えぐり掘り~~により所定の形状に仕上げる。

床付け及び接合部の掘削は、配管及び接合作業が完全にできるよう、つぼ掘りまたは布掘りにより所定の形状に仕上げる。

管頂接合は、流水が円滑となり、管渠の埋設深さが~~減じて~~建設費が~~小さく~~なる。

管頂接合は、流水が円滑となり、管渠の埋設深さが増して建設費が大きくなる。

管底接合は、掘削深さが~~増して~~建設費が~~大きく~~なり、特にポンプ排水の場合は~~不利~~となる。

管底接合は、掘削深さが減じて建設費が小さくなり、特にポンプ排水の場合は有利となる。

~~形成工法~~は、既設管渠内に硬質塩化ビニル材などをかん合させながら製管し、既設管渠との間隙にモルタルなどを充填することで管を構築する。

製管工法は、既設管渠内に硬質塩化ビニル材などをかん合させながら製管し、既設管渠との間隙にモルタルなどを充填することで管を構築する。

Lesson 02

重要度 ★★☆

推進工法

学習のポイント

一次

- 小口径推進工法の種類について理解する。
- 小口径推進工法施工時のトラブルと対策について理解する。

2-1 小口径推進工法の種類

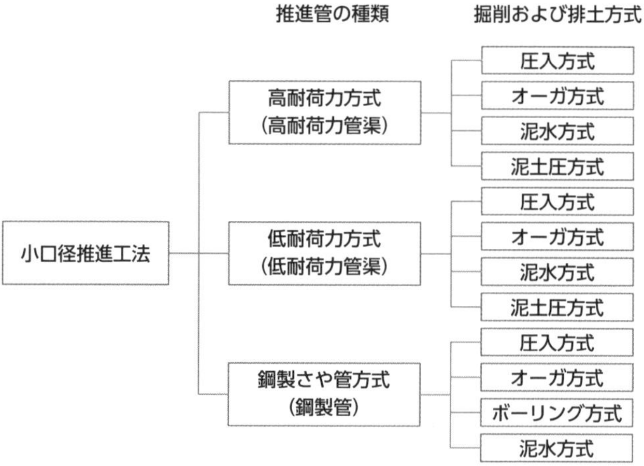

小口径推進工法の分類

1 圧入方式

圧入方式は、先導体に誘導管または推進管を装着し、元押装置により直接地山に圧入する方式です。軟弱地盤に適し、N 値 0 ～ 20 に対応できます。

誘導管圧入後の推進管推進時には、砂質土地盤ではカッターの回転を止めたときにスリットより土砂が流入する場合があり、スリットの開口率を調整する必要があります。また、誘導管推進時の推進途中で時間をおくと、土質によっては推進が不可能となる場合があるので、推進の中途では中断せずに、一気に到達させなければなりません。

2 オーガ方式

オーガ方式は、先導体内にオーガヘッドおよびスクリューコンベヤーを装着し、この回転により掘削・排土を行いながら推進管を推進する方式です。N値4～50と、幅広い土質に適用できます。粘性土地盤では、推進中に先導体ヘッド部に土が付着し、先端抵抗が急増する場合があるため、カッターヘッド部の開口率の調整が必要です。

3 泥水方式

泥水方式は、先端に泥水式先導体を装着し、切羽安定のために泥水を送り、カッター回転により掘削を行う方式です。地下水位に関係なく適用土質範囲が広く、N値0～50が可能で、長距離推進に適します。

透水性の高い、緩い地盤に適用するときは、泥水圧が有効に切羽に作用しない場合があるので、切羽の安定をはかるために送泥水の粘性を高くするなどの対策が必要です。

4 泥土圧方式

泥土圧方式は、推進管の先端に泥土圧式先導体を装着し、掘削土砂の塑性流動化を促進させるための添加材の注入と止水バルブの設置により切羽の安定をはかりながら、カッターの回転により掘削を行う方式です。スクリューコンベヤーにより、掘削量に見合った排土を行うことで、切羽土圧を調整しながら推進します。広範囲の土質に対応でき、砂礫や玉石にも適用できます。

5 ボーリング方式

ボーリング方式は、先端に超硬切削ビットを装着した鋼製管本体または鋼製管内部のスクリュー付き内管を回転し、掘削しながら推進装置で推進する方式です。先導体および誘導管をオーガ推進させる一重ケーシング式と、誘導管を案内として推進する二重ケーシング式があります。土質の適用範囲は広く、木杭やコンクリート等の障害物も切削可能です。

ボーリング方式は、先導体前面が開放しているので、地下水位以下の砂質土地盤に対しては、補助工法により地盤の安定処理を行う必要があります。また、取り込み土量の管理に注意が必要です。

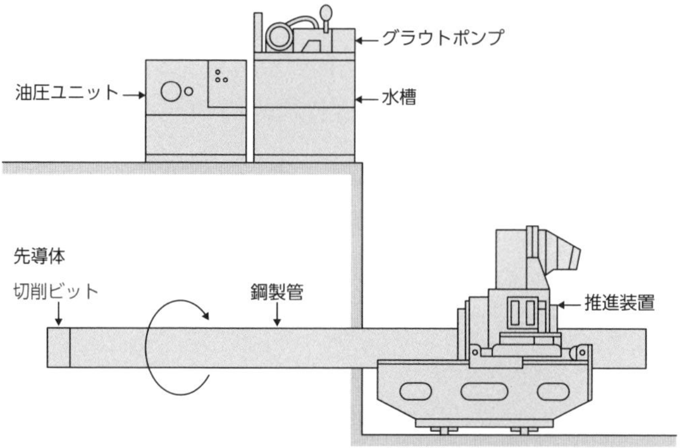

ボーリング方式一重ケーシング式

2-2 小口径推進工法の施工

1 施工上の留意点

小口径推進工法の施工上の留意点は、以下のとおりです。

①小型立坑での鏡切りは、切羽部の地盤が不安定であると重大事故につながるため、地山や湧水の状態、補助工法の効果を確認した後に行う。

②初期掘進時には、先導体や推進諸設備に固有の動作特性があるため、先導体の特性をできるだけ早く把握して、地山の変化や蛇行に迅速に対処できるようする。

③推進作業では、切羽を安定させ、推進管にかかる推進力を確認し、排土量が過多にならないよう留意する。

④推進中に元押ジャッキの反力により推進装置が変位する場合があるので、定期的に点検し、所定の位置に据わっていることを確認する。

⑤推進作業は、時間をおくことにより管に対する周囲からの締めつけ力が急増することがあるため、推進の中途では中断せずに、一気に到達させる。

⑥推進管が周囲より締めつけられて推進が困難となり、機械の定格能力を超えるおそれのある場合は、滑材を注入することにより管の抵抗を低下させ、機械の推進力を下げる。

⑦カッタードラムの回転を止めたとき、スリットより土砂等の流入が発生するおそれがある場合は、スリットの開口率を調整するシャッタを取り付ける。

2 推進管理

推進工法の管理では、一般に推進速度が速く、方向制御のタイミングが遅れることにより、計測線からのずれや蛇行が生じやすいため、リアルタイムで先導体の位置を把握し、正確にオペレーションする必要があります。

推進管理の測量におけるレーザトランシット方式は、発進立坑に据えつけたレーザトランシットから先導体内のターゲットにレーザ光を照射する方式です。測量可能距離は、一般に 150 ～ 200m 程度ですが、長距離の測量になると先導体内装置などの熱により、レーザ光が屈折し、測量できなくなる場合があります。

3 施工時のトラブルと対策

1 推進管の破損

推進管の破損の原因には、推進力によるものなどがあり、推進管と押輪が平滑に接していない場合、および押輪の剛性が不足する場合には、管端面の圧縮破壊とそれに伴うはく離が生じることがあるため、剛性の高い押輪を使用することなどが必要です。

推進管が施工中に破損し、その破損の程度が小さく、推進管の引抜きが可能な場合には、地盤改良などを併用して、先導体を引き抜き、再掘進します。大きな破損が生じた場合には、到達立坑より刃口推進工法やボーリング方式などで迎え掘りを行います。

刃口推進工法は、推進管の先端に刃口を装着し、人力で掘削・ずり出しをしながら推進する工法だよ。

2 推進不能

推進不能になる原因には、支圧壁または圧力板の背面地山の支持力不足などがあり、支圧壁が動いて反力設備としての役目が果たせなくなることがあるため、背面地山の支持力が不足する場合は、地盤改良などを行って受働土圧を高める必要があります。

3 推進管の蛇行

推進管の蛇行の主な原因は、先導体の特性や切羽付近における地山の崩壊、測量誤差などが挙げられますが、土質の不均一に特に注意が必要です。また、刃口、掘進機および先導体の特性なども蛇行の原因であり、初期掘進段階に刃口、掘進機および先導体の蛇行特性を熟知し、その後の推進作業にあたって常にこの特性に留意する必要があります。

頻出項目をチェック！

1 □ オーガ方式は、粘性土地盤では、推進中に先導体ヘッド部に土が付着し、先端抵抗が急増する場合があるため、カッターヘッド部の開口率の調整が必要である。

2 □ 泥水方式は、透水性の高い、緩い地盤に適用する場合、泥水圧が有効に切羽に作用しない場合があるので、切羽の安定をはかるため、送泥水の粘性を高くするなどの対策が必要である。

3 □ ボーリング方式は、先導体前面が開放しているので、地下水位以下の砂質土地盤に対しては、補助工法により地盤の安定処理を行う必要がある。

Lesson 03

重要度 ★★☆

薬液注入

学習のポイント

一次

- 薬液注入の施工について理解する。
- 注入効果の確認方法について理解する。

3-1 薬液注入の施工

1 注入材の選定

現在、ほとんどの場合に使用されている水ガラス系薬液は、硬化剤の種類により、懸濁液型と溶液型に分かれます。

懸濁液型薬液は、硬化剤がセメント、ベントナイトなどの懸濁液で、一般に地盤への浸透性はあまりよくなく、砂質土などへの浸透注入は困難です。

溶液型薬液は、硬化剤が無機化合物の溶液である無機系と、有機化合物を含む溶液である有機系に分かれますが、全般的に地盤への浸透性に優れています。

注入材の選定にあたっては、以下の点に留意します。

①砂質土の止水を目的とする場合は、通常、浸透性に優れた溶液型を用いるが、砂礫で細粒分が少ない場合は、懸濁液型の注入材を用いることも可能である。

②砂質土の地盤強化を目的とする場合は、地盤の全体的強化が期待できるよう、浸透性に優れた溶液型の注入材を用いる。

③粘性土の割れ目や土層の境界からの漏水防止を目的とする場合は、懸濁液型の注入材が有効な場合が多い。

④地盤中の空隙の充填《じゅうてん》を目的とする場合は、ホモゲル強度が大きく安価な、セメント・ベントナイト系の注入材や懸濁液型の注入材を用いる。

2 注入方式の種類

1 二重管ダブルパッカー注入方式

ゲル化時間（ゲルタイム）の長い注入材をゆっくり注入し、均等浸透を目指す方式です。2段のパッカーを先端に取り付けた注入管を挿入して、任意のステップに注入することができ、既設構造物や埋設物の防護に適しています。

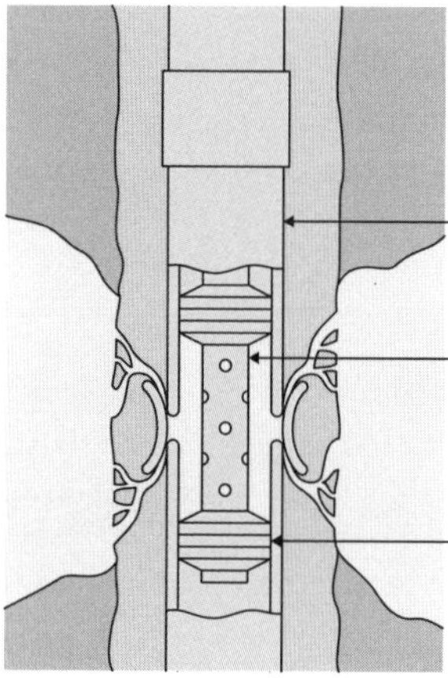

二重管ダブルパッカー方式

2 二重管ストレーナー単相注入方式

注入材の逸走を防ぐため、二重管を用いてA、Bの2液を合流直前まで分離して圧送し、合流後数秒でゲル化するようにした方式です。注入材には瞬結配合のものを用い、締まりの緩い砂層や粘土層、透水係数の大きい地盤の改良に有効です。

3 二重管（多重管）ストレーナー複相注入方式

注入管に二重ロッドまたは三重管のボーリングロッドを用いて、瞬結型の注入材を注入した後に、緩結材または急結材の注入を行う方式です。二重管ダブルパッカー注入方式の優れた浸透性と、二重管単相注入のグラウトパッカー効果を結合させたもので、大きな注入効果を得ることができます。

3 構造物に近接して行う薬液注入

薬液注入を、構造物に近接して行う場合には、以下の点に留意します。

①構造物の基礎構造について調査を行い、注入による構造物の変位などの影響を考慮しておく。

②構造物の外観、外傷、内部の梁・壁・床などのき裂の有無を、関係者立会いの下でチェックし、調査報告書を作り、現状を互いに確認しておく。

③注入順序は、構造物に影響のないように、構造物の近くから遠くへ注入を進める。

④注入中は周辺地盤や構造物などの監視を十分に行い、注入圧力の上昇に注意しながら施工する。

⑤注入孔の位置は、間隔を密に配置して、孔１本当たりの注入量を少なくする。

⑥注入間隔はできるだけ大きくし、構造物の変位を測定しながら、注入速度を遅くして施工する。

4 薬液注入工事の施工管理

薬液注入の施工管理においては、以下の点に留意します。

①水ガラスの入荷時には、搬入状況の写真を撮影し、メーカーによる数量証明書は納入の都度、監督職員に提出する。

②適正な配合とするために、ゲルタイムを、原則として作業開始前、午前、午後の各１回以上測定する。

③注入速度を一定のままで圧力が急上昇または急低下する場合は、直ちに注入を中止し、監督職員と協議のうえ適切に対応する。

④薬液注入工事においては、注入箇所から10m以内に複数の地下水監視のための井戸を設置して、注入中のみならず注入後も一定期間、地下水を監視する。

⑤地下水監視のための採水回数は、工事着手前に１回、工事中は毎日１回とし、工事終了後も定められた期間、所定の回数を採水し測定しな

ければならない。

⑥掘削時に湧水が発生するなど止水効果が不十分で、施工に影響を及ぼすおそれがある場合は、監督職員と協議の上で必要な注入量を追加するなどの処置を行う。

⑦薬液注入工事でのライナープレート立坑における深度5mまでの最小改良範囲とは、注入効果が発揮される品質を確保するための複列の注入が可能になる1.5m以上の厚みが確保される範囲をいう。

⑧薬液注入工事における大深度の削孔は、ボーリングロッドを注入管として利用する二重管ストレーナー方式（複相型）よりも、パーカッションドリルを使用して削孔するダブルパッカー方式のほうが、削孔精度は高い。

⑨ステップ長（注入管軸方向での注入間隔）は、工法にかかわらず25～50cmの範囲を標準とする。

5 注入効果の確認方法

薬液の浸透の確認には、薬液注入を行った箇所周辺を掘削し、アルカリ系の薬液に反応するフェノールフタレイン液を用いて、その着色状況を確認する方法があります。

強度の確認には、標準貫入試験により薬液注入前後のN値を測定して、地盤の強度の増加と傾向を把握する方法や、一軸圧縮試験や三軸圧縮試験により、薬液注入によって改良された地盤の強度特性や変形特性などを求めて、薬液注入の改良効果を評価する方法があります。

また、透水度の改善の確認は、薬液注入で固化した地盤の改良度合いを確認する最も効果的な方法であり、原地盤の透水係数が大きいほど改良効果は顕著です。

原地盤の透水係数が大きいとは、透水性が高いということだよ。つまり、透水性を抑える効果がそれだけ顕著だということだ。

頻出項目をチェック！

1 □ 構造物に近接して行う薬液注入においては、注入順序は、構造物に影響のないように、構造物の近くから遠くへ注入を進める。

2 □ 構造物に近接して行う薬液注入においては、注入間隔はできるだけ大きくし、構造物の変位を測定しながら、注入速度を遅くして施工する。

3 □ 強度の確認には、標準貫入試験により薬液注入前後の N 値を測定して、地盤の強度の増加と傾向を把握する方法がある。

こんな選択肢は誤り！

粘性土の割れ目や土層の境界からの漏水防止を目的とする場合は、~~溶液型~~の注入材が有効な場合が多い。

粘性土の割れ目や土層の境界からの漏水防止を目的とする場合は、懸濁液型の注入材が有効な場合が多い。

水ガラスの入荷時には、搬入状況の写真を撮影し、メーカーによる数量証明書は~~後日まとめて~~監督職員に提出する。

水ガラスの入荷時には、搬入状況の写真を撮影し、メーカーによる数量証明書は納入の都度監督職員に提出する。

透水性に関する注入効果は、注入範囲のうち何ヶ所かの深度で試験を行い、それぞれの地点で透水係数値が~~大きく~~なったことで確認した。

透水性に関する注入効果は、注入範囲のうち何ヶ所かの深度で試験を行い、それぞれの地点で透水係数値が小さくなったことで確認した。

演習問題

上水道管の更新・更生

水道・薬液1 上水道管の更新・更生に関する次の記述のうちで，**適当なもの**はどれか。

(1) 被覆材管内装着工法は，接着剤を塗布した薄肉状の管を引き込み，空気圧などで管内面に圧着させてから加熱してライニング層を形成する工法であり，管路の動きに対する追随性がなく，曲線部の施工が難しい。

(2) 既設管内巻込工法は，縮径した巻込鋼管を引き込み，管内で拡管・溶接し，既設管と新設管の間にモルタルなどを注入する工法であり，既設管に近い管径を確保することができるが，曲がりに対しては対応しにくい。

(3) 合成樹脂管挿入工法は，やや管径の小さい合成樹脂管を挿入する工法であり，管路の補強がはかられ，管内面は平滑であるため流速係数は小さいが耐摩耗性はよい。

(4) 既設管内挿入工法は，既設管をさや管として使用し新管を布設する工法であり，立坑部，付属設備及び給水管のための部分的な開削を除けば，地表面を掘削することなく施工できる。

答え (4)

(1) 被覆材管内装着工法は、管路の動きに対する追随性があり、曲線部の施工が容易である。

(2) 既設管内巻込工法は、曲がりに対しても対応できる。

(3) 合成樹脂管挿入工法は、流速係数は大きいが耐摩耗性はよい。

下水道管渠の更生工法

水道・薬液 2 下水道管渠の更生工法に関する次の記述のうち，**適当なもの**はどれか。

(1) さや管工法は，熱硬化性樹脂を含浸させたライナーや熱可塑性樹脂ライナーを既設管渠内に引込み，水圧又は空気圧などで拡張，密着させた後に硬化させることで管を構築する。
(2) 形成工法は，既設管渠内に硬質塩化ビニル材などをかん合させながら製管し，既設管渠との間げきにモルタルなどを充填することで管を構築する。
(3) 製管工法は，既設管渠より小さな管径で製作された管渠をけん引挿入し，間げきに充填材を注入することで管を構築する。
(4) 反転工法は，熱硬化性樹脂を含浸させた材料を既設のマンホールから既設管渠内に反転加圧させながら挿入し，既設管渠内で加圧状態のまま樹脂が硬化することで管を構築する。

答え (4)
(1) 形成工法に関する記述である。
(2) 製管工法に関する記述である。
(3) さや管工法に関する記述である。

小口径管推進工法の施工

水道・薬液 3 小口径管推進工法の施工に関する次の記述のうち，**適当でないもの**はどれか。

(1) 圧入方式は，誘導管推進時の推進途中で時間をおくと土質によっては推進が不可能となる場合があるので，推進の中途では中断せずに一気に到達させなければならない。
(2) オーガ方式は，粘性土地盤の推進中に先導体ヘッド部に土が付着し先端抵抗力が急増する場合があるので，注水などにより切羽部の土を軟弱にするなどの対策が必要である。
(3) 泥水方式は，透水性の高い緩い地盤に適用する場合，泥水圧が有効に切羽に作用しない場合があるので，切羽の安定をはかるために送泥水の粘性を低くするなどの対策が必要である。

(4) ボーリング方式は，先導体前面が開放しているので地下水位以下の砂質土地盤に適用する場合は補助工法の使用を前提とし，取り込み土量の管理は特に注意しなければならない。

答え (3)

泥水方式は、透水性の高い緩い地盤に適用する場合、切羽の安定をはかるために送泥水の粘性を高くする。

薬液注入効果の確認方法

水道・薬液 4 薬液注入工事における注入効果の確認方法に関する次の記述のうち，**適当でないもの**はどれか。

(1) 標準貫入試験による強度の確認は，薬液注入前後の N 値を測定して，地盤の強度の増加と傾向を把握する方法がある。

(2) 一軸圧縮試験や三軸圧縮試験による強度の確認は，薬液注入によって改良された地盤の強度特性や変形特性などを求め薬液注入の改良効果を評価するものである。

(3) 直接薬液の浸透の確認は，薬液注入を行った箇所周辺を掘削し，アルカリ系の薬液に反応するフェノールフタレイン液を用いて，その着色状況を確認する方法がある。

(4) 透水度の改善の確認は，薬液注入で固化した地盤の改良度合いを確認する最も効果的な方法であり，原地盤の透水係数が小さいほど改良効果は顕著である。

答え (4)

原地盤の透水係数が**大きい**ほど改良効果は顕著である。

第3章 法規

Lesson 01

重要度 ★★★

労働契約等

学習のポイント

一次

- 労働契約の基本事項について理解する。
- 賃金の支払いの原則について理解する。
- 労働時間等の基本事項について理解する。

1-1 用語の定義

1 労働者

労働者とは、職業の種類を問わず、事業または事務所に使用される者で、賃金を支払われる者をいいます。

2 使用者

使用者とは、事業主または事業の経営担当者その他その事業の労働者に関する事項について、事業主のために行為をするすべての者をいいます。

3 賃金

賃金とは、賃金、給料、手当、賞与その他名称の如何を問わず、労働の対償として使用者が労働者に支払うすべてのものをいいます。

4 平均賃金

平均賃金とは、これを算定すべき事由の発生した日以前３ヶ月間にその労働者に対し支払われた賃金の総額を、その期間の総日数で除した金額をいいます。ただし、臨時に支払われた賃金、３ヶ月を超える期間ごとに支払われる賃金は除きます。

1-2 労働契約

1 労働契約の締結

労働基準法で定める基準に達しない労働条件を定める労働契約は、その部分については無効とします。この場合において、無効となった部分は、労働基準法で定める基準によります。

2 契約期間

労働契約は、期間の定めのないものを除き、一定の事業の完了に必要な期間を定めるもののほかは、原則として3年を超える期間について締結してはなりません。

3 労働条件の明示

使用者は、労働契約の締結に際し、労働者に対して賃金、労働時間その他の労働条件を明示しなければなりません。

4 賠償予定の禁止

使用者は、労働契約の不履行について違約金を定め、または損害賠償額を予定する契約をしてはなりません。

5 前借金相殺の禁止

使用者は、前借金その他労働することを条件とする前貸の債権と賃金を相殺してはなりません。

6 解雇の制限

使用者は、労働者が業務上負傷し、または疾病にかかり療養のために休業する期間およびその後30日間ならびに産前産後の女性が規定によって休業する期間およびその後30日間は、解雇してはなりません。

ただし、使用者が、打切補償を支払う場合または天災事変その他やむを得ない事由のために事業の継続が不可能となった場合においては、この限りではありません。

7 解雇の予告

使用者は、労働者を解雇しようとする場合においては、少なくとも30日前にその予告をしなければなりません。30日前に予告をしない使用者は、30日分以上の平均賃金を支払わなければなりません。

ただし、天災事変その他やむを得ない事由のために事業の継続が不可能となった場合または労働者の責に帰すべき事由に基づいて解雇する場合においては、この限りではありません。

また、日日雇い入れられる者（1ヶ月を超えて引き続き使用されるに至った場合を除く）、2ヶ月以内の期間を定めて使用される者および季節的業務に4ヶ月以内の期間を定めて使用される者（所定の期間を超えて引き続き使用されるに至った場合を除く）、試用期間中の者（14日を超えて引き続き使用されるに至った場合を除く）については、解雇の予告の規定は適用されません。

8 退職時等の証明

労働者が、退職の場合において、使用期間、業務の種類、その事業における地位、賃金または退職の事由（退職の事由が解雇の場合にあっては、その理由）について証明書を請求した場合においては、使用者は、遅滞なくこれを交付しなければなりません。

労働者が、解雇の予告がされた日から退職の日までの間において、当該解雇の理由について証明書を請求した場合においては、使用者は、遅滞なくこれを交付しなければなりません。ただし、解雇の予告がされた日以後に、労働者が当該解雇以外の事由により退職した場合においては、使用者は、当該退職の日以後、これを交付することを要しません。

また、当該証明書には、労働者の請求しない事項を記入してはなりません。

9 金品の返還

使用者は、労働者の死亡または退職の場合において、権利者の請求があった場合は、7日以内に賃金を支払い、労働者の権利に属する金品を返還しなければなりません。

1-3 賃金

1 賃金の支払い

①賃金は、通貨で、直接労働者に、その全額を支払わなければならない。
②賃金は、毎月1回以上、一定の期日を定めて支払わなければならない。ただし、臨時に支払われる賃金、賞与その他これに準ずるものについては、この限りではない。
③労働組合、労働者の過半数を代表する者との書面による協定がある場合においては、賃金の一部を控除して支払うことができる。
④使用者は、労働者の同意を得た場合には、賃金の支払について、当該労働者が指定する銀行その他の金融機関に対する当該労働者の預金または貯金への振込みによることができる。

2 非常時払い

使用者は、労働者が出産、疾病、災害その他厚生労働省令で定める非常の場合の費用に充てるために請求する場合においては、支払期日前であっても、既往の労働に対する賃金を支払わなければなりません。

3 休業手当

使用者の責に帰すべき事由による休業の場合においては、使用者は、休業期間中当該労働者に、その平均賃金の100分の60以上の手当を支払わなければなりません。

4　出来高払制の保障給

出《で》来《き》高《だか》払《ばらい》制その他の請負《うけおい》制で使用する労働者については、使用者は、労働時間に応じ一定額の賃金の保障をしなければなりません。

5　最低賃金

使用者は、最低賃金の適用を受ける労働者に対し、その最低賃金額以上の賃金を支払わなければなりません。

6　賃金台帳

使用者は、各事業場ごとに賃金台帳を調製し、賃金計算の基礎となる事項および賃金の額その他の事項を、賃金支払いのつど、遅滞なく記入しなければなりません。また使用者は、その賃金台帳を３年間保存しなければなりません。

1-4　労働時間

1　労働時間

①使用者は、労働者に、休憩時間を除き１週間について40時間を超えて、労働させてはならない。

ゴロ合わせで覚えよう！　労働時間と休憩時間

記録を超えたら祝杯はしご
（6時間を超える）　（45分）

やけっぱちなら１軒だけ
（8時間）　（1時間）

使用者は、労働時間が６時間を超える場合は少なくとも45分、８時間を超える場合は少なくとも１時間の休憩時間を与えなければならない。

②使用者は、1週間の各日については、労働者に、休憩時間を除き1日について8時間を超えて、労働させてはならない。

2 災害等による臨時の必要がある場合の時間外労働等

災害その他避けることのできない事由によって、臨時の必要がある場合においては、使用者は、行政官庁の許可を受けて、その必要の限度において労働時間を延長し、または、休日に労働させることができます。

3 休憩

使用者は、労働時間が6時間を超える場合においては少なくとも45分、8時間を超える場合においては少なくとも1時間の休憩時間を労働時間の途中に与えなければなりません。

休憩時間は、労働者を代表する者等と協定がある場合を除き、一斉に与えなければなりません。また、休憩時間を自由に利用させなければなりません。

4 休日

使用者は、労働者に対して、毎週少なくとも1回の休日を与えなければなりません。ただし、4週間を通じ4日以上の休日を与える使用者については適用しません。

5 時間外および休日の労働

使用者は、当該事業場に、労働者の過半数で組織する労働組合がある場合においてはその労働組合、労働者の過半数で組織する労働組合がない場合においては労働者の過半数を代表する者との書面による協定をし、これを行政官庁に届け出た場合においては、その協定で定めるところによって労働時間を延長し、または休日に労働させることができます。

ただし、坑内労働その他厚生労働省令で定める健康上特に有害な業務の労働時間の延長は、1日について2時間を超えてはなりません。

6　時間外、休日および深夜の割増賃金

使用者が、労働時間を延長し、または休日に労働させた場合においては、その時間またはその日の労働については、通常の労働時間または労働日の賃金の計算額の2割5分以上5割以下の範囲内で割増賃金を支払わなければなりません。

ただし、延長して労働させた時間が1ヶ月について60時間を超えた場合においては、その超えた時間の労働については、通常の労働時間の賃金の計算額の5割以上の率で計算した割増賃金を支払わなければなりません。

7　年次有給休暇

使用者は、その雇入れの日から起算して6ヶ月間継続勤務し、全労働日の8割以上出勤した労働者に対して、継続し、または分割した10労働日の有給休暇を与えなければなりません。

8　公民権行使の保障

使用者は、労働者が労働時間中に、選挙権その他公民としての権利を行使し、または公の職務を執行するために必要な時間を請求した場合においては、これを拒んではなりません。ただし、権利の行使または公の職務の執行に妨げがない限り、請求された時刻を変更することができます。

頻出項目をチェック！

1 □ 労働契約は、期間の定めのないものを除き、一定の事業の完了に必要な期間を定めるもののほかは、3年を超える期間について締結してはならない。

2 □ 使用者は、労働契約の不履行について違約金を定め、または損害賠償額を予定する契約をしてはならない。

3 □ 使用者は、原則として、労働者を解雇しようとする予告をその30日前までにしない場合は、30日分以上の平均賃金を支払わなければならない。

4 □ 使用者は、労働者が出産、疾病などの非常の場合の費用に充てるために請求する場合においては、支払期日前であっても、既往の労働に対する賃金を支払わなければならない。

5 □ 使用者は、出来高払制その他の請負制で使用する労働者については、労働時間に応じて一定額の賃金の保障をしなければならない。

6 □ 使用者は、原則として、休憩時間を除き1週間について40時間、1日について8時間を超えて労働させてはならない。

7 □ 使用者は、労働時間が6時間を超える場合においては少なくとも45分、8時間を超える場合においては少なくとも1時間の休憩時間を労働時間の途中に与えなければならない。

こんな選択肢は誤り！

使用者は、災害その他避けることのできない事由によって、臨時の必要がある場合においては、行政官庁~~に事前に届け出れば、制限なく~~労働時間を延長し、労働させることができる。

使用者は、災害その他避けることのできない事由によって、臨時の必要がある場合においては、行政官庁の許可を受ければ、その必要の限度において労働時間を延長し、労働させることができる。

使用者は、労働時間が8時間を超える場合においては、少なくとも~~45分~~の休憩時間を労働時間の途中に与えなければならない。

使用者は、労働時間が8時間を超える場合においては、少なくとも1時間の休憩時間を労働時間の途中に与えなければならない。

Lesson 02

重要度 ★★★

就労制限

学習のポイント

一次

- 未成年者の労働契約を理解する。
- 年少者の就労制限を理解する。
- 女性の就労制限を理解する。

2-1 年少者

使用者は、児童が満15歳に達した日以後の最初の3月31日が終了するまで、これを使用してはなりません。また、使用者は、満18歳に満たない者について、その年齢を証明する戸籍証明書を事業場に備え付けなければなりません。

1 未成年者の労働契約

①親権者または後見人は、未成年者に代って労働契約を締結してはならない。

②親権者もしくは後見人または行政官庁は、労働契約が未成年者に不利であると認める場合においては、将来に向かってこれを解除することができる。

③未成年者は、独立して賃金を請求することができる。親権者または後見人は、未成年者の賃金を代って受け取ってはならない。

2 深夜業

使用者は、満18歳に満たない者を午後10時から午前5時までの間において使用してはなりません。ただし、交替制によって使用する満16歳以上の男性については、この限りではありません。

3 危険有害業務の就業制限

使用者は、満18歳に満たない者に、運転中の機械もしくは動力伝導装置の危険な部分の掃除、注油、検査もしくは修繕をさせ、運転中の機械もしくは動力伝導装置にベルトもしくはロープの取付けもしくは取外しをさせ、動力によるクレーンの運転をさせ、その他厚生労働省令で定める危険な業務に就かせ、または厚生労働省令で定める重量物を取扱う業務に就かせてはなりません。

4 坑内労働の禁止

使用者は、満 18 歳に満たない者を坑内で労働させてはなりません。

2-2 妊産婦等

1 坑内業務の就労制限

①妊娠中の女性および坑内で行われる業務に従事しない旨を使用者に申し出た産後 1 年を経過しない女性を坑内で行われるすべての業務に就かせてはならない。

②満 18 歳以上の女性を、坑内で行われる業務のうち、人力により行われる掘削の業務、その他の女性に有害な業務として厚生労働省令で定めるものに就かせてはならない。

2 危険有害業務の就業制限

使用者は、妊娠中の女性および産後 1 年を経過しない女性（以下「妊産婦」といいます）を、重量物を取り扱う業務、有害ガスを発散する場所における業務その他妊産婦の妊娠、出産、哺育等に有害な業務に就かせてはなりません。

年少者と妊産婦の就業制限を覚えよう！

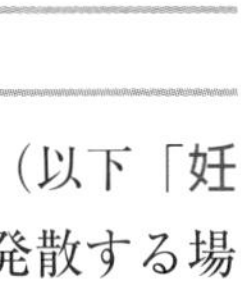

2-3　年少者・女性の就労制限業務

年少者・女性の就労制限

<table>
<tr><th colspan="2" rowspan="2">作業の内容</th><th colspan="4">就業制限の内容</th></tr>
<tr><th>年少者</th><th>妊婦</th><th>産婦</th><th>その他の女性</th></tr>
<tr><td>1</td><td>重量物を取扱う作業〈労基法６２条、年少者労働基準規則７条、女性労働基準規則２条〉
<table>
<tr><th rowspan="2">年　齢</th><th colspan="2">断続作業の場合</th><th colspan="2">継続作業の場合</th></tr>
<tr><th>男</th><th>女</th><th>男</th><th>女</th></tr>
<tr><td>満 16 歳未満</td><td>15kg 以上</td><td>12kg 以上</td><td>10kg 以上</td><td>8kg 以上</td></tr>
<tr><td>満 16 歳以上
満 18 歳未満</td><td>30kg 以上</td><td>25kg 以上</td><td>20kg 以上</td><td>15kg 以上</td></tr>
<tr><td>満 18 歳以上</td><td>－</td><td>30kg 以上</td><td>－</td><td>20kg 以上</td></tr>
</table></td><td>▲
表の重量未満は取扱可</td><td>×</td><td>×</td><td>▲
表の重量未満は取扱可</td></tr>
<tr><td>2</td><td>坑内の作業〈労基法 63 条、64 条の 2〉</td><td rowspan="23">×</td><td>×</td><td>×</td><td>▲注</td></tr>
<tr><td>3</td><td>クレーン、デリック、揚貨装置の運転（女性は５ｔ以上のもの）</td><td>×</td><td>△</td><td>○</td></tr>
<tr><td>4</td><td>クレーン、デリック、揚貨装置の玉掛け作業（２人以上で行う補助作業は除く）</td><td>×</td><td>△</td><td>○</td></tr>
<tr><td>5</td><td>運転中の原動機、原動機から中間軸までの動力伝導装置の掃除、給油、検査、修理、またはベルトの掛換えの作業</td><td>×</td><td>△</td><td>○</td></tr>
<tr><td>6</td><td>最大積載荷重２ｔ以上の人荷共用若しくは荷物用エレベーター、または高さ 15 ｍ以上のコンクリート用エレベーターの運転</td><td>－</td><td>－</td><td>－</td></tr>
<tr><td>7</td><td>動力により駆動される巻上げ機（電気ホイスト、エアーホイストを除く）、運搬機、索道の運転</td><td>－</td><td>－</td><td>－</td></tr>
<tr><td>8</td><td>動力により駆動される土木建築用機械、船舶荷扱用機械の運転</td><td>×</td><td>△</td><td>○</td></tr>
<tr><td>9</td><td>動力により駆動される軌条運輸機関、乗合自動車、最大積載量２ｔ以上の貨物自動車の運転</td><td>－</td><td>－</td><td>－</td></tr>
<tr><td>10</td><td>直径 25cm 以上の丸のこ盤、75 cm 以上の帯のこ盤の木材送給作業</td><td>×</td><td>△</td><td>○</td></tr>
<tr><td>11</td><td>操車場の構内における軌道車両の入換え、連結、解放の作業</td><td>×</td><td>△</td><td>○</td></tr>
<tr><td>12</td><td>岩石または鉱物の破砕機、粉砕機に材料を供給する作業</td><td>×</td><td>△</td><td>○</td></tr>
<tr><td>13</td><td>土砂が崩壊のおそれのある場所、深さ５ｍ以上の地穴での作業</td><td>×</td><td>△</td><td>○</td></tr>
<tr><td>14</td><td>高さ 5m 以上で墜落の危害を受けるおそれのある場所での作業</td><td>×</td><td>△</td><td>○</td></tr>
<tr><td>15</td><td>足場の組立、解体、変更作業（地上、床上での補助作業は除く）</td><td>×</td><td>△</td><td>○</td></tr>
<tr><td>16</td><td>胸高直径が 35cm 以上の立木の伐採の作業</td><td>×</td><td>△</td><td>○</td></tr>
<tr><td>17</td><td>機械集材装置、運材索道等を用いて行う木材の搬出作業</td><td>×</td><td>△</td><td>○</td></tr>
<tr><td>18</td><td>火薬その他危険物を取扱う作業（爆発、発火、または引火のおそれのあるもの）</td><td>－</td><td>－</td><td>－</td></tr>
<tr><td>19</td><td>作業場所の気中の有害物質の平均濃度が管理濃度を超える屋内作業場でのすべての作業</td><td>×</td><td>×</td><td>×</td></tr>
<tr><td>20</td><td>多量の高熱物体の取扱い、又は著しく暑熱な場所での作業</td><td>×</td><td>△</td><td>○</td></tr>
<tr><td>21</td><td>多量の低温物体の取扱い、又は著しく寒冷な場所での作業</td><td>×</td><td>△</td><td>○</td></tr>
<tr><td>22</td><td>異常気圧下での作業</td><td>×</td><td>△</td><td>○</td></tr>
<tr><td>23</td><td>削岩機、鋲打機等身体に著しい振動を与える機械器具での作業</td><td>×</td><td>×</td><td>○</td></tr>
<tr><td>24</td><td>強烈な騒音を発する場所での作業</td><td>－</td><td>－</td><td>－</td></tr>
<tr><td>25</td><td>深夜労働</td><td>▲</td><td>△</td><td>△</td><td>○</td></tr>
<tr><td colspan="6">×……就業させてはならない作業
△……申し出た場合、就業させてはならない作業
○……就業させてもさしつかえない作業
▲……条件付きで就業可能な作業
妊婦……妊娠中の女性
産婦……産後１年以内の女性
年少者…満 18 歳未満の者
－………条文がないもの</td></tr>
</table>

上表で準拠条項を記していない作業は、「年少者労働基準規則」または「女性労働基準規則」に就業制限の規定がある

注）人力で行う掘削の業務等（女性則１条）は不可

頻出項目をチェック！

1 □ 使用者は、土木工事において、児童が満15歳に達した日以後の最初の3月31日が終了するまで、この児童を使用してはならない。

2 □ 地上、床上における足場の組立、解体の補助作業の業務は、満18歳に満たないものを就かせてはならないと定められている業務に該当しない。

3 □ 動力により駆動される土木建築用機械の運転の業務は、満18歳に満たないものを就かせてはならないと定められている業務に該当する。

4 □ 使用者は、満18歳未満の者と産後1年を経過していない女性を、削岩機等、身体に著しい振動を与える機械器具を用いて行う業務に就かせてはならない。

5 □ 使用者は、満18歳未満の者を、高さが5m以上の場所で、墜落により労働者が危害を受けるおそれのあるところにおける業務に就かせてはならない。

こんな選択肢は誤り！

使用者は、満16歳以上満18歳未満の男性を~~10kg以上~~の重量物を断続的に取り扱う業務に就かせてはならない。

使用者は、満16歳以上満18歳未満の男性を30kg以上の重量物を断続的に取り扱う業務に就かせてはならない。

Lesson 03

重要度 ★★☆

災害補償・就業規則

学習のポイント

一次

- 災害補償の規定について理解する。
- 就業規則の必須記載事項と作成・変更等について理解する。

3-1 災害補償

1 療養補償

労働者が業務上負傷し、または疾病にかかった場合においては、使用者は、その費用で必要な療養を行い、または必要な療養の費用を負担しなければなりません。

2 休業補償

労働者が前述の療養のため、労働することができないために賃金を受けない場合においては、使用者は、労働者の療養中、平均賃金の 100 分の 60 の休業補償を行わなければなりません。

療養補償および休業補償は、毎月 1 回以上、これを行わなければならないよ。

3 障害補償

労働者が業務上負傷し、または疾病にかかり、治った場合において、その身体に障害が存するときは、使用者は、その障害の程度に応じて、平均賃金に所定の日数を乗じて得た金額の障害補償を行わなければなりません。

障害補償は、障害の程度に応じて補償されるよ。

4 休業補償および障害補償の例外

労働者が重大な過失によって業務上負傷し、または疾病にかかり、かつ使用者がその過失について行政官庁の認定を受けた場合においては、休業補償または障害補償を行わなくてもよいとされています。

5 遺族補償

労働者が業務上死亡した場合においては、使用者は、遺族に対して、平均賃金の1,000日分の遺族補償を行わなければなりません。

6 葬祭料

労働者が業務上死亡した場合においては、使用者は、葬祭を行う者に対して、平均賃金の60日分の葬祭料を支払わなければなりません。

7 打切補償

療養補償を受ける労働者が、療養開始後3年を経過しても負傷または疾病が治らない場合においては、使用者は、平均賃金の1,200日分の打切補償を行い、その後は労働基準法の規定による補償を行わなくてもよいとされています。

8 補償を受ける権利

補償を受ける権利は、労働者の退職によって変更されることはありません。また、補償を受ける権利は、これを譲渡し、または差し押えてはなりません。

補償を受ける権利は、退職しても失われないぞ！

9　請負事業に関する例外

事業が数次の請負によって行われる場合は、災害補償については、その元請負人を使用者とみなします。元請負人が書面による契約で下請負人に補償を引き受けさせた場合においては、その下請負人もまた使用者となります。ただし、2以上の下請負人に、同一の事業について重複して補償を引き受けさせてはなりません。

3-2　就業規則

1　作成および届出の義務

常時10人以上の労働者を使用する使用者は、次に掲げる事項について就業規則を作成し、行政官庁に届け出なければなりません。次に掲げる事項を変更した場合においても、同様です。

必須事項

①始業および終業の時刻、休憩時間、休日、休暇、ならびに労働者を2組以上に分けて交替に就業させる場合においては就業時転換に関する事項
②賃金の決定、計算および支払いの方法、賃金の締切りおよび支払いの時期ならびに昇給に関する事項
③退職に関する事項（解雇の事由を含む）

任意事項

①退職手当の定めをする場合においては、適用される労働者の範囲、退職手当の決定、計算および支払いの方法ならびに退職手当の支払いの時期に関する事項

②臨時の賃金等（退職手当を除く）および最低賃金額の定めをする場合においては、これに関する事項
③労働者に食費、作業用品その他の負担をさせる定めをする場合においては、これに関する事項
④安全および衛生に関する定めをする場合においては、これに関する事項
⑤職業訓練に関する定めをする場合においては、これに関する事項
⑥災害補償および業務外の傷病扶助に関する定めをする場合においては、これに関する事項
⑦表彰および制裁の定めをする場合においては、その種類および程度に関する事項
⑧前各号に掲げるもののほか、当該事業場の労働者のすべてに適用される定めをする場合においては、これに関する事項

ゴロ合わせで覚えよう！ 就業規則の作成と届出

10人以上の朗読会
（常時10人以上の労働者）

週5日で規則的に静観
（就業規則）（行政官庁）

常時10人以上の労働者を使用する使用者は、就業規則を作成して行政官庁に届け出なければならない。

2 作成の手続き

使用者は、就業規則の作成または変更について、労働者の過半数で組織する労働組合がある場合においてはその労働組合、ない場合においては労働者の過半数を代表する者の意見を聴かなければなりません。また、

使用者は、届出をなすについて、上記の意見を記した書面を添付しなければなりません。

3 労働契約との関係

就業規則で定める基準に達しない労働条件を定める労働契約は、その部分については、無効です。この場合において、無効となった部分は、就業規則で定める基準によります。

頻出項目をチェック！

1 □ 労働者が業務上負傷し、または疾病にかかった場合、使用者は、必要な療養の費用を負担するとともに、療養のために労働者が労働することができない場合は休業補償を行わなければならない。

こんな選択肢は誤り！

労働者が業務上負傷して治った場合において、その身体に障害が残ったときは、使用者は、平均賃金~~の千日分~~の障害補償を行わなければならない。

労働者が業務上負傷して治った場合において、その身体に障害が残ったときは、使用者は、平均賃金に所定の日数を乗じて得た金額の障害補償を行わなければならない。

労働契約において、労働者と使用者が合意すれば、それが就業規則で定める基準に達しない労働条件であっても、その労働契約は~~すべて有効~~である。

労働契約において、労働者と使用者が合意すれば、それが就業規則で定める基準に達しない労働条件であっても、その労働契約は就業規則で定める基準に達しない部分について無効である。

演習問題

賃金

労基法 1 労働者に支払う賃金に関する次の記述のうち，労働基準法令上，**誤っているもの**はどれか。

(1) 使用者は，労働契約の締結に際し，労働者に対して賃金，労働時間等の労働条件を明示しなければならない。
(2) 使用者は，労働者が出産，疾病など非常の場合の費用に充てるために請求する場合においては，支払期日前であっても，既往の労働に対する賃金を支払わなければならない。
(3) 使用者は，労働契約の不履行について違約金を定め，又は損害賠償額を予定する契約をすることができる。
(4) 使用者は，出来高払制その他の請負制で使用する労働者については，労働時間に応じ一定額の賃金の保障をしなければならない。

答え (3)
使用者は、労働契約の不履行について違約金を定め、または損害賠償額を予定する契約をしてはならない。

就労制限

労基法 2 労働基準法における就労制限についての定めで，満 18 歳未満の者及び産後 1 年を経過しない女性についても，例外なく就業が禁止されている業務として**正しいもの**は，次のうちどれか。

(1) つり上げ荷重が 5t 以上のクレーンの運転業務
(2) 30kg 以上の重量物を取り扱う業務
(3) 足場の組立ての業務（地上における補助作業を除く）
(4) 動力により駆動される土木建築用機械の運転業務

答え (2)
30kg 以上の重量物を取り扱う業務は、満 18 歳未満の男性およびすべての女性につき、禁止されている。

Lesson 01

重要度 ★★★

安全衛生管理体制

学習のポイント

一次

- 作業主任者の選任が必要な作業について理解する。
- 特定元方事業者の労働災害防止措置について理解する。

1-1 一般企業の安全衛生管理組織

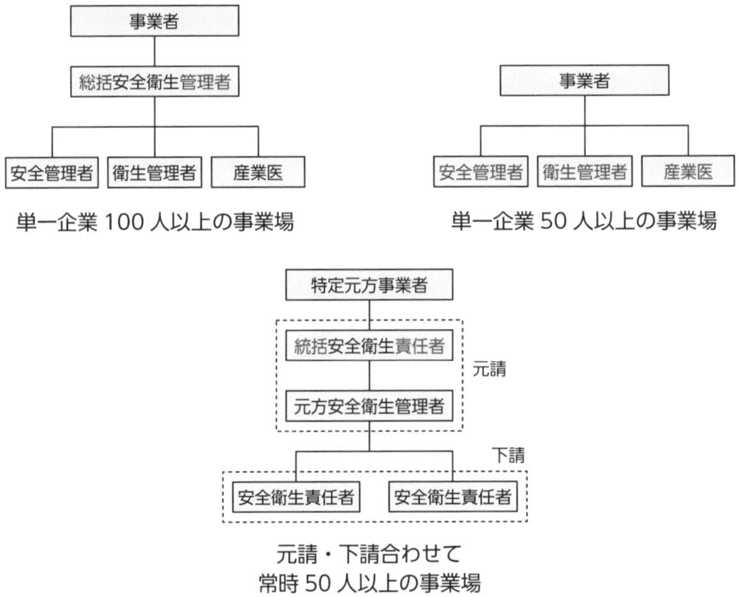

安全衛生管理体制

1 総括安全衛生管理者

事業者は、常時 100 人以上の労働者を使用する場合、事業場ごとに、総括安全衛生管理者を選任しなければなりません。

2 安全管理者

事業者は、常時50人以上の労働者を使用する場合、資格を有する者のうちから、安全管理者を選任し、安全に係る技術的事項を管理させなければなりません。

3 衛生管理者

事業者は、常時50人以上の労働者を使用する場合、資格を有する者のうちから、衛生管理者を選任し、衛生に係る技術的事項を管理させなければなりません。

4 産業医

事業者は、常時50人以上の労働者を使用する場合、産業医を選任し、その者に労働者の健康管理等を行わせなければなりません。

1-2 建設工事現場における安全衛生管理組織

1 統括安全衛生責任者

特定元方事業者（建設業と造船業）は、元請と下請負人とを合わせて常時50人以上従事させる場合は、これらの労働者の作業が同一の場所において行われることによって生ずる労働災害を防止するため、統括安全衛生責任者を選任しなければなりません。

なお、ずい道、橋梁の建設の仕事（作業場所が狭いこと等）または圧気工法による作業を行う仕事は常時30人以上の場合に必要となります。

特定元方事業者が統括安全衛生責任者に統括管理させる事項は、以下のとおりです。

①協議組織の設置および運営を行うこと。
②作業間の連絡および調整を行うこと。
③作業場所を巡視すること。
④関係請負人が行う労働者の安全または衛生のための教育に

対する指導および援助を行うこと。

2 元方安全衛生管理者

統括安全衛生責任者を選任した事業者で、特定元方事業者は、資格を有する者のうちから、元方安全衛生管理者を選任し、その者に技術的事項を管理させなければなりません。

3 安全衛生責任者

統括安全衛生責任者を選任すべき事業者以外の請負人（下請負人）で、当該仕事を自ら行うものは、安全衛生責任者を選任し、その者に統括安全衛生責任者との連絡その他の事項を行わせなければなりません。

なお、事業者は、総括安全衛生管理者、統括安全衛生責任者、元方安全衛生管理者、安全衛生責任者が旅行、疾病、事故その他やむを得ない事由によって職務を行なうことができないときは、代理者を選任しなければなりません。

1-3 安全衛生教育

事業者は以下の場合、労働者に対して安全衛生教育を行わなければなりません。

①事業者は、労働者を雇い入れたときは、業務に関する安全または衛生のための教育を行わなければならない。労働者の作業内容を変更したときについても準用する。

②事業者は、危険または有害な業務に労働者を就かせるときは、当該業務に関する安全または衛生のための特別の教育（特別教育）を行わなければならない。

③事業者は、新たに職務に就くこととなった職長その他の、作業中の労働者を直接指導または監督する者（作業主任者を除く）に対し、安全または衛生のための教育を行わなければならない。

特別教育を要する業務

- アーク溶接機を用いて行う金属の溶接、溶断等の業務
- 最大荷重1トン未満のショベルローダーまたはフォークローダーの運転
- 最大積載量が1トン未満の不整地運搬車の運転
- 機体重量が3トン未満の掘削、整地の機械の運転
- 作業床の高さが10メートル未満の高所作業車の運転
- つり上げ荷重が1トン未満の移動式クレーンの運転
- つり上げ荷重が1トン未満のクレーン、移動式クレーンまたはデリックの玉掛けの業務

1-4 作業主任者

事業者は、都道府県労働局長の免許を受けた者または都道府県労働局長の登録を受けた者が行う技能講習を修了した者のうちから、作業の区分に応じて、作業主任者を選任しなければなりません。

作業主任者一覧表

作業主任者	資格区分	作業主任者を選任すべき作業
高圧室内作業主任者	免許	圧気工法により大気圧を超える気圧下の作業
ガス溶接作業主任者	免許	アセチレン溶接装置またはガス集合溶接装置を用いて行う金属の溶接、溶断、加熱業務
コンクリート破砕器作業主任者	技能講習	コンクリート破砕器を用いる破砕作業
地山の掘削作業主任者	技能講習	掘削面の高さ2m以上の地山の掘削の作業
土止め支保工作業主任者	技能講習	土止めの支保工の切ばり、腹起しの取付けまたは取外しの作業
ずい道等の掘削等作業主任者	技能講習	ずい道等の掘削、ずり積み、支保工組立て（落盤、肌落防止用）、ロックボルト取付け、コンクリート等吹付
ずい道等の覆工作業主任者	技能講習	ずい道等覆工（型枠支保工）組立て、解体、移動、コンクリート打設
型枠支保工の組立て等作業主任者	技能講習	型枠支保工の組立て、解体の作業
足場の組立て等作業主任者	技能講習	つり足場、張出足場または高さが5m以上の足場の組立て、解体、変更の作業（ゴンドラのつり足場は除く）

コンクリート造の工作物の解体等作業主任者	技能講習	高さ 5m 以上のコンクリート造工作物の解体、破壊
鋼橋架設等作業主任者	技能講習	橋梁の上部構造であって金属部材により構成されるものの架設、解体、変更（ただし、高さ 5m 以上または橋梁支間 30m 以上に限る）
コンクリート橋架設等作業主任者	技能講習	橋梁の上部構造であってコンクリート造のものの架設または変更（ただし、高さ 5m 以上または橋梁支間 30m 以上に限る）
酸素欠乏危険作業主任者	技能講習	酸素欠乏危険場所における作業

ゴロ合わせで覚えよう！ 作業主任者の選任

ごめん！
(5m)

明日の組立てと解体の
(足場の組立て、解体)

作業をお願い！
(作業主任者を選任)

高さが 5m 以上の足場の組立て、解体の作業は、作業主任者の選任を必要とする。

1-5　特定元方事業者の労働災害防止措置

特定元方事業者が、労働災害を防止するために講じなければならない措置は、以下のとおりです。

1 協議組織の設置および運営

協議組織の設置および運営については、特定元方事業者およびすべての関係請負人が参加する協議組織を設置すること、当該協議組織の会議を定期的に開催することが求められています。また、関係請負人は、特定元方事業者が設置する協議組織に参加しなければなりません。

2 作業間の連絡および調整

作業間の連絡および調整については、随時、特定元方事業者と関係請負人との間、および関係請負人相互間における連絡および調整を行わなければなりません。

3 作業場所の巡視

巡視については、毎作業日に少なくとも1回、これを行わなければなりません。関係請負人は、特定元方事業者が行う巡視を拒み、妨げ、または忌避してはなりません。

4 教育に対する指導および援助

教育に対する指導および援助については、当該教育を行う場所の提供、当該教育に使用する資料の提供等の措置を講じなければなりません。

5 クレーン等の運転についての合図の統一

特定元方事業者は、その労働者および関係請負人の労働者の作業が同一の場所において行われる場合において、当該作業にクレーン等を用いるときは、当該クレーン等の運転についての合図を統一的に定め、これを関係請負人に周知させなければなりません。

6 事故現場等の標識の統一等

特定元方事業者は、その労働者および関係請負人の労働者の作業が同一の場所において行われる場合において、法令に定める事故現場等があるときは、当該事故現場等を表示する標識を統一的に定め、これを関係請負人に周知させなければなりません。

7 警報の統一等

特定元方事業者は、その労働者および関係請負人の労働者の作業が同一の場所において行われるときには、次の場合に行う警報を統一的に定め、これを関係請負人に周知させなければなりません。

・X線装置に電力が供給されている場合
・放射性物質を装備している機器により照射が行われている場合
・発破が行われる場合
・火災が発生した場合

・土砂の崩壊、出水もしくはなだれが発生した場合、またはこれらが発生するおそれのある場合

頻出項目をチェック！

1 □ 高さが5m以上の足場の組立て、解体の作業は、作業主任者を選任しなければならない。

2 □ 掘削面の高さが2m以上の地山の掘削（ずい道及びたて坑以外の坑の掘削を除く）の作業は、作業主任者を選任しなければならない。

3 □ 高さが5m以上、支間が30m以上のコンクリート橋梁上部構造の架設の作業は、作業主任者を選任しなければならない。

4 □ 特定元方事業者は、すべての関係請負人が参加する協議組織を設置し、会議を定期的に開催しなければならない。

5 □ 特定元方事業者は、毎作業日に少なくとも1回、作業場所の巡視を行わなければならない。

こんな選択肢は誤り！

事業者は、コンクリート造の工作物の解体等作業主任者~~特別教育~~を修了した者のうちから、コンクリート造の工作物の解体等作業主任者を選任しなければならない。

事業者は、コンクリート造の工作物の解体等作業主任者技能講習を修了した者のうちから、コンクリート造の工作物の解体等作業主任者を選任しなければならない。

Lesson 02

重要度 ★★★

計画の届出・安全基準

学習のポイント

一次

- 計画の届出が必要な工事について理解する。
- コンクリート造の工作物の解体等の作業における危険防止について理解する。

2-1 届出が必要な工事

1 厚生労働大臣への仕事の計画の届出

建設業に属する事業の仕事のうち、重大な労働災害を生ずるおそれがある特に大規模な仕事で、次のものを開始しようとするときは、その計画を当該仕事の開始の日の30日前までに、厚生労働大臣に届け出なければなりません。

①高さが300m以上の塔の建設の仕事
②堤高（基礎地盤から堤頂までの高さ）が150m以上のダムの建設の仕事
③最大支間500m（つり橋にあっては、1,000m）以上の橋梁の建設の仕事
④長さが3,000m以上のずい道等の建設の仕事
⑤長さが1,000m以上3,000m未満のずい道等の建設の仕事で、深さが50m以上のたて坑（通路として使用されるものに限る）の掘削を伴うもの
⑥ゲージ圧力が0.3MPa以上の圧気工法による作業を行う仕事

2　労働基準監督署長への仕事の計画の届出

建設工事のうち、次の仕事を開始しようとする事業者（仕事を自ら行う発注者または元請負人に限る）は、その仕事の開始の日の 14 日前までに、労働基準監督署長にその仕事の計画を届け出なければなりません。

①高さ 31 m を超える建築物または、工作物（橋梁を除く）の建設、改造、解体または破壊の仕事
②最大支間 50 m 以上の橋梁の建設、改造または解体の仕事
③最大支間 30 m 以上 50 m 未満の橋梁（人口の集積が著しい地域で交通の輻輳している箇所のもの）の上部構造の建設等の仕事
④ずい道等の建設等の仕事（ずい道の内部に労働者が立ち入らないものを除く）
⑤掘削の高さまたは深さが 10 m 以上となる地山の掘削の作業（掘削機械を用いる作業で、掘削面の下方に労働者が立ち入らないものを除く）
⑥圧気工法による作業を行う仕事

2-2　コンクリート造の工作物の解体等の作業における危険防止

1　調査および作業計画

事業者は、コンクリート造の工作物（その高さが 5m 以上であるものに限る）の解体または破壊の作業を行うときは、工作物の倒壊、物体の飛来または落下等による労働者の危険を防止するため、あらかじめ、当該工作物の形状、き裂の有無、周囲の状況等を調査し、その調査により知り得たところに適応する作業計画を定め、かつ、当該作業計画により作業を行わなければなりません。

2 コンクリート造の工作物の解体等の作業

事業者は、コンクリート造の工作物の解体等の作業を行うときは、以下の措置を講じなければなりません。

①作業を行う区域内には、関係労働者以外の労働者の立入りを禁止すること。

②強風、大雨、大雪等の悪天候のため、作業の実施について危険が予想されるときは、当該作業を中止すること。

③器具、工具等を上げ、または下ろすときは、つり綱、つり袋等を労働者に使用させること。

3 引倒し等の作業の合図

事業者は、外壁、柱等の引倒し等の作業を行うときは、引倒し等について一定の合図を定め、関係労働者に周知させなければなりません。また事業者は、引倒し等の作業に従事する労働者以外の労働者に引倒し等により危険を生ずるおそれのあるときは、当該引倒し等の作業に従事する労働者に、あらかじめ、上記の合図を行わせ、他の労働者が避難したことを確認させた後でなければ、当該引倒し等の作業を行わせてはなりません。

4 コンクリート造の工作物の解体等作業主任者の選任

事業者は、コンクリート造の工作物の解体等の作業については、コンクリート造の工作物の解体等作業主任者技能講習を修了した者のうちから、コンクリート造の工作物の解体等作業主任者を選任しなければなりません。

コンクリート造の工作物の解体等作業主任者の職務は、以下のとおりです。

①作業の方法および労働者の配置を決定し、作業を直接指揮すること。

②器具、工具、要求性能墜落制止用器具等および保護帽の機能を点検し、不良品を取り除くこと。

③要求性能墜落制止用器具等および保護帽の使用状況を監視すること。

5　保護帽の着用

事業者は、コンクリート造の工作物の解体等の作業を行うときは、物体の飛来または落下による労働者の危険を防止するため、当該作業に従事する労働者に保護帽を着用させなければなりません。

頻出項目をチェック！

1 □ 堤高が150m以上のダムの建設には、厚生労働大臣への工事計画の届出が必要である。

2 □ 長さが3,000m以上のずい道等の建設には、厚生労働大臣への工事計画の届出が必要である。

3 □ 事業者は、コンクリート造の工作物の解体等の作業を行うときは、あらかじめ、当該工作物の形状、き裂の有無、周囲の状況等を調査し、当該調査により知り得たところに適応する作業計画を定め、かつ、当該作業計画により作業を行わなければならない。

4 □ 事業者は、外壁、柱等の引倒し等の作業を行うときは、引倒し等について一定の合図を定め、関係労働者に周知させなければならない。

こんな選択肢は誤り！

高さが~~250m~~の塔の建設には、厚生労働大臣への工事計画の届出が必要である。

高さが300mの塔の建設には、厚生労働大臣への工事計画の届出が必要である。

コンクリート造の工作物の解体等の作業において、強風、大雨、大雪等の悪天候のため、作業の実施について危険が予想されるときは、~~慎重に作業を行わなければならない~~。

コンクリート造の工作物の解体等の作業において、強風、大雨、大雪等の悪天候のため、作業の実施について危険が予想されるときは、当該作業を中止しなければならない。

演習問題

作業主任者

安衛法 1 次の作業のうち，労働安全衛生法令上，**作業主任者の選任を必要とする作業**はどれか。

(1) 掘削面の高さが 1m の地山の掘削（ずい道及びたて坑以外の坑の掘削を除く）の作業
(2) 掘削深さが 4m の土止め支保工の切りばり，腹起しの取付け又は取り外しの作業
(3) 高さが 3m，支間が 20m のコンクリート橋梁上部構造の架設の作業
(4) 高さが 4m の構造の足場の解体の作業

答え (2)

(1) 地山の掘削で作業主任者の選任を必要とするのは、掘削面の高さ 2m 以上である。
(3) コンクリート橋梁上部構造の架設で作業主任者の選任を必要とするのは、高さ 5m 以上、支間 30m 以上である。
(4) 足場の解体で作業主任者の選任を必要とするのは、高さ 5m 以上である。

特定元方事業者の労働災害防止措置

安衛法 2 労働安全衛生法上，特定元方事業者が，その労働者及び関係請負人の労働者が同一の場所で作業することによって生じる労働災害を防止するために講じなければならない措置に関する次の記述のうち，**誤っているもの**はどれか。

(1) 労働者の安全又は衛生のための教育に対する指導及び援助について，場所の提供や資料の提供を行うこと。
(2) 作業日が連続する作業場にあっては，作業場の巡視を少なくとも毎週１回行うこと。
(3) 作業間の連絡及び調整を随時行うこと。
(4) すべての関係請負人が参加する協議組織を設置し，会議を定期的に開催すること。

答え (2)
作業場の巡視は、毎作業日に１回行わなければならない。

工事計画の届出

安衛法 3 厚生労働大臣へ工事計画の**届出を必要としないもの**は，労働安全衛生法上，次の記述のうちどれか。

(1) 長さが 3,500m のずい道の建設
(2) 最大支間が 600m のトラス橋の建設
(3) 高さが 250m の塔の建設
(4) 堤高が 160m のダムの建設

答え (3)
(1) 長さが 3,000m 以上のずい道の建設は、届出が必要である。
(2) 最大支間が 500m 以上のトラス橋の建設は、届出が必要である。
(3) 高さが 300m 以上の塔の建設は、届出が必要である。
(4) 堤高が 150m 以上のダムの建設は、届出が必要である。

コンクリート造の工作物の解体作業における危険防止

安衛法4 労働安全衛生法令上，高さが5m以上のコンクリート造の工作物の解体作業における危険を防止するために，事業者又はコンクリート造の工作物の解体等作業主任者が行うべき事項に関する次の記述のうち，**誤っているもの**はどれか。

(1) 事業者は，作業を行う区域内には関係労働者以外の労働者の立入りを禁止しなければならない。
(2) コンクリート造の工作物の解体等作業主任者は，作業の方法及び作業者の配置を決定し，作業を直接指揮しなければならない。
(3) コンクリート造の工作物の解体等作業主任者は，外壁，柱等の引倒し等の作業を行うときは，引倒し等について一定の合図を定め，関係労働者に周知させなければならない。
(4) 事業者は，控えの設置，立入禁止区域の設定その他の外壁，柱，はり等の倒壊又は落下による労働者の危険を防止するための方法を示した作業計画を定めなければならない。

答え (3)

引倒し等について一定の合図を定め、関係労働者に周知させなければならないのは、事業者である。

ゴロ合わせで覚えよう！ 引倒し等の作業の合図

授業中に
(事業者)

引き出しから
(引倒し等)

哀愁ただようメロディーが・・・
(合図)(周知)

事業者は、引倒し等の作業を行うときは、一定の合図を定め、関係労働者に周知させなければならない。

Lesson 01

重要度 ★★★

建設業法

学習のポイント

一次

- 元請負人の義務について理解する。
- 技術者制度について理解する。

1-1 建設工事の請負契約

1 契約書面の交付

建設工事の請負契約の当事者は、契約の締結に際して、工事内容、請負代金の額、工事着手の時期および工事の完成時期等の事項を書面に記載し、署名または記名押印をして相互に交付しなければなりません。

また請負契約の当事者は、請負契約の内容で工事内容など契約書に記載されている事項を変更するときは、その変更の内容を書面に記載し、署名または記名押印をして相互に交付しなければなりません。

2 現場代理人の選任等に関する通知

請負人は、請負契約の履行に関し工事現場に現場代理人を置く場合においては、当該現場代理人の権限に関する事項および当該現場代理人の行為についての注文者の請負人に対する意見の申出の方法を、書面により注文者に通知しなければなりません。

注文者は、請負契約の履行に関し工事現場に監督員を置く場合においては、当該監督員の権限に関する事項および当該監督員の行為についての請負人の注文者に対する意見の申出の方法を、書面により請負人に通知しなければなりません。

3 不当に低い請負代金の禁止

注文者は、自己の取引上の地位を不当に利用して、その注文した建設工事を施工するために通常必要と認められる原価に満たない金額を請負代金の額とする請負契約を締結してはなりません。

4 不当な使用資材等の購入強制の禁止

注文者は、請負契約の締結後、自己の取引上の地位を不当に利用して、その注文した建設工事に使用する資材もしくは機械器具またはこれらの購入先を指定し、これらを請負人に購入させて、その利益を害してはなりません。

5 建設工事の見積り等

建設業者は、建設工事の注文者から請求があったときは、請負契約が成立するまでの間に、建設工事の見積書を交付しなければなりません。

なお注文者は、請負契約の方法が随意契約による場合にあっては契約を締結する以前に、入札の方法により競争に付する場合にあっては入札を行う以前に、工事内容、工事着手の時期および工事完成の時期等について、できる限り具体的な内容を提示し、かつ、当該提示から当該契約の締結または入札までに、建設業者が当該建設工事の見積りをするために必要な一定の期間を設けなければなりません。見積り期間は、以下のとおりです。

①工事1件の予定価格が500万円に満たない工事…1日以上
②工事1件の予定価格が500万円以上5,000万円に満たない工事…10日以上
③工事1件の予定価格が5,000万円以上の工事…15日以上

ただし、②、③については、やむを得ない事情があるときは、5日以内に限り短縮が可能です。

6 一括下請負の禁止

建設業者は、その請け負った建設工事を、いかなる方法をもってするかを問わず、一括して他人に請け負わせてはなりません。また、建設業を営む者は、建設業者から当該建設業者の請け負った建設工事を一括して請け負ってはなりません。

建設工事が、公共工事、多数の者が利用する施設、共同住宅を新築する工事以外の建設工事である場合において、当該建設工事の元請負人が

あらかじめ発注者の書面による承諾を得たときは、これらの規定は適用しません。

公共工事と共同住宅の新築工事は、一切、一括下請負が禁止だぞ！

1-2　元請負人の義務

1　下請負人の意見の聴取

元請負人は、その請け負った建設工事を施工するために必要な工程の細目、作業方法その他元請負人において定めるべき事項を定めようとするときは、あらかじめ、下請負人の意見を聞かなければなりません。

2　下請代金の支払い

元請負人は、請負代金の出来形部分に対する支払いまたは工事完成後における支払いを受けたときは、当該支払いの対象となった建設工事を施工した下請負人に対して、当該元請負人が支払いを受けた金額の出来形に対する割合および当該下請負人が施工した出来形部分に相応する下請代金を、当該支払いを受けた日から１ヶ月以内で、かつ、できる限り短い期間内に支払わなければなりません。

元請負人は、前払金の支払いを受けたときは、下請負人に対して、資材の購入、労働者の募集その他建設工事の着手に必要な費用を前払金として支払うよう適切な配慮をしなければなりません。

3　検査および引渡し

元請負人は、下請負人からその請け負った建設工事が完成した旨の通知を受けたときは、当該通知を受けた日から20日以内で、かつ、できる限り短い期間内に、その完成を確認するための検査を完了しなければなりません。

また元請負人は、検査によって下請負人の請け負った建設工事の完成を確認した後、下請負人が申し出たときは、特約がされている場合を除いて、直ちに当該建設工事の目的物の引渡しを受けなければなりません。

ゴロ合わせで覚えよう！ 元請負人の検査の期間

閑静なビルに入るには、
(工事完成)

チェックを二重に
(検査)　　　(20日以内)

受けなければならない

工事完成後に行う元請負人による検査は、下請負人の工事完成の報告から 20 日以内に行わなければならない。

4 特定建設業者の下請代金の支払期日等

特定建設業者が注文者となった下請契約における下請代金の支払期日は、引渡しの申出の日から起算して 50 日以内で、かつ、できる限り短い期間を定めなければなりません。

特定建設業者が注文者となった下請契約において、下請代金の支払期日が定められなかったときは、引渡しの申出の日が下請代金の支払期日と定められたものとみなされます。上記の規定に違反して下請代金の支払期日が定められたときは、引渡しの申出の日から起算して 50 日を経過する日が下請代金の支払期日と定められたものとみなされます。

特定建設業者が支払期日までにその支払いをしなかったときは、当該特定建設業者は、下請負人に対して、引渡しの申出の日から起算して 50 日を経過した日から当該下請代金の支払いをする日までの期間について、その日数に応じ、当該未払金額に年 14.6% を乗じて得た金額を遅延利息として支払わなければなりません。

5 下請負人に対する特定建設業者の指導等

発注者から直接建設工事を請け負った特定建設業者は、当該建設工事の下請負人が、その下請負に係る建設工事の施工に関し、建設業法の規定または建設工事の施工もしくは建設工事に従事する労働者の使用に関する法令の規定で、政令で定めるものに違反しないよう、当該下請負人の指導に努めなければなりません。

6 施工体制台帳および施工体系図の作成等

1 施工体制台帳の作成

特定建設業者は、発注者から直接建設工事を請け負った場合において、当該建設工事を施工するために締結した下請契約の請負代金の総額が4,500万円（建築一式工事は7,000万円）以上になるときは、施工体制台帳を作成し、工事現場ごとに備え置かなければなりません。なお、発注者から請求があったときは、その発注者の閲覧に供しなければなりません。

2 再下請人に関する通知

下請負人は、その請け負った建設工事を他の建設業を営む者に請け負わせたときは、特定建設業者に対して、当該再下請人の名称、請け負った建設工事の内容および工期その他の事項を通知しなければなりません。

3 施工体系図の作成

施工体系図は、下請負人ごとに、かつ、各下請負人の施工の分担関係が明らかとなるよう系統的に表示して作成しておかなければなりません。また、各下請負人の施工の分担関係を表示した施工体系図を、当該工事現場の見やすい場所に掲げなければなりません。

4 公共工事の施工体制台帳

公共工事においては、下請契約の総額に関係なく、下請契約を締結した場合は施工体制台帳を作成して、その写しを発注者に提出しなければなりません。また、工事現場の施工体制が施工体制台帳の記載に合致しているかどうかの点検を求められたときは、これを受けることを拒んではなりません。

公共工事では、写しを提出するよ。

1-3　施工技術の確保

1　建設工事の担い手の育成および確保その他の施工技術の確保

建設業者は、建設工事の担い手の育成および確保その他の施工技術の確保に努めなければなりません。

2　主任技術者および監理技術者の設置等

1 主任技術者・監理技術者の設置

建設業者は、その請け負った建設工事を施工するときは、建設工事の施工の技術上の管理をつかさどる主任技術者を置かなければなりません。この規定は、原則として、元請、下請にかかわらず適用されます。

発注者から直接建設工事を請け負った特定建設業者は、当該建設工事を施工するために締結した下請契約の請負代金の総額が4,500万円（建築一式工事は7,000万円）以上になる場合においては、建設工事の施工の技術上の管理をつかさどる監理技術者を置かなければなりません。監理技術者の配置は元請だけの規定であり、下請が監理技術者を配置することはありません。

また、主任技術者・監理技術者、専門技術者は現場代理人を兼ねることができるとされています。

2 専任を要する技術者の配置

公共性のある施設もしくは工作物または多数の者が利用する施設

もしくは工作物に関する重要な建設工事で、工事1件の請負代金の額が4,000万円（建築一式工事は8,000万円）以上の場合は、主任技術者または監理技術者は、工事現場ごとに、原則として、専任の者でなければなりません。

公共性のある重要な工事のうち、密接な関係のある2以上の建設工事を、同一の建設業者が同一の場所または近接した場所において施工する場合は、同一の専任の主任技術者がこれらの工事を管理することができます。

専任の者でなければならない監理技術者は、監理技術者資格者証の交付を受けている者であって、国土交通大臣の登録を受けた講習（選任の期間中のいずれの日においてもその日の前5年以内に行われたもの）を受講したもののうちから、これを選任しなければなりません。

公共工事における専任の監理技術者は、発注者から請求があったときは、監理技術者資格者証を提示しなければなりません。

3 主任技術者の資格要件

①許可を受けようとする建設業に係る建設工事に関し、高等学校を卒業した後5年以上または大学を卒業した後3年以上実務の経験を有する者で在学中に国土交通省令で定める学科を修めた者
②許可を受けようとする建設業に係る建設工事に関し10年以上実務の経験を有する者
③国土交通大臣が①②に掲げる者と同等以上の知識および技術または技能を有するものと認定した者（国家資格の1級・2級土木施工管理技士の合格者を含む）

3 主任技術者および監理技術者の職務等

主任技術者および監理技術者は、工事現場における建設工事を適正に実施するため、当該建設工事の施工計画の作成、工程管理、品質管理その他の技術上の管理および当該建設工事の施工に従事する者の技術上の指導監督の職務を誠実に行わなければなりません。

工事現場における建設工事の施工に従事する者は、主任技術者または監理技術者がその職務として行う指導に従わなければなりません。

下請負人との契約事務は、主任技術者・監理技術者の職務内容には含まれないぞ！

頻出項目をチェック！

1 □ 元請負人は、その請け負った建設工事を施工するために必要な工程の細目等、元請負人において定めるべき事項を定めようとするときは、あらかじめ、下請負人の意見を聞かなければならない。

2 □ 元請負人は、前払金の支払いを受けたときは、下請負人に対して、資材の購入、労働者の募集その他建設工事の着手に必要な費用を前払金として支払うよう適切な配慮をしなければならない。

3 □ 元請負人は、下請負人からその請け負った建設工事が完成した旨の通知を受けたときは、当該通知を受けた日から20日以内で、かつ、できる限り短い期間内にその完成を確認するための検査を完了しなければならない。

4 □ 発注者から直接土木一式工事を請け負った特定建設業者は、下請契約の請負代金の総額が4,500万円以上の場合に、工事現場に監理技術者を置かなければならない。

5 □ 国または地方公共団体が発注した土木一式工事を、4,000万円以上の請負代金で請け負った者は、その現場に、原則として、専任の主任技術者または監理技術者を置かなければならない。

こんな選択肢は誤り！

建設工事の注文者は、請負契約の方法を競争入札に付する場合においては、工事内容等についてできる限り具体的な内容を~~契約直前まで~~に提示しなければならない。

建設工事の注文者は、請負契約の方法を競争入札に付する場合においては、工事内容等についてできる限り具体的な内容を入札を行う以前に提示しなければならない。

下請負人からその建設工事が完成した旨の通知を受けたときは、当該通知を受けた日から~~30日~~以内で、かつ、できる限り短い期間内に、その完成を確認するための検査をしなければならない。

下請負人からその建設工事が完成した旨の通知を受けたときは、当該通知を受けた日から20日以内で、かつ、できる限り短い期間内に、その完成を確認するための検査をしなければならない。

元請負人は、検査によって下請負人の請け負った建設工事の完成を確認した後、下請負人が申し出たときは、特約がされている場合を除いて、~~当該申し出を受けた日から1月以内に~~当該建設工事の目的物の引渡しを受けなければならない。

元請負人は、検査によって下請負人の請け負った建設工事の完成を確認した後、下請負人が申し出たときは、特約がされている場合を除いて、直ちに当該建設工事の目的物の引渡しを受けなければならない。

監理技術者は、工事現場における専任の監理技術者として選任されている期間中のいずれの日においても、その日の前~~3~~年以内に行われた監理技術者講習を受講していなければならない。

監理技術者は、工事現場における専任の監理技術者として選任されている期間中のいずれの日においても、その日の前5年以内に行われた監理技術者講習を受講していなければならない。

演習問題

元請負人の義務

建設業法 1 元請負人の義務に関する次の記述のうち，建設業法上，**誤っているもの**はどれか。

(1) 元請負人は，その請け負った建設工事を施工するために必要な工程の細目，作業方法その他元請負人において定めるべき事項を定めようとするときは，あらかじめ，下請負人の意見を聞かなければならない。
(2) 元請負人は，請負代金の出来形部分に対する支払いを受けたときは，その支払いの対象となった建設工事を施工した下請負人に対して，その下請負人が施工した出来形部分に相応する下請代金を，当該支払いを受けた日から1月以内で，かつ，できる限り短い期間内に支払わなければならない。
(3) 元請負人は，前払金の支払を受けたときは，下請負人に対して，資材の購入，労働者の募集その他建設工事の着手に必要な費用を前払金として支払うよう適切な配慮をしなければならない。
(4) 元請負人は，下請負人からその請け負った建設工事が完成した旨の通知を受けたときは，当該通知を受けた日から1月以内で，かつ，できる限り短い期間内に，その完成を確認するための検査を完了しなければならない。

答え (4)
建設工事が完成した旨の通知を受けたときは、通知を受けた日から20日以内で、かつ、できる限り短い期間内に、その完成を確認するための検査を完了しなければならない。

演習問題

技術者の配置

建設業法 2 技術者制度に関する次の記述のうち，建設業法令上，**正しいもの**はどれか。

(1) 公共性のある重要な工事のうち密接な関係のある二以上の建設工事を同一の建設業者が同一の場所又は近接した場所において施工する場合は，同一の専任の主任技術者がこれらの工事を管理することができる。
(2) 国又は地方公共団体が発注者である施設又は工作物に関する建設工事を施工しようとする者は，請負代金の額にかかわらず，専任の主任技術者又は監理技術者を工事現場に配置しなければならない。
(3) 主任技術者及び監理技術者は，工事現場における建設工事を適正に実施するため，当該建設工事の施工計画の作成，工程管理，品質管理その他技術上の管理及び当該建設工事に関する下請契約の締結を行わなければならない。
(4) 発注者から直接建設工事を請け負った特定建設業者は，当該建設工事を施工するために締結した下請契約の請負代金の額にかかわらず，専任の監理技術者を工事現場に配置しなければならない。

答え (1)

(2) 公共性のある建設工事で、原則として、専任の主任技術者または監理技術者を配置しなければならないのは、請負代金の額が 4,000 万円（建築一式工事は 8,000 万円）以上の場合である。
(3) 主任技術者および監理技術者は、下請契約の締結ではなく、建設工事の施工に従事する者の技術上の指導監督を行う。
(4) 発注者から直接建設工事を請け負った特定建設業者は、請負代金の額が 4,500 万円（建築工事業は 7,000 万円）以上の場合に、専任の監理技術者を設置しなければならない。

Lesson 01

重要度 ★★☆

道路関係法令

学習のポイント

一次

- 道路占用工事について理解する。
- 車両の通行許可・制限について理解する。

1-1 道路管理者

1 道路管理者

道路の種類によって、道路管理者は以下のとおりです。

道路の種類		道路管理者
高速道路		国土交通大臣
一般国道	指定区間	国土交通大臣
	指定区間外	都道府県 または政令指定市
都道府県道		都道府県 または政令指定市
市町村道		市町村

2 標識の設置

「案内標識」「警戒標識」のすべてと「規制標識」の一部は、道路法に基づき道路管理者が設置し、その他の「規制標識」と「指示標識」は、道路交通法に基づき都道府県公安委員会が設置します。

なお、「規制標識」「指示標識」には、道路管理者と都道府県公安委員会の双方が設置者であるものも含まれます。

3 道路台帳

道路管理者は、その管理する道路の台帳を作成し、これを保管しなければなりません。

1-2 道路の占用

1 道路の占用の許可

道路に次のいずれかに掲げる工作物、物件または施設を設け、継続して道路を使用しようとする場合においては、道路管理者の許可を受けなければなりません。

①電柱、電線、変圧塔、郵便差出箱、公衆電話所、広告塔等
②水管、下水道管、ガス管等
③鉄道、軌道等
④歩廊、雪よけ等
⑤地下街、地下室、通路、浄化槽等
⑥露店、商品置場等
⑦その他、道路の構造または交通に支障を及ぼすおそれのある工作物、物件または施設

工事現場において敷地に余裕がなくやむを得ず、板囲い、足場、資材を道路上に置く場合も道路の占用の許可が必要です。なお、道路情報提供装置などの道路附属物は道路の管理上必要な施設であり、道路の占用の許可は必要ありません。

また、道路占用者が、電線・上下水道などの施設を道路に設け、継続して道路を使用する場合は、あらためて道路管理者の許可を受ける必要があります。

2 道路の占用申請

道路の占用（継続して道路を使用すること）の許可を受けようとする者は、以下の事項を記載した申請書を道路管理者に提出しなければなりません。

①道路の占用の目的、期間、場所
②工作物、物件または施設の構造
③工事実施の方法、時期
④道路の復旧方法

なお、道路占用者が上記の事項を変更しようとする場合は、その変更

が、重量の著しい増加を伴わないなど、道路の構造または交通に支障を及ぼすおそれのないと認められる軽易なものを除いて、あらかじめ道路管理者の許可を受けなければなりません。

また、許可に係る行為が道路交通法に規定する道路に関する調査である場合は、申請書の提出は、当該地域を管轄する警察署長を経由して行うことができます。

道路使用許可の場合は、警察署長の許可だよ。

ゴロ合わせで覚えよう！ 道路占用許可と道路使用許可の申請

どうやら占いは、
(道路)　(占用)

どう考えても当たってる。
(道路管理者)

どうしようか…計算（皮算用）しちゃおうか…
(道路使用許可)　(警察署長)

道路占用許可の申請先は道路管理者で、道路使用許可の申請先は警察署長である。

3 水道、電気、ガス事業等のための道路の占用の特例

水道法、下水道法、ガス事業法、電気事業法または電気通信事業法等の規定に基づき、水管（水道事業、水道用水供給事業または工業用水道事業の用に供するもの）、下水道管、ガス管（ガス事業法に規定する、ガス小売事業以外のガス事業の用に供するもの）または電柱、電線等を道路に設けようとする者が道路の占用の許可を受けようとする場合は、工事を実施しようとする日の1月前までに、あらかじめ当該工事の計画書を道路管理者に提出しておかなければなりません。ただし、災害による復旧工事その他緊急を要する工事、または政令で定める軽易な工事を行う必要が生じた場合においては、この限りではありません。

ここでいう軽易な工事とは、各戸に引き込むために地下に埋設する水管、下水道管、ガス管または電線で、道路を占用する部分の延長が 20m を超えないものの設置または改修に関する工事だよ。

1-3　道路の占用工事

1　工事実施の方法に関する基準

道路占用工事の実施方法に関する基準は、以下のとおりです。

①占用物件の保持に支障を及ぼさないために必要な措置を講ずること。

②道路を掘削する場合においては、溝掘り、つぼ掘りまたは推進工法その他、これに準ずる方法によるものとし、えぐり掘りの方法によらないこと。

③路面の排水を妨げない措置を講ずること。

④原則として、道路の一方の側は、常に通行することができることとすること。

⑤工事現場においては、柵または覆いの設置、夜間における赤色灯または黄色灯の点灯、その他道路の交通の危険防止のために必要な措置を講ずること。

⑥電線、水管、下水道管、ガス管もしくは石油管が地下に設けられていると認められる場所、またはその付近を掘削する工事にあっては、保安上の支障のない場合を除き、次のいずれにも適合するものであること。

イ　試掘その他の方法により当該電線等を確認した後に実施すること。

ロ　当該電線等の管理者との協議に基づき、当該電線等の移設または防護、工事の見回りまたは立会いその他の保安上必要な措置を講ずること。

ハ　ガス管または石油管の付近において、火気を使用しないこと。

2 道路を掘削する場合における工事実施の方法

道路を掘削する占用工事の留意点は、以下のとおりです。

①舗装道の舗装の部分の切断は、のみまたは切断機を用いて、原則として直線に、かつ、路面に垂直に行う。

②掘削部分に近接する道路の部分には、占用のために掘削した土砂を堆積せずに余地を設け、当該土砂が道路の交通に支障を及ぼすおそれのある場合においては、これを他の場所に搬出する。

③わき水またはたまり水により土砂の流失または地盤の緩みを生ずるおそれのある箇所を掘削する場合には、当該箇所に土砂の流失または地盤の緩みを防止するために必要な措置を講ずる。

④わき水またはたまり水の排出にあたっては、道路の排水に支障を及ぼすことのないように措置して道路の排水施設に排出する場合を除き、路面その他の道路の部分に排出しないように措置する。

⑤掘削面積は、工事の施行上やむを得ない場合において、覆工を施す等、道路の交通に著しい支障を及ぼすことのないように措置して行う場合を除き、当日中に復旧可能な範囲とする。

⑥道路を横断して掘削する場合には、原則として、道路の交通に著しい支障を及ぼさないと認められる道路の部分について掘削を行い、当該掘削を行った道路の部分に道路の交通に支障を及ぼさないための措置を講じた後、その他の道路の部分を掘削する。

⑦沿道の建築物に接近して道路を掘削する場合には、人の出入りを妨げない措置を講ずる。

3 占用のために掘削した土砂の埋戻しの方法

占用のために掘削した土砂の埋戻しにおける留意点は、以下のとおりです。

①各層（層の厚さは、原則として 0.3m（路床部にあっては 0.2m）以下）ごとにランマーその他の締固め機械または器具で確実に締め固めて行う。

②くい、矢板等は、下部を埋め戻して徐々に引き抜く。ただし、道路の構造または他の工作物、物件もしくは施設の保全のためやむを得ない

事情があると認められる場合には、くい、矢板等を残置することができる。

1-4　道路の保全

1　通行の禁止または制限

道路管理者は、道路の構造を保全し、または交通の危険を防止するため必要があると認めるときは、トンネル、橋、高架の道路その他これらに類する構造の道路について、車両でその重量または高さが構造計算その他の計算、または試験によって、安全であると認められる限度を超えるものの通行を禁止し、または制限することができます。

2　限度超過車両の通行の許可等

道路管理者は、車両でその幅、重量、高さ、長さまたは最小回転半径が所定の最高限度を超えるものは、道路を通行させてはなりません。ただし、車両の構造または車両に積載する貨物が特殊であるためやむを得ないと認めるときは、通行経路、通行時間等について、道路の構造を保全し、または交通の危険を防止するため必要な条件を付して、通行を許可することができます。

なお、上記の許可申請が、道路管理者を異にする２以上の道路に係るものであるときは、当該許可に関する権限は、いずれか１つの道路の道路管理者が行い、この場合、当該道路管理者が許可をしようとするときは、他の道路の道路管理者に協議し、その同意を得なければなりません。

また、許可が下りて許可証の交付を受けた者は、当該許可に係る通行中、当該許可証を当該車両に備え付けていなければなりません。

許可なく、または通行許可条件に違反して特殊な車両を通行させた場合には、運転手および事業主に罰則が適用されます。

3　車両制限令

車両制限令は、道路の構造を保全し、または交通の危険を防止するため、道路との関係において必要とされる車両についての制限を定めたものです。なお、道路法および車両制限令において「車両」とは、人が乗車し、または貨物が積載されている場合にあってはその状態におけるものをいい、他の車両をけん引している場合にあっては当該けん引されている車両を含むものをいいます。

①幅　2.5 m

②車両の重量

・総重量

高速自動車国道または道路管理者が指定した道路は　25 t

その他の道路を通行する車両にあっては　20 t

・軸重　10 t

・輪荷重　5 t

③高さ　3.8 m（道路管理者が指定した道路は 4.1 m）

④長さ　12 m（高速自動車国道を通行するセミトレーラ連結車またはフルトレーラ連結車で、その積載する貨物が被けん引車の車体の前方または後方にはみ出していないものの長さの最高限度は、セミトレーラ連結車 16.5 m、フルトレーラ連結車 18 m）

⑤最小回転半径　車両の最外側のわだちについて　12 m

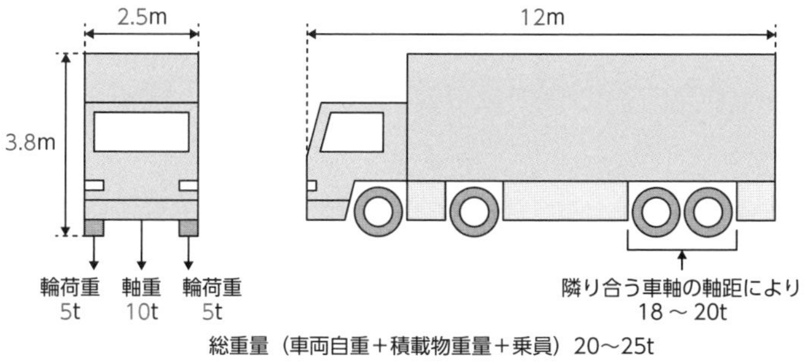

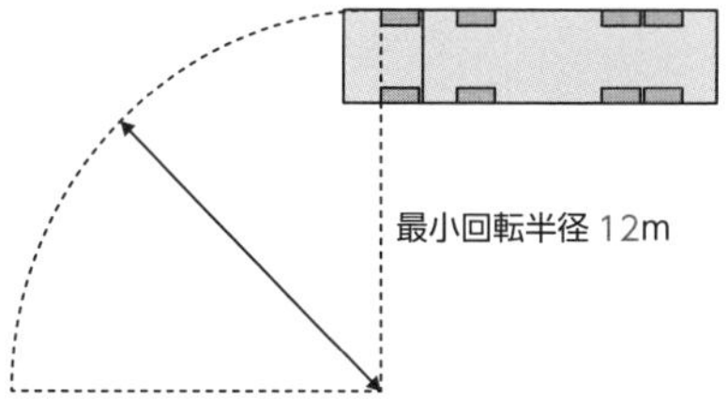

頻出項目をチェック！

1 □ 道路管理者以外の者が、沿道で行う工事の材料を道路に仮置きする場合は、道路管理者の許可を必要とする。

2 □ 道路占用者が、電線・上下水道などの施設を道路に設け、継続して道路を使用する場合は、あらためて道路管理者の許可を受ける必要がある。

3 □ 特殊な車両を通行させようとする者は、一般国道及び県道の道路管理者が複数となる場合、いずれかの道路管理者に通行許可申請する。

4 □ 特殊な車両の通行許可を受けた者は、当該許可に係る通行中、当該許可証を当該車両に備え付けていなければならない。

こんな選択肢は誤り！

道路占用者が、上下水道管などの公共施設を道路に設け継続して道路を使用する場合は、道路管理者から改めて許可を~~必要としない~~。

道路占用者が、上下水道管などの公共施設を道路に設け継続して道路を使用する場合は、道路管理者から改めて許可を必要とする。

道路管理者以外の者が、工事用車両の出入りのために歩道切下げ工事を行う場合は、道路使用許可を受けて~~いれば~~道路管理者の承認を受ける~~必要はない~~。

道路管理者以外の者が、工事用車両の出入りのために歩道切下げ工事を行う場合は、道路使用許可を受けていても道路管理者の承認を受ける必要がある。

演習問題

占用許可申請等

道路法 1 道路法上，占用許可申請等に関する次の記述のうち，**誤っているもの**はどれか。

(1) 沿道で建築工事を行う場合は，1週間だけ道路の路肩を使用して工事用板囲，足場を設ける場合であっても，道路管理者の許可を受けなければならない。
(2) 道路の占用許可申請書の提出は，その許可にかかわる行為が道路交通法の適用を受ける場合は，当該地域を管轄する警察署長を経由して行うことができる。
(3) 道路に近接して公園造成工事を行う場合で，道路の構造及び交通に支障を及ぼさないように措置する場合には，許可を得なくても当該工事用の資材を道路区域内に置くことができる。
(4) 占用工事現場で発生したわき水については，道路の排水に支障を及ぼすことのないよう措置すれば，道路の排水施設に排水することができる。

答え (3)

工事用資材を道路区域内に置く場合には、道路管理者の許可が必要である。

道路占用工事

道路法 2 道路占用工事における道路の掘削に関する次の記述のうち，道路法令上，**誤っているもの**はどれか。

(1) 掘削部分に近接する道路の部分には，掘削した土砂をたい積しないで余地を設けるものとし，当該土砂が道路の交通に支障を及ぼすおそれがある場合には，他の場所に搬出するものとする。
(2) 掘削面積は，工事の施工上やむを得ない場合，覆工を施す等道路の交通に著しい支障を及ぼすことのないように措置して行う場合を除き，当日中に復旧可能な範囲とする。

(3) わき水やたまり水の排出にあたっては，道路の排水に支障を及ぼすことのないように措置して道路の排水施設に排出する場合を除き，路面その他の道路の部分に排出しないように措置する。
(4) 掘削土砂の埋戻し方法は，掘削深さにかかわらず，一度に最終埋戻し面まで土砂を投入して締固めを行うものとする。

答え (4)
掘削土砂の埋戻しでは、各層（層の厚さは、原則として 0.3m（路床部にあっては 0.2m）以下）ごとに締め固める。

車両制限令

道路法 3 道路法上の車両制限令に関する次の記述のうち，**誤っているもの**はどれか。

(1) 車両制限令で定める車両とは，自動車，原動機付自転車，軽車両，トロリーバスをいい，他の車両をけん引している場合はそのけん引されている車両も含まれる。
(2) 車両制限令には，道路の構造を保全し又は交通の危険を防止するために，車両の幅，重量，高さ，長さ及び最小回転半径の最高限度が定められている。
(3) 道路の構造を保全し又は交通の危険を防止するため，最高限度以下であっても必要に応じて，道路管理者が車両の高さ，重量について通行制限することがある。
(4) 特殊な車両を通行させようとする者は，通行する道路の道路管理者が 2 以上となる国道及び県道を通行する場合，それぞれの道路管理者に通行許可の申請を行わなければならない。

答え (4)
通行する道路の道路管理者が 2 以上となる国道および県道を通行する場合、いずれか 1 つの道路管理者に通行許可の申請を行えばよい。

Lesson 01

重要度 ★★★

河川法

学習のポイント 一次

- 河川保全区域における河川管理者の許可について理解する。
- 河川区域における河川管理者の許可について理解する。

1-1　河川の管理

1　河川の管理者

河川の管理は、一級河川は国土交通大臣が行い、二級河川は都道府県知事が行います。また、準用河川は一級、二級河川以外の河川で市町村長が指定したもので、その管理は市町村長が行います。

普通河川は、一級、二級、準用河川以外の河川で、市町村長が条例に基づき管理するため、河川法の適用は受けません。

河川管理区分一覧表

河川の種類	管理者	管理区分
一級河川	国土交通大臣	河川法
二級河川	都道府県知事	
準用河川	市町村長	
普通河川	市町村長	市町村条例

2　河川区域

「河川区域」とは、次の各号に掲げる区域をいいます。

①河川の流水が継続して存する土地

②河川管理施設の敷地である土地の区域

③堤外の土地の区域のうち、①に掲げる区域と一体として管理を行う必要があるものとして河川管理者が指定した区域

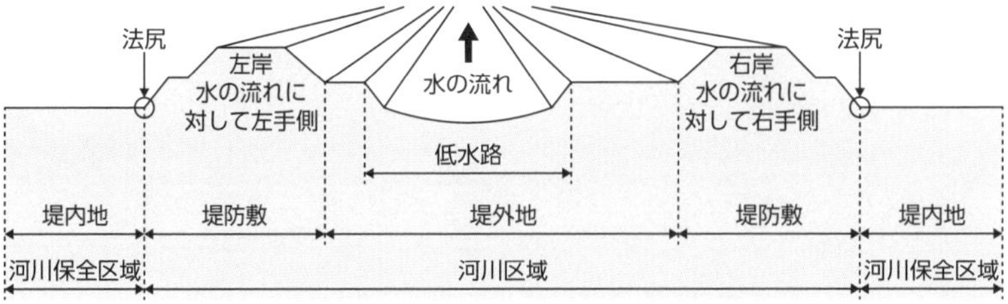

河川区域は、堤防の法尻から法尻までだよ！

3　堤外地と堤内地

堤外地とは、堤防に挟まれ流水のある区域をいい、堤内地は、堤防によって洪水から守られ、人々が生活する区域をいいます。

4　河川保全区域

河川管理者は、河岸または河川管理施設を保全するため必要があると認めるときは、河川区域に隣接する一定の区域を河川保全区域として指定することができます。 河川保全区域の指定は、河川区域の境界から 50 m 以内です。河川保全区域には次のような行為の制限があります。

①河川保全区域における河川管理者の許可が必要な行為

・土地の掘削、盛土または切土、その他土地の形状を変更する行為

・コンクリート造等の堅固な工作物および水路等の水が浸透するおそれのある工作物を新築または改築する行為

②河川保全区域における河川管理者の許可を必要としない行為

・耕うん（農耕）

・地表から高さ 3 m 以内の盛土の行為（堤防に沿って行う盛土で堤防に沿う部分の長さが 20m 以上のものを除く）

・地表から深さ 1 m 以内の掘削または切土の行為

・コンクリート造等の堅固な工作物および水路等の水が浸透するおそ

れのある工作物以外の工作物を新築または改築する行為
・河川管理者が保全上の影響が少ないと認めて指定した行為

ただし、耕うん以外の行為で、河川管理施設の敷地から5m以内の土地におけるものは許可を必要とします。

1-2 河川の使用および河川に関する規制

1 流水の占用の許可

河川の流水を占用しようとする者は、国土交通省令で定めるところにより、河川管理者の許可を受けなければなりません。ただし、現場練りコンクリートに用いる水をバケツで汲み上げる少量の河川水の使用のような場合は、許可を受ける必要はありません。

2 土地の占用の許可

河川区域内の土地を占用しようとする者は、国土交通省令で定めるところにより、河川管理者の許可を受けなければなりません。この規定は上空や地下にも及ぶため、送電線の横断や、地下に下水道のトンネル横断やケーブルを埋設する工事でも、占用許可が必要です。

ただし、河川管理者以外の者がその権原に基づき管理する土地（民有地）については、占用の許可は必要ありません。

3 土石等の採取の許可

河川区域内の土地において土石を採取しようとする者は、河川管理者の許可を受けなければなりません。河川区域内の土地において土石以外の河川の産出物で竹木、あし、かやその他これらに類するものを採取しようとする者も、許可を必要とします。

ただし、河川管理者以外の者がその権原に基づき管理する土地（民有地）については、採取の許可は必要ありません。

4 工作物の新築等の許可

河川区域内の土地において工作物を新築し、改築し、または除却しようとする者は、国土交通省令で定めるところにより、河川管理者の許可を受けなければなりません。河川の河口附近の海面において河川の流水を貯留し、または停滞させるための工作物を新築し、改築し、または除却しようとする者も、同様です。

この規定には、以下の特徴があります。

①官有地、民有地を問わず、河川区域内の一切の土地が対象となる。

②地表面だけでなく、上空や地下に設ける工作物にも適用される。

③新築だけでなく、改築や除却にも、また、一時的な仮設物にも適用される。

④特例として、河川工事をするための資機材運搬施設、河川区域内に設けざるを得ない足場、板囲い、標識等の工作物は、河川工事と一体をなすものとして許可は必要ない。必ずしも河川区域内に設ける必要のない現場事務所、資材倉庫などは、河川工事であっても許可を受ける必要がある。

なお、工作物の新築等の許可を受けた場合には、その工作物の新築を行うための土地の掘削については、新たに土地の掘削の許可を必要としませんが、土地の占用の許可は必要となります。

5 土地の掘削等の許可

河川区域内の土地において、土地の掘削、盛土もしくは切土その他土地の形状を変更する行為または竹木の栽植もしくは伐採をしようとする者は、国土交通省令で定めるところにより、河川管理者の許可を受けなければなりません。ただし、河川管理者から許可を受けて設置された取水施設または排水施設の機能を維持するために行う、取水口または排水口の付近に積もった土砂等の排除、政令で定める軽易な行為については、許可が必要ありません。

土地の掘削等の許可も、工作物の新築等の許可と同様、官有地、民有地を問わず、河川区域内の一切の土地が対象となります。

頻出項目をチェック！

1 □ つり橋、電線等を河川区域内の上空を通過して設置する場合は、河川管理者の許可が必要である。

2 □ 河川区域内の民有地に一時的な仮設工作物として現場事務所を設置する場合は、河川管理者の許可が必要である。

3 □ 河川区域内において土地の掘削、盛土など土地の形状を変更する行為は、民有地においても河川管理者の許可が必要である。

4 □ 河川区域内の土地における工作物の新築について河川管理者の許可を受けている場合は、その工作物を施工するための土地の掘削に関して新たに許可を受ける必要はない。

5 □ 河川管理者の許可を受けて設置された排水施設の機能を維持するために行う排水口付近に積もった土砂の排除については、土地の掘削等の許可を受ける必要がない。

こんな選択肢は誤り！

河川区域内において、資機材を荷揚げするための桟橋を設置する場合は、河川管理者の許可は~~必要としない~~。

河川区域内において、資機材を荷揚げするための桟橋を設置する場合は、河川管理者の許可は必要である。

河川管理者以外の者が権原に基づいて管理する土地においては、土石の採取及び土石以外の竹木、あし、かやを採取するときは、土石等の採取の許可を受ける~~必要がある~~。

河川管理者以外の者が権原に基づいて管理する土地においては、土石の採取及び土石以外の竹木、あし、かやを採取するときは、土石等の採取の許可を受ける必要がない。

演習問題

河川区域内の工事

河川法 1 河川管理者以外の者が河川区域内（高規格堤防特別区域を除く）で工事を行う場合の手続きに関する次の記述のうち，河川法上，**誤っているもの**はどれか。

(1) 河川区域の上空を通過して電線を設置する場合は，河川管理者の許可を受ける必要はない。
(2) 河川区域内の土地における工作物の新築について河川管理者の許可を受けている場合は，その工作物を施工するための土地の掘削に関して新たに許可を受ける必要はない。
(3) 河川区域内に資機材を荷揚げする桟橋を設置する場合は，河川管理者の許可が必要である。
(4) 河川区域内の民有地に一時的な仮設工作物として現場事務所を設置する場合は，河川管理者の許可が必要である。

答え (1)
河川区域の上空を通過して電線を設置する場合も、河川管理者の許可が必要である。

河川区域内の工事

河川法 2 河川管理者以外の者が，河川区域内（高規格堤防特別区域を除く）で工事を行う場合の手続きに関する次の記述のうち，河川法上，**正しいもの**はどれか。

(1) 河川区域内において土地の掘削，盛土など土地の形状を変更する行為は，民有地においても河川管理者から許可を受けなければならない。
(2) 河川管理者が管理する河川区域内の土地に工作物の新築の許可を河川管理者から受ける者は，土地の占用の許可を受けなくてもよい。
(3) 河川管理者が管理する河川区域内の土地の地下を横断して農業

用水のサイホンを設置する場合は，河川管理者の許可を受けなくてもよい。

(4) 河川管理者の許可を受けて設置された取水施設の機能を維持するため行う取水口付近の堆積土砂の撤去は，河川管理者から許可を受けなければならない。

答え (1)

(2) 工作物の新築の許可を受ける場合も、土地の占用の許可を受ける必要がある。

(3) 地下に農業用水のサイホンを設置する場合も、河川管理者の許可が必要である。

(4) 取水口付近の堆積土砂の撤去は、河川管理者の許可が不要である。

河川管理者の許可

河川法3 河川法上，河川管理者の許可が**必要でないもの**は次の記述のうち，どれか。

(1) 河川管理施設の敷地から 6m 離れた河川保全区域内で，地表から高さ 3m 以内で堤防に沿って 15m の盛土をする場合

(2) 河川管理施設の敷地から 6m 離れた高水敷で，橋梁の土質調査のための深さ 5m のボーリングを実施する場合

(3) 河川管理施設の敷地から 5m 以内の河川保全区域内において 5m の井戸を掘削する場合

(4) 河川管理施設の敷地から 5m 以内の河川保全区域内に工事の資材置場を設置する場合

答え (1)

河川保全区域内での、河川管理施設の敷地から 5m 以内のものを除く、地表から高さ 3m 以内で、堤防に沿って行われる 20m 未満の盛土は、河川管理者の許可を必要としない。

Lesson 01

重要度 ★★★

建築基準法

学習のポイント

一次

- 用語等基本事項について理解する。
- 仮設建築物の規制緩和について理解する。

1-1 用語の定義

1 建築物

この法律において「建築物」とは、土地に定着する工作物のうち、屋根および柱もしくは壁を有するもの、これに附属する門や塀、観覧のための工作物または地下もしくは高架の工作物内に設ける事務所、店舗、興行場、倉庫その他これらに類する施設をいい、建築設備を含むものをいいます。

2 建築設備

「建築設備」とは、建築物に設ける電気、ガス、給水、排水、換気、暖房、冷房、消火、排煙もしくは汚物処理の設備または煙突、昇降機もしくは避雷針をいいます。

3 主要構造部

「主要構造部」とは、主に安全上・防火上重要な部分で、壁、柱、床、はり、屋根または階段をいい、建築物の構造上重要でない間仕切壁、間柱、付け柱、揚げ床、最下階の床、回り舞台の床、小ばり、ひさし、局部的な小階段、屋外階段その他これらに類する建築物の部分を除くものです。

1-2　面積、高さの算定方法

面積の算定方法

敷地面積	敷地の水平投影面積による。
建築面積	建築物の外壁またはこれに代わる柱の中心線（軒、ひさし、はね出し縁その他これらに類するもので当該中心線から水平距離1m以上突き出たものがある場合においては、その端から水平距離1m後退した線）で囲まれた部分の水平投影面積による（建蔽率算定の場合を除く）。
床面積	建築物の各階またはその一部で壁その他の区画の中心線で囲まれた部分の水平投影面積による。
延べ面積	建築物の各階の床面積の合計による。
築造面積	工作物の水平投影面積による。

※建築物…地階で地盤面上1m以下にある部分を除く。

高さの算定方法

建築物の高さ	地盤面からの高さによる。
軒の高さ	地盤面から建築物の小屋組またはこれに代わる横架材を支持する壁、敷桁または柱の上端までの高さによる。

※地盤面…建築物が周囲の地面と接する位置の平均の高さにおける水平面をいい、その接する位置の高低差が3mを超える場合においては、その高低差3m以内ごとの平均の高さにおける水平面をいう。

1-3　単体規定

単体規定は、建築物および敷地の安全性、防火および避難、衛生などに関する基準を定めたものです。

1　敷地の衛生および安全

建築物の敷地は、これに接する道の境より高くなければならず、建築物の地盤面は、これに接する周囲の土地より高くなければなりません。

2　構造耐力

建築物は、自重、積載荷重、積雪荷重、風圧、土圧および水圧ならびに地震その他の震動および衝撃に対して安全な構造のものでなければなりません。

3　居室の採光および換気

住宅、学校、病院、診療所、寄宿舎、下宿その他これらに類する建築物で政令で定めるものの居室には、採光のための窓その他の開口部を設けなければなりません。

構造耐力、採光、換気の規定は、仮設建築物にも適用されるよ！

1-4　集団規定

集団規定は、市街地における建築のルールを定めたもので、都市計画法に定める都市計画区域内の建築物または建築物の敷地に限って適用される規定です。

1　敷地等と道路との関係

道路とは、道路法等の各規定に該当する幅員 4 m 以上のものをいい、建築物の敷地は、道路に 2 m 以上接しなければなりません。

2　容積率と建蔽率

①容積率は、建築物の延べ面積の敷地面積に対する割合
②建蔽率は、建築物の建築面積の敷地面積に対する割合

なお、敷地面積は、敷地の水平投影面積によります。

1-5　仮設建築物に対する規制緩和

非常災害があった場合において、応急仮設建築物や、工事を施工するために現場に設ける事務所、下小屋、材料置場その他これらに類する仮設建築物は、以下の基準には適用、不適用の項目があります。

1 建築基準法が適用されない基準

①建築確認申請手続き
②建築工事の完了検査
③建築物を新築または除却する場合の届出
④建築物の敷地の衛生および安全に関する規定
⑤居室の採光面積、天井および床の高さ、床の防湿方法等の技術的基準
⑥建築物の敷地は道路に２ｍ以上接すること
⑦延べ面積の敷地面積に対する割合（容積率）
⑧建築面積の敷地面積に対する割合（建蔽率）
⑨第１種低層住居専用地域等の建築物の高さ
⑩防火地域または準防火地域内の屋根の構造（延べ面積が 50 m^2 以内）

敷地の衛生および安全に関する規定には、雨水・汚水の排水・処理施設や、湿潤な土地等の地盤改良、敷地や建築物の地盤面を周囲より高くすることなどが含まれるよ。

2 建築基準法が適用される基準

①建築士による一定規模以上の建築物の設計および工事監理
②建築物の敷地、構造および建築設備を常時適法な状態に維持するように努めること
③建築物は、自重、積載荷重、積雪、風圧、地震等に対する安全な構造とすること
④事務室等の採光および換気のための窓の設置
⑤地階における住宅等の居室の防湿措置
⑥電気設備の安全および防火
⑦延べ面積が 50 m^2 を超える仮設建築物で、防火地域または準防火地域内の屋根の構造は次のいずれかによること
・不燃材料で造るか、またはふく。
・準耐火構造の屋根（屋外に面する部分を準不燃材料で造ったもの）。
・耐火構造の屋根（屋外に面する部分を準不燃材料で造ったもので、

屋根勾配が30度以内のもの）の屋外面に断熱材および防水材を張ったもの。

頻出項目をチェック！

1 □ 仮設建築物について、建築物の敷地、構造および建築設備等の計画については、確認申請を提出して建築主事の確認を受けなければならないという規定は適用されない。

2 □ 仮設建築物について、建築物の敷地には、雨水及び汚水を排水し、または処理するための適当な下水管、下水溝またはためますその他これらに類する施設を設けなければならないという規定は適用されない。

3 □ 仮設建築物について、床下がコンクリートで覆われていない構造で、最下階の居室の床が木造である場合は、床の高さを45cm以上としなければならないという規定は適用されない。

4 □ 仮設建築物について、用途地域や前面道路の幅員に応じた建築物の高さ制限（斜線制限）に関する規定は適用されない。

5 □ 仮設建築物について、防火地域または準防火地域内の建築物の屋根の構造は、政令で定める技術的基準に適合するもので、国土交通大臣の認定を受けたものとしなければならないという規定は適用されない。

6 □ 仮設建築物について、居室には、換気のための窓その他の開口部を設け、その換気に有効な部分の面積は、その居室の床面積に対して原則として20分の1以上とする規定が適用される。

7 □ 仮設建築物は、自重、積載荷重、積雪荷重、風圧、土圧および地震等に対して安全な構造のものとしなければならない。

こんな選択肢は誤り！

工事現場に仮設建築物を設ける場合、建築物の敷地は、これに接する道の境より高くし、かつ、建築物の地盤面は、これに接する周囲の土地より高くする規定が~~適用される~~。

工事現場に仮設建築物を設ける場合、建築物の敷地は、これに接する道の境より高くし、かつ、建築物の地盤面は、これに接する周囲の土地より高くする規定が適用されない。

都市計画区域内においては、建築物の敷地が、原則として道路に 2m 以上接し~~なければ、仮設建築物を建築することはできない~~。

都市計画区域内においては、建築物の敷地が、原則として道路に 2m 以上接しなくても、仮設建築物を建築することができる。

演習問題

仮設建築物

建基法 1 工事現場に設ける仮設建築物に関する次の記述のうち，建築基準法上，**適用しなければならないもの**はどれか。

(1) 建築物は，自重，積載荷重，積雪荷重，風圧，土圧及び地震等に対して安全な構造のものとし，定められた技術的基準に適合するものでなければならない。

(2) 建築物は，用途地域や前面道路の幅員に応じた建築物の高さ制限(斜線制限)に関する規定に適合するものでなければならない。

(3) 湿潤な土地又はごみ等で埋め立てられた土地に建築物を建築する場合には，盛土，地盤の改良その他衛生上又は安全上必要な措置を講じなければならない。

(4) 建築物の敷地には，雨水及び汚水を排水し，又は処理するための適当な下水管，下水溝又はためますその他これらに類する施設を設けなければならない。

答え (1)

(2) 高さ制限、(3)・(4) 衛生・安全上の措置の規定は、仮設建築物には適用されない。

仮設建築物

建基法 2 建築基準法上，工事現場に設ける延べ面積が $35m^2$ の仮設建築物に関する次の記述のうち，**正しいもの**はどれか。

(1) 居室には，換気のための窓その他の開口部を設け，その換気に有効な部分の面積は，その居室の床面積に対して原則として 20 分の 1 以上とする規定が適用される。

(2) 床下がコンクリートで覆われていない構造で最下階の居室の床が木造である場合は，床の高さを 45cm 以上とする規定が適用される。

(3) 建築物の敷地は，これに接する道の境より高くし，かつ，建築物の地盤面は，これに接する周囲の土地より高くする規定が適用される。

(4) 防火地域又は準防火地域内にある建築物の屋根の構造は，政令で定める技術的基準の規定が適用される。

答え (1)

(2) 床の高さの規定、(3) 衛生上の措置の規定は、仮設建築物には適用されない。

(4) 防火地域・準防火地域内の屋根の構造の規定は、延べ面積が $50m^2$ を超える場合に適用される。

Lesson 01

重要度 ★★★

火薬類取締法

学習のポイント

一次

- 火薬類の取扱いについて理解する。
- 発破について理解する。

1-1　火薬類の貯蔵と運搬

1　貯蔵

火薬類の貯蔵は、火薬庫においてしなければなりません。ただし、経済産業省令で定める数量以下の火薬類については、この限りではありません。

1 火薬庫

火薬庫を設置し、移転しまたはその構造もしくは設備を変更しようとする者は、経済産業省令で定めるところにより、都道府県知事の許可を受けなければなりません。火薬庫は、経済産業大臣または都道府県知事が行う完成検査を受け、技術上の基準に適合していると認められた後でなければ、これを使用してはなりません。

2 貯蔵の区分

火薬類は、火薬庫に貯蔵する場合において、一級火薬庫、二級火薬庫、三級火薬庫または水蓄火薬庫にあっては、異なった貯蔵火薬類の区分に属する火薬類を同一の火薬庫に貯蔵してはなりません。

3 貯蔵上の取扱い

火薬庫内に入る場合には、あらかじめ定めた安全な履物を使用し、土足で出入りしてはなりません。また、火薬庫内に入る場合には、鉄類もしくはそれらを使用した器具または携帯電灯以外の灯火を持ち込んではなりません。

2　運搬

火薬類を運搬しようとする場合は、出発地を管轄する都道府県公安委員会に届け出て、届出を証明する文書の交付を受けなければなりません。

火薬類は、他の物と混包し、または火薬類でないようにみせかけて、これを所持し、運搬し、もしくは託送してはなりません。

1-2　火薬類の取扱い

1　取扱者の制限

18歳未満の者は、火薬類の取扱いをしてはなりません。

2　火薬類の取扱い

消費場所において火薬類を取り扱う場合には、次の規定を守らなければなりません。

①火薬類を収納する容器は、木その他電気不良導体で作った丈夫な構造のものとし、内面には鉄類を表さないこと。

②火薬類を存置し、または運搬するときは、火薬、爆薬、導爆線または制御発破用コードと火工品とは、それぞれ異なった容器に収納すること。

③火薬類を運搬するときは、衝撃等に対して安全な措置を講ずること。

④電気雷管を運搬する場合には、脚線が裸出しないような容器に収納して運搬すること。

⑤凍結したダイナマイト等は、爆発または発火のおそれがない適切な方法で融解すること。ただし、火気、ストーブ、蒸気管その他高熱源に接近させてはならない。

⑥固化したダイナマイト等は、もみほぐすこと。

⑦使用に適さない火薬類は、その旨を明記した上で、火薬類取扱所もしくは火工所、火薬庫に返送すること。

⑧導火線は、導火線ばさみ等の適当な器具を使用して保安上適当な長さに切断し、工業雷管に電気導火線または導火線を取り付ける場合には、口締器を使用すること。

⑨1日に消費場所に持ち込むことのできる火薬類の数量は、1日の消費見込量以下とし、消費場所に持ち込む火薬類は火薬類取扱所または火工所を経由させること。

⑩消費場所においては、やむを得ない場合を除き火薬類取扱所、火工所または発破場所以外の場所に火薬類を存置しないこと。

⑪1日の消費作業終了後は、やむを得ない場合を除き、消費場所に火薬類を残置させないで火薬庫または法令に規定する場所に貯蔵すること。

⑫消費場所においては、火薬類消費計画書に火薬類を取り扱う必要のある者として記載されている者が火薬類を取り扱う場合には、腕章を付ける等他の者と容易に識別できる措置を講ずること。

⑬消費場所においては、前号に規定する措置をしている者以外の者は、火薬類を取り扱わないこと。

⑭火薬類を取り扱う場所の付近では、喫煙し、または火気を使用しないこと。

3 火薬類取扱所

消費場所においては、火薬類の管理および発破の準備をするために、火薬類取扱所を設けなければなりません。

4 火工所

消費場所においては、薬包に工業雷管、電気雷管もしくは導火管付き雷管を取り付け、またはこれらを取り付けた薬包を取り扱う作業をするために、火工所を設けなければなりません。

①火工所は、通路、通路となる坑道、動力線、火薬類取扱所、他の火工所、火薬庫、火気を取り扱う場所、人の出入りする建物等に対し安全で、かつ、湿気の少ない場所に設けること。

②火工所として建物を設ける場合には、適当な換気の措置を講じ、床面にはできるだけ鉄類を表さず、その他の場合には、日光の直射および雨露を防ぎ、安全に作業ができるような措置を講ずること。

③火工所に火薬類を存置する場合には、見張人を常時配置すること。

④火工所の周囲には、適当な柵を設け、かつ、「立入禁止」、「火気厳禁」等と書いた警戒札を掲示すること。

⑤火工所以外の場所においては、薬包に工業雷管、電気雷管または導火管付き雷管を取り付ける作業を行わないこと。

⑥火工所には、薬包に工業雷管、電気雷管または導火管付き雷管を取り付けるために必要な火薬類以外の火薬類を持ち込まないこと。

5　消費と廃棄

火薬類を爆発させ、または燃焼させようとする者は、都道府県知事の許可を受けなければなりません。また、火薬類を廃棄しようとする者は、経済産業省令で定めるところにより、都道府県知事の許可を受けなければなりません。

6　発破

火薬類の発破を行う場合には、以下の事項を守らなければなりません。

①発破場所に携行する火薬類の数量は、当該作業に使用する消費見込量を超えないこと。

②発破場所においては、責任者を定め、火薬類の受渡し数量、消費残数量および発破孔または薬室に対する装塡《そうてん》方法をその都度記録させること。

③装塡が終了し、火薬類が残った場合には、直ちに始めの火薬類取扱所または火工所に返送すること。

④前回の発破孔を利用して、削岩し、または装塡しないこと。

⑤水孔発破の場合には、使用火薬類に防水の措置を講ずること。

⑥火薬類を装塡する場合には、発破孔に砂その他の発火性または引火性のない込物を使用し、かつ、摩擦、衝撃、静電気等に対して安全な装塡機または装塡具を使用すること。

⑦発破に際しては、あらかじめ定めた危険区域への通路に見張人を配置し、その内部に関係人のほかは立ち入らないような措置を講じ、付近の者に発破する旨を警告し、危険がないことを確認した後でなければ点火しないこと。

7 電気発破

電気発破を行う場合には、上記の規定のほか、以下の事項を守らなければなりません。

①発破しようとする場所に漏えい電流がある場合には、電気発破をしないこと。
②電気発破器および電池は、乾燥したところに置き、使用前に起電力を確かめること。
③発破母線は、600V ゴム絶縁電線以上の絶縁効力のあるもので、機械的に強力なものであって 30m 以上のものを使用し、使用前に断線の有無を検査すること。
④発破母線は、点火するまでは点火器に接続する側の端を短絡させておき、発破母線の電気雷管の脚線に接続する側は、短絡を防ぐために心線を長短不ぞろいにしておくこと。
⑤発破母線を敷設する場合には、電線路その他の充電部または帯電するおそれが多いものから隔離すること。
⑥多数斉発に際しては、電圧ならびに電源、発破母線、電気導火線および電気雷管の全抵抗を考慮した後、電気雷管に所要電流を通ずること。
⑦動力線または電灯線を電源にするときは、電路の開閉は確実にし、当該作業者のほかは開閉できないようにし、かつ、電路には電気雷管が確実に爆発するための適当な電流が流れるようにすること。
⑧電気発破器には、点火作業に従事する者以外の者が点火できないよう措置を講ずるすること。
⑨点火回路は、点火する前に導通または抵抗を試験し、かつ、試験は、作業者が安全な場所に退避したことを確認した後、火薬類の装填箇所から 30m 以上離れた安全な場所で実施すること。

8 不発

装填された火薬類が点火後爆発しないときまたはその確認が困難であるときは、当該作業者は、次の規定を守らなければなりません。

①ガス導管発破の場合には、ガス導管内の爆発性ガスを不活性ガスで完全に置換し、かつ、再点火ができないように措置を講ずること。

②電気雷管によった場合には、発破母線を点火器から取り外し、その端を短絡させておき、かつ、再点火ができないように措置を講ずること。
③前記①、②（半導体集積回路を組み込んだものを除く）の措置を講じた後5分以上、半導体集積回路を組み込んだ電気雷管によった場合には、前記②の措置を講じた後10分以上、その他の場合には、点火後15分以上を経過した後でなければ、火薬類装填箇所に接近せず、かつ、他の作業者を接近させないこと。

また、不発の装薬がある場合には、当該作業者立会のもとで、次の規定によらなければなりません。
①不発の発破孔から0.6m以上（手掘の場合は0.3m以上）の間隔を置いて、平行にせん孔して発破を行い、不発火薬類を回収すること。
②不発の発破孔からゴムホース等による水流で込物および火薬類を流し出し、不発火薬類を回収すること。
③不発の発破孔からゴムホース等による水流もしくは圧縮空気で込物を流し出し、または工業雷管、電気雷管もしくは導火管付き雷管に達しないように、少しずつ静かに込物の大部分を掘り出した後、新たに薬包に工業雷管、電気雷管または導火管付き雷管を取り付けたものを装填し、再点火すること。
④前記①～③の措置により不発火薬類を回収することができない場合は、不発火薬類が存在するおそれがある場所に適当な標示をし、かつ、直ちに責任者に報告してその指示を受けること。

9　発破終了後の措置

発破を終了したときは、当該作業者は、発破による有害ガスによる危険が除去された後、岩盤、コンクリート構造物等についての危険の有無を検査し、安全と認めた後（坑道式発破にあっては、発破後30分を経過して安全と認めた後）でなければ、何人も発破場所およびその附近に立ち入らせてはなりません。

1-3 火薬類取扱保安責任者

1 火薬類取扱保安責任者の選任

火薬庫の所有者もしくは占有者、または1ヶ月に25kg以上の火薬類を消費する者は、火薬類取扱保安責任者免状を有する者のうちから、火薬類取扱保安責任者を選任し、その職務を行わせなければなりません。

1ヶ月に1t以上の火薬類を消費する現場においては、甲種火薬類取扱保安責任者免状を有する者が、火薬類取扱保安責任者の職務を行うことができます。

2 火薬類取扱保安責任者の職務

火薬類取扱保安責任者が火薬類の貯蔵に係る保安に関して行うべき職務は、以下のとおりです。

①火薬庫の構造、位置または設備が、許可を受けないで変更されることがないよう監督すること。

②火薬類の貯蔵上の取扱い、または火薬庫の構造、位置および設備が、定められた技術上の基準に適合し、または適合して維持されるよう監督すること。この場合、盗難防止に関する事項については、特に注意しなければならない。

③火薬庫の所有者または占有者が販売業者であるときは、保安教育の実施状況を監督すること。

④定期自主検査を指揮し、および監督すること。

⑤火薬庫が近隣の火災その他の事情により危険な状態となり、または火薬類が煙もしくは異臭を発し、その他安定度に異常を呈したときの応急措置を指揮すること。

⑥帳簿の記載および報告の内容について監督すること。

頻出項目をチェック！

1 □	火薬類を取り扱う者は、その所有し、または占有する火薬類、譲渡許可証、譲受許可証を喪失し、または盗取されたときは、遅滞なく警察官は海上保安官にその旨を届け出なければならない。

2 ☐ 発破場所においては、責任者を定め、火薬類の受渡し数量、消費残数量および発破孔または薬室に対する装塡方法をその都度記録しなければならない。

3 ☐ 火薬類の発破を行う場合には、発破場所に携行する火薬類の数量は、当該作業に使用する消費見込量を超えてはならない。

こんな選択肢は誤り！

火工所に火薬類を存置する場合は、見張り人を~~定期的に巡回させる~~。

火工所に火薬類を存置する場合は、見張り人を常時配置する。

発破母線は、点火するまでは点火器に接続する側の端の心線を~~長短不ぞろいにし~~、発破母線の電気雷管の脚線に接続する側は~~短絡させておく~~こと。

発破母線は、点火するまでは点火器に接続する側の端の心線を短絡させ、発破母線の電気雷管の脚線に接続する側は長短不ぞろいにしておくこと。

演 習 問 題

火薬類の取扱い等

火薬法 1 火薬類取締法令上，火薬類の取扱いなどに関する次の記述のうち，**誤っているもの**はどれか。

(1) 何人も，火薬類の製造所又は火薬庫においては，製造業者又は火薬庫の所有者若しくは占有者の指定する場所以外の場所で，喫煙し，又は火気を取り扱ってはならない。

(2) 火薬類を取り扱う者は，その所有し，又は占有する火薬類，譲渡許可証，譲受許可証又は運搬証明書を喪失し，又は盗取されたときは，遅滞なく消防署にその旨を届け出なければならない。
(3) 火薬類の発破を行う場合には，発破場所に携行する火薬類の数量は，当該作業に使用する消費見込量を超えてはならない。
(4) 発破に際しては，あらかじめ定めた危険区域への通路に見張人を配置し，その内部に関係人のほかは立ち入らないような措置を講じ，付近の者に発破する旨を警告し，危険がないことを確認した後でなければ点火してはならない。

答え (2)
喪失・盗取においては、遅滞なく**警察官**または**海上保安官**に届け出なければならない。

火薬類の取扱い等

火薬法 2 火薬類の取扱い等に関する次の記述のうち，火薬類取締法上，**誤っているもの**はどれか。

(1) 消費場所においては，火薬類消費計画書に火薬類を取り扱う必要のある者として記載されている者が火薬類を取り扱う場合には，腕章を付ける等他の者と容易に識別できる措置を講ずること。
(2) 発破母線は，点火するまでは点火器に接続する側の端の心線を長短不ぞろいにし，発破母線の電気雷管の脚線に接続する側は短絡させておくこと。
(3) 発破場所においては，責任者を定め，火薬類の受渡し数量，消費残数量及び発破孔に対する装塡方法をその都度記録させること。
(4) 多数斉発に際しては，電圧並びに電源，発破母線，電気導火線及び電気雷管の全抵抗を考慮した後，電気雷管に所要電流を通ずること。

答え (2)
発破母線は、点火するまでは点火器に接続する側の端の心線を**短絡**させ、電気雷管の脚線に接続する側は**長短不ぞろい**にしておく。

Lesson 01

重要度 ★★★

騒音・振動規制法

学習のポイント

一次

- 特定建設作業の対象作業について理解する。
- 特定建設作業の届出について理解する。

1-1 都道府県知事による地域の指定

1 地域の指定

都道府県知事（市の区域内の地域については、市長）は、住居が集合している地域、病院または学校の周辺の地域その他の騒音を防止することにより住民の生活環境を保全する必要があると認める地域を、特定工場等において発生する騒音・振動および特定建設作業に伴って発生する騒音・振動について規制する地域として指定しなければなりません。

地域を指定しようとする都道府県知事または市長は、関係町村長の意見を聴かなければなりません。これを変更し、または廃止しようとするときも、同様です。

1-2 特定建設作業

1 騒音・振動に関する基準

騒音・振動の対象工事は下表のとおりで、当該作業がその作業を開始した日に終わるものを除きます。

騒音規制法の対象
くい打機（もんけんを除く。）、くい抜機またはくい打くい抜機（圧入式くい打くい抜機を除く。）を使用する作業（くい打機をアースオーガーと併用する作業を除く。）
びょう打機を使用する作業
さく岩機を使用する作業（作業地点が連続的に移動する作業にあっては、1日における当該作業に係る2地点間の最大距離が50mを超えない作業に限る。）（油圧ブレーカー（ジャンボブレーカー）はさく岩機に含まれる。）

空気圧縮機（電動機以外の原動機を用いるものであって、その原動機の定格出力が15kW以上のものに限る。）を使用する作業（さく岩機の動力として使用する作業を除く。）
コンクリートプラント（混練機の混練容量が0.45m^{3}以上のものに限る。）またはアスファルトプラント（混練機の混練重量が200kg以上のものに限る。）を設けて行う作業（モルタルを製造するためにコンクリートプラントを設けて行う作業を除く。）
バックホウ（一定の限度を超える大きさの騒音を発生しないものとして環境大臣が指定するものを除き、原動機の定格出力が80kW以上のものに限る。）を使用する作業
トラクターショベル（一定の限度を超える大きさの騒音を発生しないものとして環境大臣が指定するものを除き、原動機の定格出力が70kW以上のものに限る。）を使用する作業
ブルドーザー（一定の限度を超える大きさの騒音を発生しないものとして環境大臣が指定するものを除き、原動機の定格出力が40kW以上のものに限る。）を使用する作業

振動規制法の対象
くい打機（もんけんおよび圧入式くい打機を除く。）、くい抜機（油圧式くい抜機を除く。）またはくい打くい抜機（圧入式くい打くい抜機を除く。）を使用する作業
鋼球を使用して建築物その他の工作物を破壊する作業
舗装版破砕機を使用する作業（作業地点が連続的に移動する作業にあっては、1日における当該作業に係る2地点間の最大距離が50mを超えない作業に限る。）
ブレーカー（手持式のものを除く。）を使用する作業（作業地点が連続的に移動する作業にあっては、1日における当該作業に係る2地点間の最大距離が50mを超えない作業に限る。）（ブレーカーは油圧ブレーカー（ジャンボブレーカー）である。）

2 騒音・振動の規制値

項目	騒音規制	振動規制
騒音・振動の大きさ	85 dB	75 dB
	測定箇所は敷地境界線	
夜間または深夜作業の禁止時間帯	1号区域：19時から翌日の午前7時まで 2号区域：22時から翌日の午前6時まで	
1日の作業時間の制限	1号区域：1日10時間を超えないこと 2号区域：1日14時間を超えないこと	
作業時間の制限	同一場所において連続6日間を超えないこと	
作業禁止日	日曜日その他の休日は作業禁止	

ゴロ合わせで覚えよう！　騒音・振動の規制基準値

うるさい屋根工事。
(騒音)　　　　(85dB)

揺れで家族も和まない
(振動)　　　　　　　　(75dB)

騒音は騒音規制法により85dB以下に、振動は振動規制法により75dB以下に抑えなければならないと定められている。

3　特定建設作業の届出

指定地域内において、特定建設作業を伴う建設工事を施工しようとする者は、特定建設作業の開始の日の７日前までに次の事項を市町村長に届け出なければなりません。

届出の記載事項は以下のとおりです。

①施工者（元請負人）の氏名または名称、住所、法人にあっては代表者の氏名
②建設工事の目的に係る施設または工作物の種類
③特定建設作業の種類
④特定建設作業に使用される機械の名称、型式および仕様
⑤特定建設作業の場所、実施期間、開始および終了の時刻
⑥騒音または振動の防止方法
⑦発注者の氏名または名称および住所ならびに法人にあってはその代表者の氏名
⑧下請負人が特定建設作業を実施する場合は、当該下請負人の氏名または名称および住所ならびに法人にあってはその代表者の氏名
⑨届出をする者の現場責任者の氏名および連絡場所ならびに下請負人が特定建設作業を実施する場合は、当該下請負人の現場責任者の氏名および連絡場所
⑩添付資料として、工事工程表と作業場所の見取り図

ゴロ合わせで覚えよう！　騒音・振動規制法における特定建設作業の届出

「騒音と振動やめて！」
（騒音・振動規制法）

「どけてなんとかならんかな」
（届出）　（7日）

市長困り顔
（市町村長）

騒音・振動規制法により、特定建設作業の届出は作業開始７日前までに市町村長に行う。

4　緩和措置

災害その他非常事態の発生により、特定建設作業を緊急に行う必要がある場合は、７日前までという規制が緩和され、施工者は、届出ができる状態になった時点でできるだけ速やかに市町村長に届出を行うこととされています。

また、災害その他非常事態の発生時や、人の生命または身体に対する危険を防止するために行う必要がある場合には、騒音・振動の大きさ以外の規制は適用されません。

1-3　雑則

1　報告および検査

市町村長は、この法律の施行に必要な限度において、政令で定めるところにより、特定施設を設置する者もしくは特定建設作業を伴う建設工事を施工する者に対し、特定施設の状況、特定建設作業の状況その他必要な事項の報告を求め、またはその職員に、特定施設を設置する者の特定工場等もしくは特定建設作業を伴う建設工事を施工する者の建設工事の場所に立ち入り、特定施設その他の物件を検査させることができます。

2　騒音・振動の測定

市町村長は、指定地域について、騒音・振動の大きさを測定しなければなりません。

3 改善勧告および改善命令

市町村長は、指定地域内において行われる特定建設作業に伴って発生する騒音・振動が環境省令で定める基準に適合しないことによりその特定建設作業の場所の周辺の生活環境が著しく損なわれると認めるときは、当該建設工事を施工する者に対し、期限を定めて、その事態を除去するために必要な限度において、騒音・振動の防止の方法を改善し、または特定建設作業の作業時間を変更すべきことを勧告することができます。

また市町村長は、改善勧告を受けた者がその勧告に従わないで特定建設作業を行っているときは、期限を定めて、その勧告に従うべきことを命ずることができます。

頻出項目をチェック！

1 □ アースオーガーと併用する杭打ち作業は、特定建設作業に該当しない。

2 □ 作業地点が連続的に移動して１日に移動する距離が50mを超える作業は、特定建設作業に該当しない。

3 □ 特定建設作業における騒音・振動規制基準は、特定建設作業の場所の敷地の境界線において、騒音は85dB、振動は75dBを超えないことである。

4 □ 特定建設作業の実施の届出は、当該特定建設作業の開始の日の７日前までに市町村長に届け出なければならない。

5 □ 災害その他非常事態の発生により特定建設作業を緊急に行う必要がある場合の届出は、速やかに市町村長に届け出なければならない。

こんな選択肢は誤り！

さく岩機を使用し、作業地点が連続的に1日~~100m以上~~移動する擁壁の取り壊し作業は、特定建設作業に該当する。

さく岩機を使用し、作業地点が連続的に1日50mを超えない距離を移動する擁壁の取り壊し作業は、特定建設作業に該当する。

振動の規制に関する基準は、特定建設作業での振動が作業場所の敷地境界線において~~80~~デシベルを超える大きさのものではないこと。

振動の規制に関する基準は、特定建設作業での振動が作業場所の敷地境界線において75デシベルを超える大きさのものではないこと。

演習問題

騒音規制法

騒音・振動1 騒音規制法による指定区域内で次の作業を5日間行った。政令で定められた「特定建設作業」に**該当するもの**は次のうちどれか。

(1) アースオーガーにより，中掘りをしながら，φ400mmの鋼管杭の打込みを行った。
(2) 定格出力41kWのバックホウを使用し，掘削積込み作業を行った。
(3) さく岩機を使用し，作業地点が連続的に1日10m程度移動しながら既存の擁壁の取り壊しを行った。
(4) 切削幅2.2mの路面切削機を使用し，既存道路の切削オーバーレイを行った。

答え (3)

(1) アースオーガーを併用する杭の打込み作業は、特定建設作業に該当しない。

(2) 特定建設作業に該当するのは、定格出力 80kW 以上のバックホウを使用する作業である。
(4) 路面切削機を使用して行う切削オーバーレイは、特定建設作業に該当しない。

振動規制法

騒音・振動 2 振動規制法に関する次の記述のうち，**誤っているもの**はどれか。

(1) 特定建設作業に伴う必要事項の市町村長への届出は，原則として特定建設作業の開始の日の 7 日前までに行わなければならない。
(2) 圧入式くい打ち機を用いた作業で同一地点において 3 日間行うくい打ち作業は，特定建設作業に該当する。
(3) 舗装版破砕機を使用する 3 日間の作業で，作業地点が 1 日に 50m を超えて連続的に移動する作業は，特定建設作業に該当しない。
(4) 特定建設作業における環境省令の振動規制基準は，特定建設作業の場所の敷地の境界線において，75dB を超える大きさのものでないことである。

答え (2)
圧入式くい打ち機を用いた作業は、特定建設作業に該当しない。

ゴロ合わせで覚えよう！ 作業禁止時間帯と 1 日の作業時間

まだ行くな
(19～7 時)
十分じゃない
(10時間)
二重にロックで
(22～6時)
いいよ出発！
(14時間)

第 1 号区域は 19 時～朝 7 時までの間が作業禁止時間帯で 1 日の作業時間は 10 時間以内、第 2 号区域は 22 時～朝 6 時までの間が作業禁止時間帯で 1 日の作業時間は 14 時間以内となっている。→ p.301

Lesson 01

重要度 ★★★

港則法

学習のポイント

一次

- 入出港および停泊について理解する。
- 航路および航法について理解する。

1-1 入出港および停泊

1 入出港の届出

船舶は、特定港に入港したとき、または特定港を出港しようとするときは、国土交通省令の定めるところにより、港長に届け出なければなりません。

ゴロ合わせで覚えよう！ 港長への届出と許可

「入稿(入港)したものを

出張先(出港)に届けて(届出)」って。

今日か(許可)？ 詐欺(作業)かもしれない

船舶が特定港に入港または出港しようとするときは、港長へ届出が必要。また特定港で作業を行うときは、港長の許可が必要。

2 びょう地

特定港内に停泊する船舶は、国土交通省令の定めるところにより、各々そのトン数または積載物の種類に従い、当該特定港内の一定の区域内に停泊しなければなりません。

3 修繕および係船

特定港内においては、汽艇等以外の船舶を修繕し、または係船しようとする者は、その旨を港長に届け出なければなりません。

4 係留等の制限

汽艇等およびいかだは、港内においては、みだりにこれを係船浮標もしくは他の船舶に係留し、または他の船舶の交通の妨げとなるおそれのある場所に停泊させ、もしくは停留させてはなりません。

5 停泊の制限

港内に停泊する船舶は、異常な気象または海象により、当該船舶の安全の確保に支障が生ずるおそれがあるときは、適当な予備びょうを投下する準備をしなければなりません。この場合において汽船は、さらに蒸気の発生その他、直ちに運航できるように準備をしなければなりません。

1-2 航路および航法

1 航路

汽艇等以外の船舶は、特定港に出入し、または特定港を通過するには、国土交通省令で定める航路によらなければなりません。ただし、海難を避けようとする場合その他やむを得ない事由のある場合は、この限りでありません。

船舶は、航路内においては、次の場合を除いては、投びょうし、またはえい航している船舶を放してはなりません。

①海難を避けようとするとき
②運転の自由を失ったとき
③人命または急迫した危険のある船舶の救助に従事するとき
④港長の許可を受けて工事または作業に従事するとき

2 航法

①航路外から航路に入り、または航路から航路外に出ようとする船舶は、航路を航行する他の船舶の進路を避けなければならない。

②船舶は、航路内においては、並列して航行してはならない。

③船舶は、航路内において、他の船舶と行き会うときは、右側を航行しなければならない。

④船舶は、航路内においては、他の船舶を追い越してはならない。

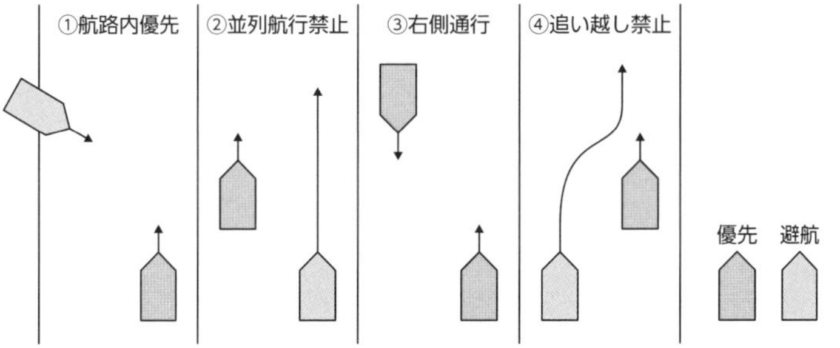

一般的な航法

⑤汽船が港の防波堤の入口または入口附近で他の汽船と出会うおそれのあるときは、入航する汽船は、防波堤の外で出航する汽船の進路を避けなければならない。

⑥船舶は、港内および港の境界附近においては、他の船舶に危険を及ぼさないような速力で航行しなければならない。

⑦帆船は、港内では、帆を減じ、または引き船を用いて航行しなければならない。

⑧船舶は、港内においては、防波堤、ふとうその他の工作物の突端または停泊船舶を右げんに見て航行するときは、できるだけこれに近寄り、左げんに見て航行するときは、できるだけこれに遠ざかって航行しなければならない。

⑨汽艇等は、港内においては、汽艇等以外の船舶の進路を避けなければならない。

⑩総トン数が 500 t を超えない範囲内において国土交通省令で定めるト

ン数以下である船舶であって汽艇等以外のもの（小型船）は、国土交通省令で定める船舶交通が著しく混雑する特定港内においては、小型船および汽艇等以外の船舶の進路を避けなければならない。

⑪小型船および汽艇等以外の船舶は、著しく混雑する特定港内を航行するときは、国土交通省令で定める様式の標識をマストに見やすいように掲げなければならない。

「出航する汽艇等が、防波堤の内で、入航する汽艇等の進路を避けなければならない」とするひっかけ問題が頻出だぞ！

3　危険物

爆発物その他の危険物を積載した船舶は、特定港に入港しようとするときは、港の境界外で港長の指揮を受けなければなりません。また危険物を積載した船舶は、特定港においては、びょう地の指定を受けるべき場合を除いて、港長の指定した場所でなければ、停泊・停留をしてはなりません。

船舶は、以下の場合においては、港長の許可を受けなければなりません。

①特定港において危険物の積込み、積替え、または荷卸しをするとき

②特定港内または特定港の境界附近において危険物を運搬しようとするとき

4　水路の保全

港内または港の境界外１万ｍ以内の水面においては、みだりに、バラスト、廃油、石炭から、ごみその他これに類する廃物を捨ててはなりません。

また、港内または港の境界附近において、石炭、石、れんがその他散乱するおそれのある物を船舶に積み、または船舶から卸そうとする者は、これらの物が水面に脱落するのを防ぐため必要な措置をしなければなり

ません。

港長は、必要があると認めるときは、特定港内において、上記の規定に違反して廃物を捨て、または散乱するおそれのある物を脱落させた者に対し、その捨て、または脱落させた物を取り除くべきことを命ずることができます。

5 灯火等

①船舶は、港内においては、みだりに汽笛またはサイレンを吹き鳴らしてはならない。
②特定港内において使用すべき私設信号を定めようとする者は、港長の許可を受けなければならない。

1-3 雑則

1 工事等の許可

特定港内または特定港の境界附近で工事または作業をしようとする者は、港長の許可を受けなければなりません。

また、特定港内において竹木材を船舶から水上に卸そうとする者、および特定港内においていかだを係留し、または運行しようとする者も、港長の許可を受けなければなりません。

2 灯火の制限

港内または港の境界附近における船舶交通の妨げとなるおそれのある強力な灯火をみだりに使用してはなりません。

3 喫煙等の制限

港内においては、相当の注意をしないで、油送船の附近で喫煙し、または火気を取り扱ってはなりません。

頻出項目をチェック！

1 □ 船舶は、特定港に入港したとき、または特定港を出港しようとするときは、港長に届け出なければならない。

2 □ 汽船が港の防波堤の入口または入口附近で他の汽船と出会うおそれのあるときは、入航する汽船は、防波堤の外で出航する汽船の進路を避けなければならない。

3 □ 特定港内においては、汽艇等以外の船舶を修繕し、または係船しようとする者は、その旨を港長に届け出て、指定された場所に停泊しなければならない。

4 □ 船舶は、特定港において危険物の積込み、積替え、または荷卸しをするときは、港長の許可を受けなければならない。

5 □ 特定港内で工事をしようとする者は、港長の許可を受けなければならない。

こんな選択肢は誤り！

船舶は、航路内において、他の船舶と行き会うときは、~~左側~~を航行しなければならない。

船舶は、航路内において、他の船舶と行き会うときは、右側を航行しなければならない。

船舶は、港内においては、防波堤、ふとうその他の工作物の突端又は停泊船舶を右げんに見て航行するときは、できるだけこれに~~遠ざかり~~、左舷に見て航行するときは、できるだけこれに~~近づいて~~航行しなければならない。

船舶は、港内においては、防波堤、ふとうその他の工作物の突端又は停泊船舶を右げんに見て航行するときは、できるだけこれに近寄り、左舷に見て航行するときは、できるだけこれに遠ざかって航行しなければならない。

演習問題

港則法全般

港則法 1 船舶の航行又は工事の許可に関する次の記述のうち，港則法上，**誤っているもの**はどれか。

(1) 船舶は，港内において防波堤，ふとうその他の工作物の突端又は停泊船舶を右げんに見て航行するときは，できるだけこれに近寄り航行しなければならない。
(2) 汽船が港の防波堤の入口付近で他の汽船と出会うおそれのあるときは，出航する汽船は，防波堤の内で入航する汽船の進路を避けなければならない。
(3) 船舶は，特定港において危険物の積込，積替又は荷卸をするには，港長の許可を受けなければならない。
(4) 特定港内で工事をしようとする者は，港長の許可を受けなければならない。

答え (2)

入航する汽船が、防波堤の外で出航する汽船の進路を避けなければならない。

ゴロ合わせで覚えよう！ 防波堤入口附近の航法

電車に乗るのは
(入航)

降りる客が出てからだよ
(出航)

汽船が港の防波堤の入口または入口附近で他の汽船と出会うおそれのあるときは、入航する汽船は、防波堤の外で出航する汽船の進路を避けなければならない。

港内の航行

港則法 2 港則法上，船舶に関する次の記述のうち，**誤っているもの**はどれか。

(1) 船舶は，港内においては，ふとう，さん橋，岸壁，けい船浮標及びドックの附近にみだりにびょう泊又は停留してはならない。

(2) 特定港内においては，汽艇等以外の船舶を修繕し，又はけい船しようとする者は，その旨を港長に届け出て，指定された場所に停泊しなければならない。

(3) 汽艇等以外の船舶が特定港から出港する場合，その旨を港長に届け出を行い停泊した区域から移動するための許可を受けなければならない。

(4) 港内に停泊する船舶は，異常な気象などにより安全の確保に支障が生ずるおそれがあるときは，適当な予備びょうを投下する準備をしなければならない。

答え (3)

特定港から出港する場合、港長に届け出なければならない。移動するための許可は不要である。

港長の許可

港則法 3 港則法上，特定港内において港長の**許可を必要とするもの**は次のうちどれか。

(1) 船舶を修繕する場合

(2) 船舶が出港しようとする場合

(3) 工事又は作業をする場合

(4) 船舶が，国土交通省令で定める水路を航行する場合

答え (3)

特定港への入出港、特定港内での修繕は、港長への届出を必要とする。

第4章 共通工学

Lesson 01

重要度 ★★☆

測量

学習のポイント

一次

- 測量機器の特徴について理解する。
- 様々な測量方法について理解する。

1-1 水平位置と高さの基準

1 水平位置

公共測量の水平位置は、平面直角座標系によるX座標、Y座標で表示します。平面直角座標系において、水平位置を表示するX座標のX軸は、座標原点をとおる南北方向を基準とし、真北に向かう値を正とします。また、水平位置座標は、既設の観測地点から目標地点の水平角と水平距離により算出することができます。

道路、鉄道、河川などの土木工事の水平位置は、一般的に三角点（基本測量により設置される測量標）および基準点（公共測量により設置される測量標）を基準として求められます。

2 高さ

公共測量の高さ（標高）は、平均海面からの高さを基準として表示します。道路、鉄道、河川などの、特に精度を要する土木工事の標高は、一般的に水準点（基本測量および公共測量により設置される測量標）から求められます。

1-2 測量機器の種類

測量に使用される機器は以下のとおりです。

1 自動レベル

自動レベルは、高低差を調べる測量に用いられ、レベル内部の自動補正機能によりレベルを水平に保つ機能を有しています。

2 電子レベル

電子レベルは、2つの測点上に設置された電子レベル専用標尺のバーコードを検出器で認識して高さと距離を自動的に読み取り、2つの測点間の高低差を自動的に算出できます。

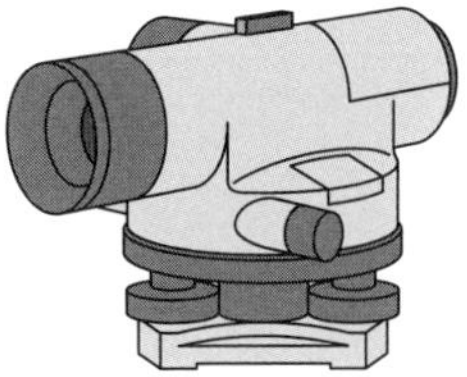

レベル

3 セオドライト

セオドライトは、水平角および鉛直角の測角のための機器で、1回の視準で正確な測角を行えますが、距離を測定することはできません。最近の主流は電子セオドライトで、水平角と鉛直角をデジタル表示します。

4 トータルステーション

トータルステーションは、セオドライトと光波測距儀を一体化したもので、水平角、鉛直角および斜距離を同時に観測し、座標計算を自動的に行います。器械を設置した点と視準する2点間の水平距離と高低差を求めることができます。気温、気圧などの気象データを観測開始直前か終了直後に入力することにより、気象補正、傾斜補正、投影補正、縮尺補正などを行った距離を表示します。また、測定データの記録装置の機能も有しています。ただし、器械高を自動的に読み取ることはできません。

トータルステーション

ゴロ合わせで覚えよう！ **トータルステーションの機能**

「トータル駅」から
（トータルステーション）

角ばった　長距離列車に乗る
（角度測定機能）（距離測定機能）

トータルステーションはセオドライトの角度測定機能と光波測距儀の距離測定機能の両方を併せ持つ。

1-3　GNSSによる測量

GNSS測量は、4個以上のGNSS衛星から送信される衛星の位置や時刻などの情報を1台のアンテナで受信する**単独測位**と、2台以上の受信機を使い、同時に4個以上の同じGNSS衛星を観測する**相対測位**があり、観測点の位置を決定します。森林地帯など電波障害の影響を受ける場所では、要求する測量精度が十分に得られない場合もあります。

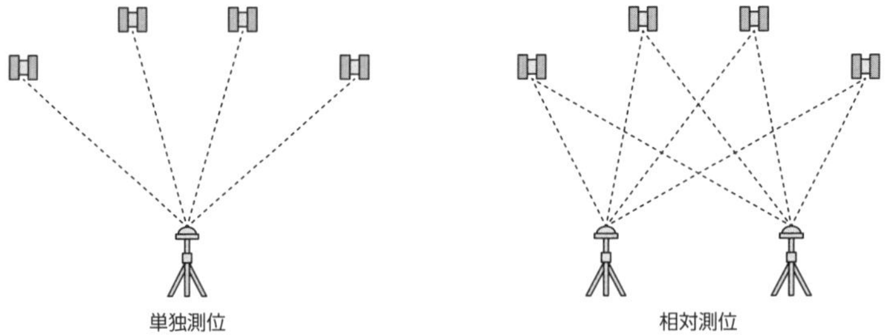

GNSS測量

1-4　トータルステーションによる測量

トータルステーション（TS）は、任意の点に対して観測点からの3次元座標を求め、x、y、zを表示します。そして、座標値を持つ標杭などを基準として、新たに計算された座標値、および既に計算された座標値を持つ点を設置することができます。

測定値の良否の判定は、水平角測定が1対回（望遠鏡正位と望遠鏡反位の1組の観測）の場合、望遠鏡正位と望遠鏡反位の観測結果の較差（同一目標の正位、反位の秒位の差）により行います。距離測定が2回測定の場合は、2回の測定値の差により測定値の良否を判定します。

トータルステーションによる観測では、器械の重さによる三脚のねじれや器械の沈下を起こしやすいので、必要に応じて脚杭などを設けます。

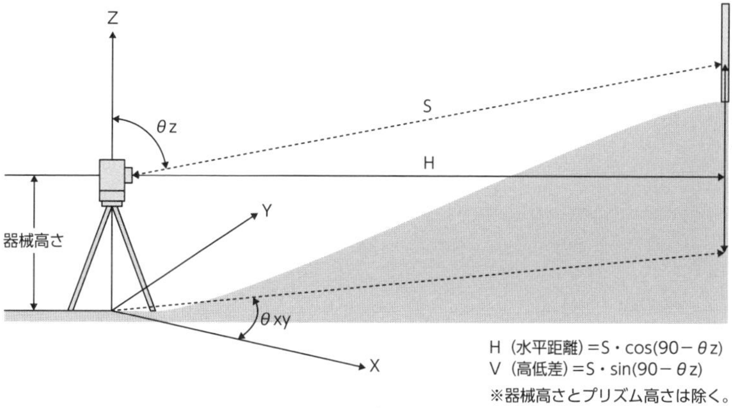

トータルステーションによる水平距離・高低差の求め方

1-5 水準測量

1 水準測量の観測

水準測量は、レベルと標尺（スタッフ）を用いて2点間の高低差を求め、これを連続的に行うことにより、各地点の標高を測定する方法です。

①1級～4級水準測量は1往復観測、簡易水準測量は片道とする。

②標尺は2本1組とし、往路と復路で標尺を交換する。

③レベルは、視準線誤差、気差・球差を除くため、レベルと標尺間の距離を、前視と後視の間隔がなるべく等しくなるようにする。

④標尺底面の摩耗や変形による誤差を消すため、レベルの据付回数を偶数回とし、出発点に立てた標尺を到達点に立てることが必要である。

2 水準測量の計算

水準測量の観測データは野帳に記録して、各点の地盤高を計算します。

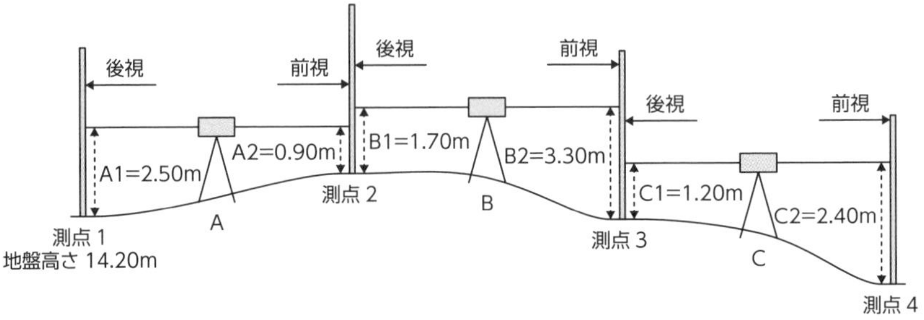

昇降式野帳計算例

測点	後視（m）	前視（m）	高低差		地盤高
			昇（+）	降（－）	
測点 1	2.50				14.20
測点 2	1.70	0.90	1.60		15.80
測点 3	1.20	3.30		1.60	14.20
測点 4		2.40		1.20	13.00

各器械の据付点における、後視－前視の差がプラスの場合は昇りの状態で、マイナスの場合は降下している状態です。

①器械を A に据えた場合 A1 － A2 ＝ 2.50 m － 0.90 m ＝＋ 1.60 m
　よって測点 2 の地盤高さは 14.20 m ＋ 1.60 m ＝ 15.80 m である。

②器械を B に据えた場合 B1 － B2 ＝ 1.70 m － 3.30 m ＝－ 1.60 m
　よって測点 3 の地盤高さは 15.80 m － 1.60 m ＝ 14.20 m である。

③器械を C に据えた場合 C1 － C2 ＝ 1.20 m － 2.40 m ＝－ 1.20 m
　よって測点 4 の地盤高さは 14.20 m － 1.20 m ＝ 13.00 m である。

頻出項目をチェック！

1 □ トータルステーションは、観測した斜距離と鉛直角により、観測点と視準点の高低差を算出できる。

2 □ トータルステーションは、既設の観測地点から目標地点の水平位置を求めることができる。

3 □ トータルステーションは、測距と測角を単一器械で行うことができるが、器械高を自動的に読み取ることはできない。

4 □ トータルステーションによる観測では、気象補正のため、気温、気圧などの気象測定を、距離測定の観測開始直前か終了直後に行う必要がある。

5 □ トータルステーションによる観測では、座標値を持つ標杭などを基準として、新たに計算された座標値、および既に計算された座標値を持つ点を設置できる。

こんな選択肢は誤り！

公共測量の水平位置座標は、既設の観測地点から目標地点の水平角と~~斜距離~~により算出することができる。

公共測量の水平位置座標は、既設の観測地点から目標地点の水平角と水平距離により算出することができる。

~~自動レベル（オートレベル）~~は、2つの測点上に設置された標尺の目盛りを自動的に読み取り、2つの測点間の高低差を自動的に求めることができる。

電子レベルは、2つの測点上に設置された標尺の目盛りを自動的に読み取り、2つの測点間の高低差を自動的に求めることができる。

演習問題

高さを求める測量

測量1 高さを求める測量に関する次の記述のうち，**適当でないもの**はどれか。

(1) 公共測量の高さ（標高）は，平均海面からの高さを基準として表示する。
(2) 一般に，トータルステーションは，電子レベルよりも正確に高さ（標高）を求めることができる。
(3) トータルステーションは，観測した斜距離と鉛直角により，観測点と視準点の高低差を算出できる。
(4) 電子レベルは，2つの測点上に設置されたバーコード標尺を読み取り，2つの測点間の高低差を自動的に算出できる。

答え (2)
一般に、電子レベルのほうが、高さ（標高）を求める精度が高い。

トータルステーション

測量2 トータルステーションを用いて行う測量に関する次の記述のうち，**適当なもの**はどれか。

(1) トータルステーションでは，観測した斜距離と鉛直角により，観測点と視準点の水平距離は算出できるが，高低差は算出できない。
(2) トータルステーションでは，測距と測角を単一器械で行うことができ，器械高を自動的に読み取ることもできる。
(3) トータルステーションによる観測では，座標値を持つ標杭などを基準として，すでに計算された座標値を持つ点を設置することはできない。
(4) トータルステーションによる観測では，気象補正のため，気温，気圧などの気象測定を距離測定の観測開始直前か終了直後に行う必要がある。

答え (4)

(1) トータルステーションでは、高低差も算出できる。

(2) トータルステーションでは、器械高を自動的に読み取ることはできない。

(3) トータルステーションによる観測では、すでに計算された座標値を持つ点を設置することができる。

レベルと標尺を用いる水準測量

測量3 レベルと標尺を用いる水準測量に関する次の記述のうち，**適当でないもの**はどれか。

(1) レベルの円形水準器の調整は，望遠鏡をどの方向に動かしてもレベルの気泡が円形水準器の中央にくるように調整する。

(2) 自動レベルは，円形水準器及び気泡管水準器により観測者が視準線を水平にした状態で自動的に標尺目盛を読み取るものである。

(3) 電子レベルは，電子レベル専用標尺に刻まれたパターンを観測者の目の代わりとなる検出器で認識し，電子画像処理をして高さ及び距離を自動的に読み取るものである。

(4) 標尺の付属円形水準器の調整は，標尺が鉛直の状態で付属水準器の気泡が中央にくるように調整する。

答え (2)

自動レベルは、補正範囲内で自動的に視準線を水平にすることができる器械であり、自動的に標尺目盛を読み取るものではない。

Lesson 01

重要度 ★★★

公共工事標準請負契約約款

学習のポイント

一次

- 発注者と受注者の費用負担について理解する。
- 損害賠償について理解する。

1-1 公共工事標準請負契約約款の規定

発注者と受注者は、各々の対等な立場における合意に基づいて、公正な請負契約を締結し、信義に従って誠実にこれを履行するものとします。

1 設計図書

発注者および受注者は、この約款に基づき、設計図書（別冊の図面、仕様書、現場説明書および現場説明に対する質問回答書をいう）に従い、日本国の法令を遵守し、この契約を履行しなければなりません。

2 自主施工の原則

仮設、施工方法その他工事目的物を完成するために必要な一切の手段については、この約款および設計図書に特別の定めがある場合を除き、受注者がその責任において定めます。

3 権利義務の譲渡等

受注者は、あらかじめ、発注者の承諾を得た場合を除き、契約により生じる権利または義務を第三者に譲渡または承継させてはなりません。

また受注者は、あらかじめ、発注者の承諾を得た場合を除き、発注者の検査に合格した工事材料を第三者に譲渡、貸与、または抵当権その他の担保の目的に供してはなりません。

4 一括下請負の禁止

受注者は、工事の全部もしくはその主たる部分または他の部分から独立してその機能を発揮する工作物の工事を一括して第三者に委任し、または請け負わせてはなりません。

5 現場代理人

現場代理人は、契約の履行に関し、工事現場に常駐し、その運営、取締りを行うほか、請負代金額の変更、請負代金の請求および受領、契約の解除に係る権限を除き、契約に基づく受注者の一切の権限を行使することができます。

現場代理人、監理技術者等（監理技術者、監理技術者補佐または主任技術者をいう）および専門技術者は、これを兼ねることができます。

現場代理人は、工事現場に常駐しなければなりませんが、工事現場における運営などに支障がなく、かつ、発注者との連絡体制が確保されると発注者が認めれば、工事現場への常駐を必要としないことができます。

6 工事材料

①工事材料の品質については、設計図書に定めるところによる。設計図書にその品質が明示されていない場合にあっては、中等の品質を有するものとする。

②受注者は、設計図書において監督員の検査を受けて使用すべきものと

指定された工事材料については、当該検査に合格したものを使用しなければならない。この場合において、検査に直接要する費用は、受注者の負担とする。

③受注者は、工事現場内に搬入した工事材料を監督員の承諾を受けないで工事現場外に搬出してはならない。

④受注者は、設計図書において監督員の検査を受けて使用すべきものと指定された工事材料が検査の結果不合格と決定された場合、決定を受けた日から契約書に定められた日以内に工事現場外に搬出しなければならない。

7　支給材料

発注者が受注者に支給する工事材料または貸与品の引渡しにあたっては、受注者の立会いの上で、発注者の負担において監督員が検査を行います。

受注者は、設計図書に定めるところにより、工事の完成、設計図書の変更等によって不用となった支給材料または貸与品を発注者に返還しなければなりません。

8　工事用地

発注者は、工事用地その他設計図書において定められた工事の施工上必要な用地を受注者が工事の施工上必要とする日までに確保しなければなりません。

9　改造義務

受注者は、工事の施工部分が設計図書に適合しない場合において、監督員がその改造を請求したときは、当該請求に従わなければなりません。

10　確認請求

受注者は、工事の施工に当たり、次の各号の一に該当する事実を発見したときは、その旨を直ちに監督員に通知し、その確認を請求しなければなりません。

①図面、仕様書、現場説明書および現場説明に対する質問回答書が一致しないこと

②設計図書に誤謬《ごびゅう》または脱漏《だつろう》があること

③設計図書の表示が明確でないこと

④工事現場の形状、地質、湧水等の状態、施工上の制約等設計図書に示された自然的または人為的な施工条件と実際の工事現場が一致しないこと

⑤設計図書で明示されていない施工条件について予期することのできない特別な状態が生じたこと

ゴロ合わせで覚えよう！ 確認請求

ゴビ砂漠で水が漏れたら命とり！
（誤謬）　（脱漏）

蓋がきちんと合ってるか
（一致しているか）

確認せい!!
（確認請求）

設計図書の誤謬・脱漏、施工条件等と一致しないことを発見したら、直ちに監督員に通知の上、確認請求する。

11 設計図書の変更

発注者は、必要があると認めるときは、設計図書の変更内容を受注者に通知して、設計図書を変更することができます。この場合において、発注者は、必要があると認められるときは工期もしくは請負代金額を変更し、または受注者に損害を及ぼしたときは、必要な費用を負担しなければなりません。

12 工事の中止

発注者は、受注者の責めに帰すことができない自然的または人為的事象により、工事を施工できないと認められる場合は、工事の全部または一部の施工を一時中止させなければなりません。

また発注者は、必要があると認めるときは、工事の中止内容を受注者に通知して、工事の全部または一部の施工を一時中止させることができます。

発注者は、上記の理由により工事の施工を一時中止させた場合において、必要があると認められるときは、工期もしくは請負代金額を変更し、または受注者が工事の続行に備えて工事現場を維持し、もしくは労働者、建設機械器具等を保持するための費用その他の工事の施工の一時中止に伴う増加費用を必要とし、もしくは受注者に損害を及ぼしたときは、必要な費用を負担しなければなりません。

13 著しく短い工期の禁止

発注者は、工期の延長または短縮を行うときは、この工事に従事する者の労働時間その他の労働条件が適正に確保されるよう、やむを得ない事由により工事等の実施が困難であると見込まれる日数等を考慮しなければなりません。

14 工期の延長

①受注者は、天候の不良、関連工事の調整への協力その他受注者の責めに帰すことができない事由により工期内に工事を完成することができないときは、その理由を明示した書面により、発注者に工期の延長変更を請求することができる。

②発注者は、特別の理由により工期を短縮する必要があるときは、工期の短縮変更を受注者に請求することができる。

15 工期の変更方法

工期の変更については、発注者と受注者とが協議して定めます。ただし、所定の期間内に協議が整わない場合には、発注者が定め、受注者に通知します。

16 臨機の措置

受注者は、災害防止等のため必要があると認めるときは、臨機の措置をとらなければなりません。この場合において、当該措置に要した費用のうち、受注者が請負代金額の範囲において負担することが適当でないと認められる部分については、発注者が負担します。

17 第三者に及ぼした損害

工事の施工について第三者に損害を及ぼしたときは、受注者がその損害を賠償しなければなりません。ただし、その損害のうち、発注者の責めに帰すべき事由により生じたものについては、発注者が負担します。

また、工事の施工に伴い通常避けることができない騒音、振動、地盤沈下、地下水の断絶等の理由により第三者に損害を及ぼしたときは、発注者がその損害を負担しなければなりません。ただし、その損害のうち、工事の施工につき受注者が善良な管理者の注意義務を怠ったことにより生じたものについては、受注者が負担します。

18 不可抗力による損害

受注者は、工事目的物の引渡し前に、天災等で発注者と受注者のいずれの責めに帰すことができないものにより工事目的物等に損害が生じたときは、損害による費用の負担を発注者に請求することができます。

発注者は、上記の請求があったときは、当該損害の額および当該損害の取片付けに要する費用の額の合計額のうち、請負代金額の100分の1を超える額を負担しなければなりません。ただし、災害応急対策または災害復旧に関する工事における損害については、発注者は、損害合計額を負担しなければなりません。

19 検査

発注者は、検査によって工事の完成を確認した後、受注者が工事目的物の引渡しを申し出たときは、直ちに当該工事目的物の引渡しを受けなければなりません。また、発注者は、工事の完成検査において、必要があると認められるときは、その理由を受注者に通知して、工事目的物を最小限度破壊して検査することができます。この場合において、検査または復旧に直接要する費用は、受注者の負担とします。

頻出項目をチェック！

1 □ 受注者は、あらかじめ、発注者の承諾を得た場合を除き、契約により生じる権利または義務を第三者に譲渡し、または承継させてはならない。

2 □ 公共工事の受注者は、原則として工事の全部もしくはその主たる部分または他の部分から独立してその機能を発揮する工作物の工事を一括して第三者に委任し、または請け負わせてはならない。

3 □ 現場代理人は、工事現場に常駐しなければならないが、工事現場における運営などに支障がなく、かつ、発注者との連絡体制が確保されると発注者が認めれば、工事現場への常駐を必要としないことができる。

こんな選択肢は誤り！

受注者は、設計図書において監督員の検査を受けて使用すべきものと指定された工事材料が検査の結果不合格と決定された場合、~~工事現場内に保管~~しなければならない。

受注者は、設計図書において監督員の検査を受けて使用すべきものと指定された工事材料が検査の結果不合格と決定された場合、工事現場外に搬出しなければならない。

演習問題

公共工事標準請負契約約款

契約 1 公共工事標準請負契約約款に関する次の記述のうち，**誤っているもの**はどれか。

(1) 受注者は，原則として工事請負契約により生じた権利又は義務を第三者に譲渡し又は承継させてはならない。
(2) 受注者は，工事の全部若しくはその主たる部分を一括して第三者に請け負わせることはできない。
(3) 受注者は，原則として発注者の検査に合格した工事材料を第三者に譲渡，貸与し又は抵当権その他の担保の目的に供してはならない。
(4) 現場代理人は，いかなる場合においても工事現場に常駐しなければならない。

答え (4)

現場代理人は、工事現場における運営などに支障がなく、かつ、発注者との連絡体制が確保されると発注者が認めれば工事現場への常駐を必要としないことができる。

公共工事標準請負契約約款

契約 2 公共工事標準請負契約約款に関する次の記述のうち，**誤っているもの**はどれか。

(1) 発注者は，受注者の責めに帰すことができない自然的又は人為的事象により，工事を施工できないと認められる場合は，工事の全部又は一部の施工を一時中止させなければならない。
(2) 発注者は，設計図書の変更が行われた場合において，必要があると認められるときは工期若しくは請負代金額を変更し，又は受注者に損害を及ぼしたときは必要な費用を負担しなければならない。
(3) 受注者は，設計図書と工事現場が一致しない事実を発見したときは，その旨を直ちに監督員に口頭で確認しなければならない。

(4) 受注者は，工事の施工部分が設計図書に適合しない場合において，監督員がその改造を請求したときは，当該請求に従わなければならない。

答え (3)

受注者は、設計図書と工事現場が一致しない事実を発見したときは、その旨を直ちに監督員に通知し、確認を請求しなければならない。

発注者と受注者の費用負担

契約 3 発注者と受注者の費用負担に関する次の記述のうち，公共工事標準請負契約約款上，**誤っているもの**はどれか。

(1) 工事目的物の引渡し前に，天災等の不可抗力や発注者の責めに帰するもの及び保険等によりてん補された部分を除いた，工事目的物又は工事材料に生じた損害による費用は，全額受注者が負担する。

(2) 受注者が善良な管理者の注意義務を怠らず，工事の施工に伴い通常避けることができない振動により第三者に損害を及ぼしたときは，発注者がその損害による費用を負担する。

(3) 工事目的物の引渡し前に，天災等の発注者と受注者のいずれの責めにも帰すことができないものにより生じた工事目的物の損害による費用は，全額受注者が負担する。

(4) 工事目的物の引渡し前に，受注者が，災害防止等のためにとった臨機の措置に要した費用は，受注者が請負代金額の範囲において負担することが適当でないと認められる部分については，発注者が負担する。

答え (3)

工事目的物の引渡し前に、天災等の発注者と受注者のいずれの責めにも帰すことができないものにより生じた工事目的物の損害による費用は、発注者が、原則として、その損害の額および損害の取片付けに要する額の合計額のうち、請負代金額の 100 分の 1 を超える額を負担する。

Lesson 01 重要度 ★★★

設計図の読み方

学習のポイント 一次

- 配筋図の読み方について理解する。
- マスカーブの読み方について理解する。

1-1 配筋図の読み方

逆T型擁壁の設計では、壁部は底版に固定されているため、土圧を受けると、上部が外側にたわもうとする応力が加わります。その場合、内側の鉄筋は伸びる方向になりますので、引張鉄筋といい、外側の鉄筋は縮もうとするので、圧縮鉄筋となります。

1 逆T型擁壁の配筋図

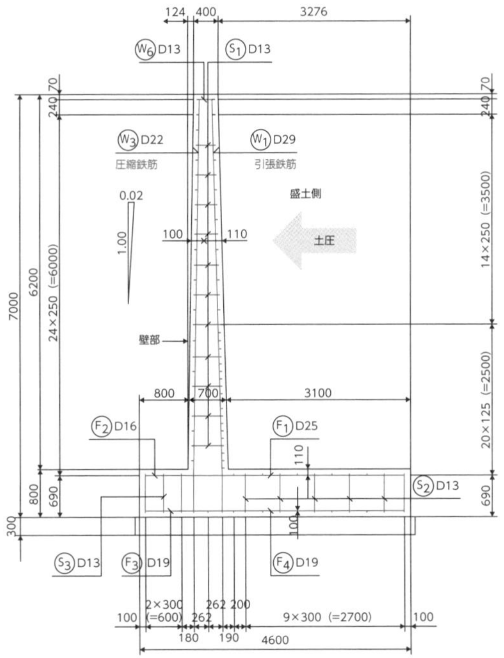

逆T型擁壁の断面配筋図（単位：mm）

2 擁壁の配筋図

一般図

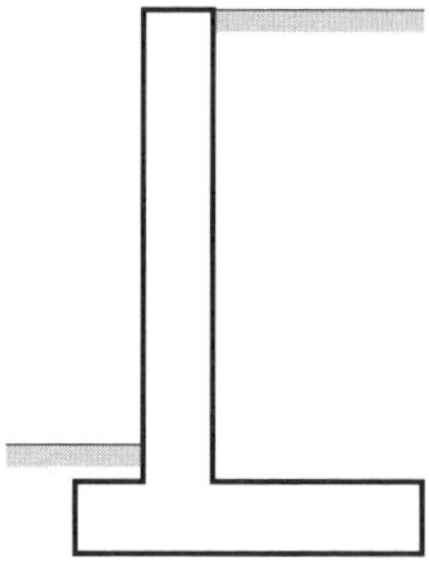

底　版

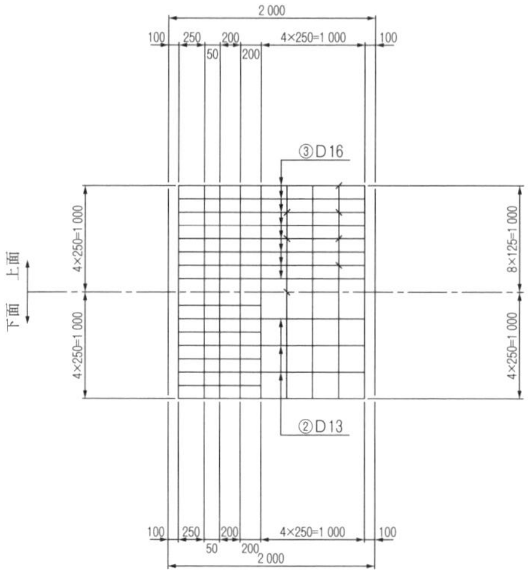

断　面　図

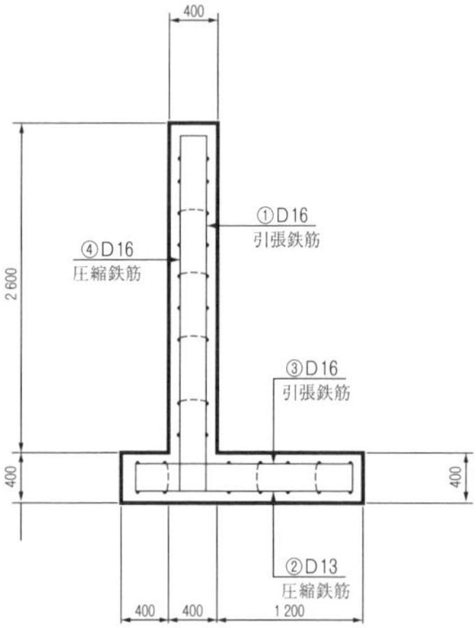

た　て　壁

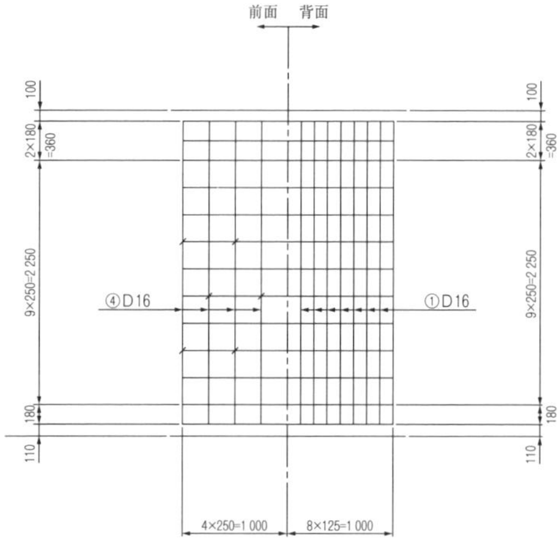

3 ボックスカルバートの配筋図

主鉄筋とは、鉄筋コンクリート部材に作用する断面力（曲げモーメント、せん断力、ねじりモーメント）に対して鉄筋量が計算される軸方向引張鉄筋および圧縮鉄筋、せん断補強鉄筋等をいいます。

一般図

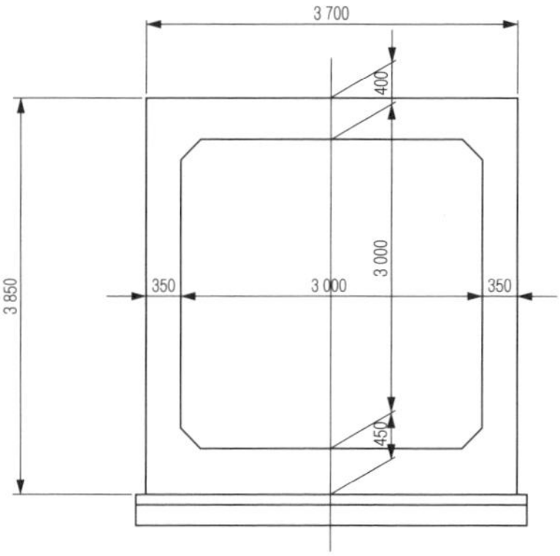

頂版

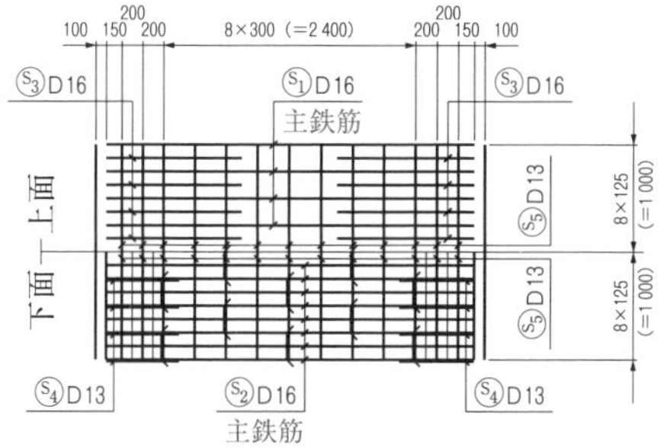

側壁

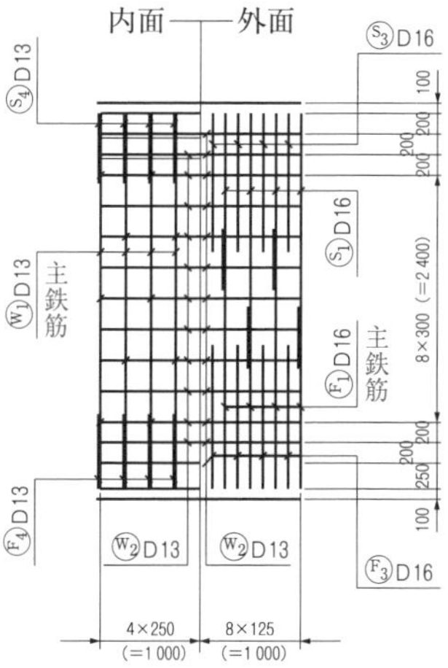

断面図

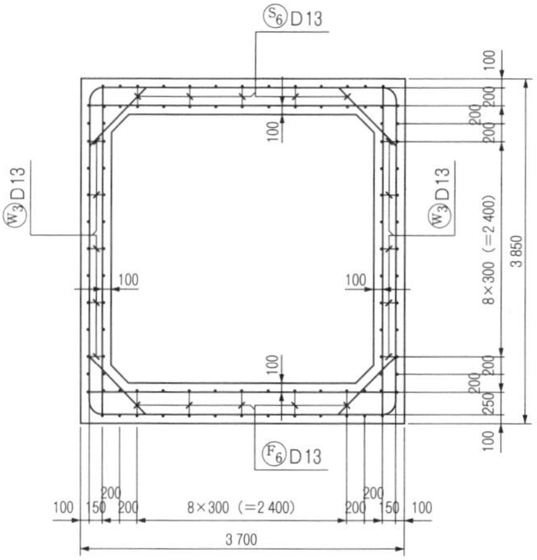

単位（mm）

1-2　土積曲線（マスカーブ）の読み方

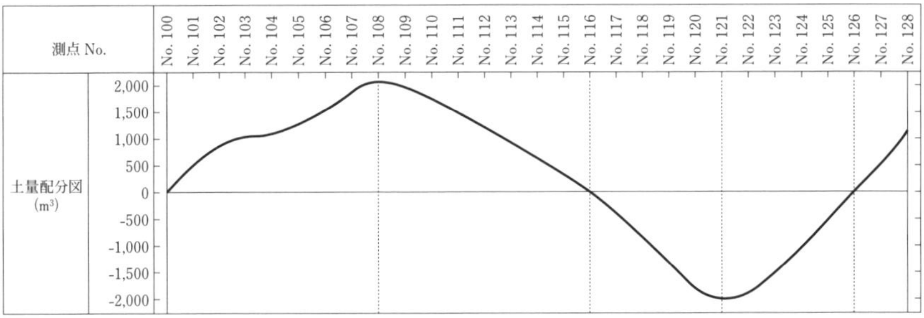

土積曲線（マスカーブ）は、土量の累計量を示す図です。読み方は、以下のとおりです。

①上昇勾配区間は切土区間である。（No.100 ～ 108、No.121 ～ 128）
②下降勾配区間は盛土区間である。（No.108 ～ 121）
③土量が0になる区間の発生土量と使用土量は均衡している。（No.100 ～ 116、No.116 ～ 126）
④工事の終点での土量がプラスであれば、残土が発生する。
⑤工事の終点での土量がマイナスであれば、土が不足している。

ゴロ合わせで覚えよう！　土積曲線（マスカーブ）

マスカット
（マスカーブ）

上って
（上昇勾配区間）

切ったら
（切土）

下りて
（下降勾配区間）

盛るだけ
（盛土）

土積曲線（マスカーブ）において、上昇勾配区間は切土区間であり、下降勾配区間は盛土区間である。

演習問題

ボックスカルバートの配筋図

設計1 下図は，ボックスカルバートの配筋図を示したものである。この図における配筋に関する次の記述のうち，**適当でないもの**はどれか。

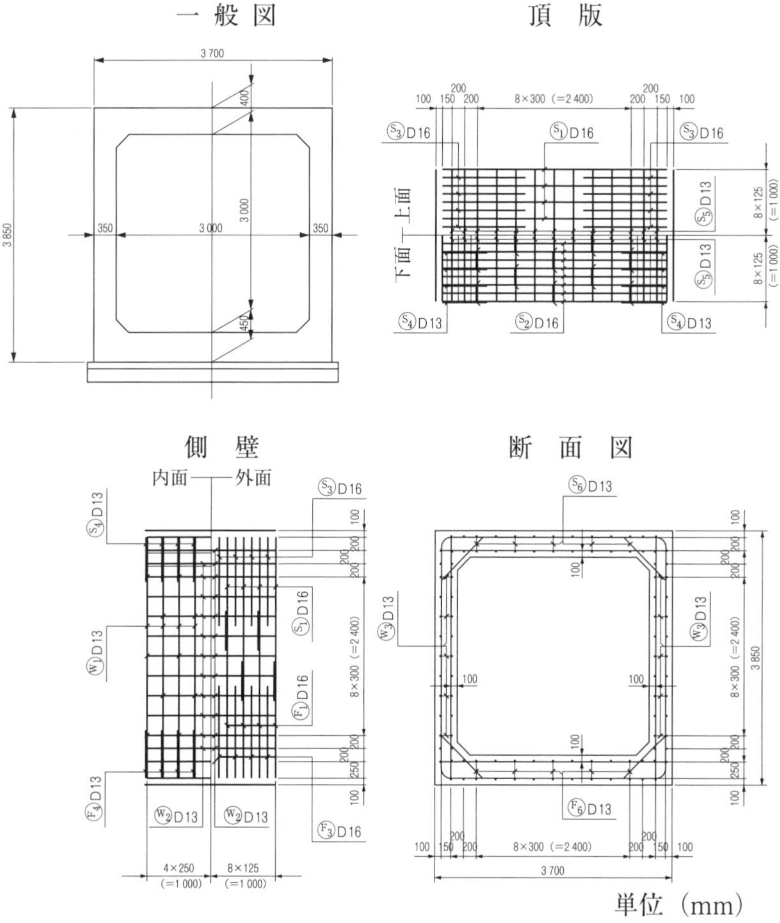

(1) 頂版の主鉄筋は，径16mmの異形棒鋼である。

(2) 頂版の下面主鉄筋の間隔は，ボックスカルバート軸直角方向に250mmで配置されている。

(3) 側壁の外面主鉄筋の間隔は，ボックスカルバート軸直角方向に250mmで配置されている。
(4) 側壁の内面主鉄筋は，径13mmの異形棒鋼である。

答え (2)

頂版の下面主鉄筋はS_2で、間隔はボックスカルバート軸直角方向に125mmで配置されている。

土積曲線（マスカーブ）

設計2 下図は，工事起点No.100から工事終点No.128（工事区間延長560m）の道路改良工事の土積曲線（マスカーブ）を示したものであるが，次の記述のうち**適当でないもの**はどれか。

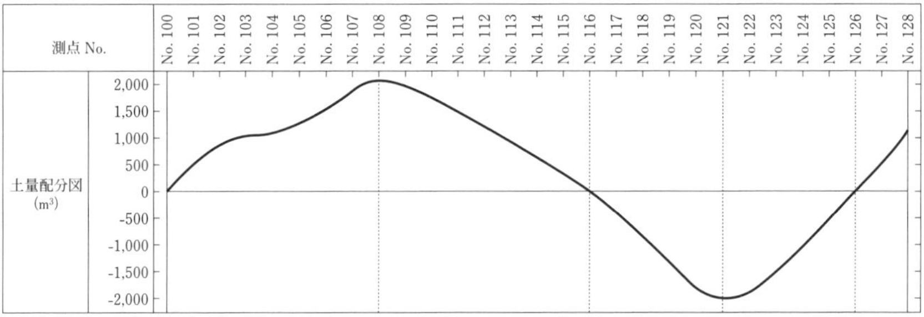

(1) 当該工事区間では，切土区間より盛土区間のほうが長い。
(2) 当該工事区間では，使用土量より発生土量のほうが多く残土が発生する。
(3) No.100からNo.116の区間では，発生土量と使用土量が均衡する。
(4) No.100からNo.108の区間は，切土区間である。

答え (1)

切土区間はNo.100～108、No.121～128の15区間、盛土区間はNo.108～121の13区間であり、切土区間のほうが長い。

第5章

施工管理法

1 施工計画

2 建設機械・電気設備

3 工程管理

4 安全管理

5 品質管理

6 環境保全

7 建設副産物

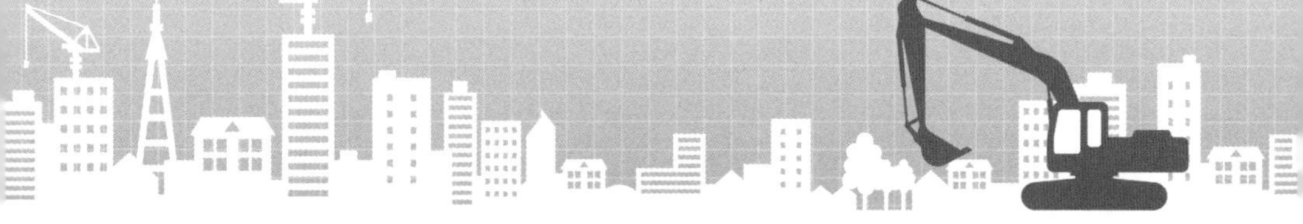

Lesson 01

重要度 ★★★

施工計画

学習のポイント

一次 二次

- **施工計画作成時の留意事項について理解する。**
- **施工体制台帳について理解する。**

1-1 事前調査

施工計画を作成するためには、事前調査を行い、目的構造物の設計図書（契約書、設計図面および仕様書など）に精通するとともに、契約条件や現場条件を十分に理解する必要があります。施工計画を作成するための契約条件と現場条件に関する事前調査で確認の必要な事項は、次の表のとおりです。

契約条件と現場条件

契約条件	現場条件
(1) **契約内容の確認** ①事業損失、不可抗力による損害に対する取扱方法 ②工事中止に基づく損害に対する取扱方法 ③資材、労務費の変動に基づく変更の取扱方法 ④工事代金の支払い条件 ⑤かし担保の範囲等 ⑥数量の増減による変更の取扱方法 (2) **設計図書の確認** ①図面と現場との相違点および数量の違算の有無 ②図面、仕様書、施工管理基準などによる規格値や基準値 ③現場説明事項の内容 (3) **その他の確認** ①監督職員の指示、承諾、協議事項の範囲 ②当該工事に影響する附帯工事、関連工事 ③工事が施工される都道府県、市町村の各種条例とその内容	①地形・地質・土質・地下水（設計図書との照合も含む） ②施工に関係のある水文気象データ ③施工方法、仮設方法・規模、施工機械の選択方法 ④動力源、工業用水の入手方法 ⑤材料の供給源と価格および運搬路 ⑥労務の供給、労務環境、賃金の状況 ⑦工事によって支障を生じる問題点 ⑧用地買収の進捗状況 ⑨隣接工事の状況 ⑩騒音、振動などに関する環境保全基準、各種指導要綱の内容 ⑪文化財および地下埋設物の有無 ⑫建設副産物の処理方法・処理条件など ⑬その他

1-2 施工計画作成時の留意事項

1 基本事項

施工計画では、工事の施工にあたり与えられた契約図書に基づき、施工方法、施工順序および資源調達方法などについて計画します。施工計画は、施工の管理基準となるとともに、品質、工程、原価、安全の4つの要素を満たす管理計画でなければなりません。

施工計画の作成における留意点は、以下のとおりです。

①事前調査の結果から工事の制約条件や課題を明らかにし、それらを基に工事の基本方針を策定する。

②発注者の要求品質を確保するとともに、安全を最優先にした施工を基本とした計画とする。

③過去の技術にとらわれず、新工法・新技術を採り入れ、工夫・改善を心がける。

④社内組織を最大限に活用しつつ、現場を熟知して実作業を担当する協力業者とも連携して計画書を作成する。

⑤発注者から指示された工期が最適な工期とは限らないので、指示された工期の範囲で、さらに経済的な工程を模索する。

⑥いくつかの代案により、経済的に安全、品質、工程を比較検討して、最良の計画を採用することに努める。

⑦全体工程のバランスを考え、作業の過度な凹凸を避ける。

2 建設機械の選定

建設機械の選定においては、作業の種類、工事規模、土質条件、運搬距離などの現場条件のほか、建設機械の普及度や作業中の安全性を確保できる機械であることなども考慮する必要があります。また、建設機械の機種・性能により適用範囲が異なり、同じ機能を持つ機械でも現場条件により施工能力は違ってくるので、その機械の能率を最大限に発揮できる施工法を検討します。

①工事全体を検討して、台数や機種を調整し、機種ごとに現場存置期間を決め、月ごとに機種と台数を決める。

②作業量をできるだけ平滑化し、施工期間中の使用機械の必要量が大きく変動しないように計画する。

③建設機械の合理的な組合せを計画するためには、組合せ作業のうちの主作業を明確に選定し、主作業を中心に、各分割工程の施工速度を検討する必要がある。

④組合せ建設機械の選択は、可能な限り繰返し作業を増やすことにより習熟をはかって効率を高めるとともに、従作業の機械の施工能力は、主作業の施工能力と同等あるいは幾分上回るようにする。

⑤建設機械の組合せ作業能力は、組み合わせた各建設機械の中で最小の作業能力の建設機械で決定する。

1-3　仮設備計画

1　指定仮設と任意仮設

仮設備には、発注者が仕様書に規定する指定仮設と、施工者の判断に任せられる任意仮設があります。

1 指定仮設

指定仮設は、土留め、仮締切りなどの重要な仮設備で、発注者が設計仕様、数量、設計図面、施工方法、配置などを指定するものであり、構造や仕様が変更になった場合には、発注者の承諾を得て、契約変更（設計変更）の対象になります。

2 任意仮設

任意仮設は、その構造について条件は明示されず、経費は一式計上され、どのようにするかは請負者の技術力などで合理的な仮設備を計画します。そのため、契約変更の対象にはなりません。

2　仮設備計画の留意点

①仮設備計画の策定にあたっては、本工事の工法・仕様などの変更にできるだけ追随可能な柔軟性のある計画とする。

②仮設備計画の策定にあたっては、仮設物の運搬、設置、運用、メンテ

ナンス、撤去などの面から総合的に考慮する。

③仮設は、その使用目的、使用期間に応じて作業中の衝撃、振動を十分考慮に入れた設計を用いて強度計算を行い、仮設の重要度に応じた値を採用し、労働安全衛生規則などの基準に合致しなければならない。

④仮設に使用する材料は、一般の市販品を使用し、可能な限り規格を統一することにより、入手、設置等の省力化や他工事への転用ができるように計画する。

⑤仮設構造物は、使用期間が短い場合は安全率を多少割り引くことができるが、使用期間が長期にわたるものや、重要度の大きい場合は、相応の安全率を採る必要がある。

⑥仮設工事の設計において、仮設構造物に繰返し荷重や一時的に大きな荷重がかかる場合は、安全率に余裕を持たせた検討が必要であり、補強などの対応を検討する。

⑦仮設工事での型枠支保工に作用する鉛直荷重のうち、コンクリート打込みに必要な機械・器具などの質量による荷重は、作業荷重として扱われる。

⑧周辺環境に関しては、周辺構造物、地下埋設物、交通量の状況などの周辺環境条件を考慮し、条件に適したものとする。

1-4 原価管理計画

1 原価管理の目的

原価管理とは、最も経済的な施工計画を立て、これに伴って実行予算を作成して、工事の進捗とともに、実行予算と実際に発生した実施原価とを比較して、差異の原因を分析・検討し、実行予算を確保するための原価の引下げの処置を講じるなど、工事を経済的に施工できるように費用を予測し、管理することです。

また、原価管理の目的には、将来の同種工事の見積りに役立たせるため、原価資料を収集・整理することも含まれます。原価管理は、実行予算の作成時点から始まり、工事決算時点まで実施されます。

施工担当者は、常に工事の原価を把握し、実行予算と発生原価の比較対照を行う必要があります。

2 実行予算

実行予算とは、具体的な施工計画、工程計画に基づいて算出した、施工に必要な事前原価であり、工事管理の方針、施工計画の内容を費用の面で裏付けて、施工担当者が施工する基準を設定するものです。実行予算は、契約後に現地を詳細調査し、契約図書を再度照査し直し、本格的な施工のための詳細施工計画を立てて、見積りを見直して実態に即して作成します。実行予算の粗利計画は、企業の利益計画と直結するものです。

施工担当者は、実行予算に対して**コスト縮減目標**や**実行予算目標**などを設定し、その目標に対して実績がどのようになっているかを追求し、目標達成に努めることが重要です。

3 原価管理の留意点

①原価管理を有効に実施するためには、前もってどのような手順・方法で、どの程度の細かさで**原価計算**を行うかを決めておくことが必要である。

②原価を引き下げるためには、ムリ・ムダ・ムラを排除する創意工夫が重要であり、コストダウンについて誰でも参加できる**提案制度**をつくることが望ましい。

③原価管理を実施する体制は、担当する工事の内容ならびに**責任と権限**を明確化し、各職場、各部門を有機的・効果的に結合させる必要がある。

④原価管理は、天災その他**不可抗力**による損害などの内容も含め、条件変更など工事の変更、中止、物価、労賃の変動等については、考慮する必要がない。

1-5 施工体制台帳の整備

1 施工体制台帳の作成

特定建設業者は、発注者から直接建設工事を請け負った場合において、当該建設工事を施工するために締結した**下請契約の請負代金の総額が 4,500 万円（建築一式工事は 7,000 万円）以上**になるときは、施工体制台帳を作成し、工事現場ごとに備え置かなければなりません。なお、発注者から請求があったときは、その発注者の閲覧に供しなければなりません。

また、施工体制台帳の作成を義務づけられた建設工事においては、その工事の下請負人は、請け負った工事を他の建設業を営む者に請け負わせたときは、元請負人に対して、その者の商号または名称、請け負わせた建設工事の内容、工期などを通知しなければなりません。施工体制台帳の作成を義務づけられた者は、再下請負通知書に記載されている事項に変更が生じた場合には、施工体制台帳の修正、追加を行わなければなりません。

施工体制台帳への記載事項（抜粋）

1　作成建設業者に関する事項

①許可を受けて営む建設業の種類

②健康保険等の加入状況

2　作成建設業者が請け負った建設工事に関する事項

①建設工事の名称、内容および工期

②発注者と請負契約を締結した年月日、当該発注者の商号、名称または氏名および住所ならびに当該請負契約を締結した営業所の名称および所在地

③発注者が監督員を置くときは、当該監督員の氏名および請負人への通知事項

④作成建設業者が現場代理人を置くときは、当該現場代理人の氏名および注文者への通知事項

⑤主任技術者または監理技術者の氏名、その者が有する主任技術者資格または監理技術者資格、およびその者が専任の主任技術者または監理技術者であるか否かの別

⑥建設工事の施工の技術上の管理をつかさどる者で、上記の

主任技術者または監理技術者以外のものを置くときは、その者の氏名、その者が管理をつかさどる建設工事の内容およびその有する主任技術者資格

3　当該建設工事の下請負人に関する事項

①商号または名称および住所

②当該下請負人が建設業者であるときは、その者の許可番号およびその請け負った建設工事に係る許可を受けた建設業の種類

③健康保険等の加入状況

4　当該下請負人が請け負った建設工事に関する事項

①建設工事の名称、内容および工期

②当該下請負人が注文者と下請契約を締結した年月日

（以下、略）

作成建設業者が請け負った建設工事の作業手順は、記載事項に含まれないぞ。

2　施工体系図

施工体系図は、下請負人ごとに、かつ、各下請負人の施工の分担関係が明らかとなるよう系統的に表示して作成しておかなければなりません。また、施工体系図を当該工事現場の見やすい場所に掲げなければなりません。

施工体系図は、当該建設工事の目的物の引渡しをしたときから10年間は保存しなければなりません。

ゴロ合わせで覚えよう！ 施工体系図の保存

セコっ！体育会系
（施工体系図）

にだけ一礼
（10年間）

施工体系図は、当該建設工事の目的物の引渡しをしたときから10年間は保存しなければならない。

1-6 関係機関への届出・許可申請

許可申請

許可申請の種類	提出先
道路使用許可	所轄警察署長
道路占用許可	道路管理者
特殊車両通行許可	道路管理者
火薬庫設置許可	都道府県知事

届出

届出の種類	届出先
保険関係成立届	所轄労働基準監督署長・公共職業安定所長
機械等設置届	所轄労働基準監督署長
電気設備設置届	所轄消防署長
特定建設作業実施届	市町村長

頻出項目をチェック！

1 □ 施工計画は、発注者の要求する品質を確保するとともに、安全を最優先にした施工を基本とした計画とする。

2 □ 施工計画の作成にあたっては、過去の技術にとらわれず、新工法・新技術を採り入れ、工夫・改善する。

3 □ 施工計画の作成にあたっては、社内組織を最大限に活用しつつ、現場を熟知して実作業を担当する協力業者とも連携して計画書を作成する。

4 □ 施工計画の作成にあたっては、発注者から指示された工期が最適な工期とは限らないので、指示された工期の範囲でさらに経済的な工程を模索することも重要である。

5 □ 施工計画の作成にあたっては、いくつかの代案により、経済的に安全、品質、工程を比較検討して最良の計画を採用することに努める。

6 □ 建設機械の使用計画を立てる場合は、作業量をできるだけ平滑化し、施工期間中の使用機械の必要量が大きく変動しないように計画する。

7 □ 建設機械は、機種・性能により適用範囲が異なり、同じ機能を持つ機械でも現場条件により施工能力が違うので、その機械が最大能率を発揮できるように選定する。

8 □ 組合せ機械の選択においては、主要機械の能力を最大限に発揮させるため、従作業の施工能力を主作業の施工能力と同等、あるいは幾分高めにする。

9 □ 建設機械の組合せ作業能力は、組み合わせた各建設機械の中で最小の作業能力の建設機械で決定する。

10 □ 仮設工事計画の策定にあたっては、本工事の工法・仕様などの変更にできるだけ追随可能な柔軟性のある計画とする。

11 □ 仮設工事の材料は、一般の市販品を使用して可能な限り規格を統一し、その主要な部材については他工事にも転用できるようにする。

12 □ 仮設構造物は、使用期間が短いなどの要因から一般に安全率は多少割り引いて設計することがあるが、使用期間が長期にわたるものや重要度の大きいものは、相応の安全率をとる。

13 □ 原価管理の目的は、実際原価と実行予算を比較してその差異を見出し、これを分析・検討して適時適切な処置をとり、実際原価を実行予算まで、ないしは実行予算より低くすることである。

14 □ 原価管理は、工事受注後、最も経済的な施工計画をたて、これに基づいた実行予算の作成時点から始まって、工事決算時点まで実施される。

15 □ 施工体制台帳を作成する必要がある公共工事の特定建設業者は、各下請の施工の分担関係を表示した施工体系図を作り、公衆の見やすい場所に掲示しておかなければならない。

16 □ 一次下請人から建設工事の一部を請け負った者は、さらに再下請をした場合にはその者が再下請通知書を作成し、元請である特定建設業者に提出しなければならない。

17 □ 道路上に工事用板囲い、足場その他の工事用施設を設置し、継続して道路を使用する場合は、道路管理者の許可が必要である。

18 □ 特殊な車両にあたる自走式建設機械を通行させようとする者は、その道路の道路管理者の特殊車両通行許可を受けなければならない。

こんな選択肢は誤り！

特定建設業者が施工体制台帳の作成を義務づけられている建設工事において、その下請負人は、請け負った工事を再下請に出すときは、~~発注者~~に再下請負人の名称などを通知しなければならない。

特定建設業者が施工体制台帳の作成を義務づけられている建設工事において、その下請負人は、請け負った工事を再下請に出すときは、元請負人に再下請負人の名称などを通知しなければならない。

演習問題

施工計画の作成

施工計画 1 施工計画の作成にあたっての留意事項に関する次の記述のうち，**適当でないもの**はどれか。

(1) 発注者の要求品質を確保するとともに，安全を最優先にした施工を基本とした計画とする。
(2) 過去の技術にとらわれず，新工法・新技術を取り入れ，工夫・改善を心がける。
(3) その現場を熟知した現場担当者の経験だけに基づいて作成する。
(4) 計画は1つのみでなく，複数の案を考えて比較検討し，最良の計画を採用することに努める。

答え (3)
施工計画の作成にあたっては、その現場を熟知した現場担当者の経験だけに基づかず、社内組織を最大限に活用する。

仮設工事

施工計画 2 仮設工事に関する次の記述のうち，**適当でないもの**はどれか。

(1) 仮設構造物の安全率は，使用期間が短いもの，使用期間が長期にわたるもの，重要度の高いものなどもあるので，すべて本体構造と同じ安全率で計画する。
(2) 仮設工事に使用する材料は，一般の市販品を使用し，可能な限り規格を統一して他工事でも転用できるような計画にする。
(3) 仮設工事計画の策定にあたっては，本工事の工法・仕様などの変更にできるだけ追随可能な柔軟性のある計画とする。
(4) 仮設工事計画の策定にあたっては，仮設物の運搬，設置，運用，メンテナンス，撤去などの面から総合的に考慮する。

答え (1)
短期の仮設構造物の安全率は多少割り引くことができるが、長期にわたるもの、重要度の高いものは、相応の安全率を採る必要がある。

施工計画

応用能力 施工計画作成の留意事項に関する下記の文章中の ＿＿＿＿ の（イ）～（ニ）に当てはまる語句の組合せとして，**適当なもの**は次のうちどれか。

・施工計画の作成は，発注者の要求する品質を確保するとともに，**(イ)** を最優先にした施工を基本とした計画とする。
・施工計画の検討は，これまでの経験も貴重であるが，新技術や **(ロ)** を取り入れ工夫・改善を心がけるようにする。
・施工計画の作成は，一つの計画のみでなく，いくつかの代替案を作り比較検討して，**(ハ)** の計画を採用する。
・施工計画の作成にあたり，発注者から指示された工期が最適工期とは限らないので，指示された工期の範囲内でさらに **(ニ)** な工程を探し出すことも大切である。

	(イ)	(ロ)	(ハ)	(ニ)
(1)	工程	新工法	標準	画一的
(2)	安全	既存工法	標準	画一的
(3)	安全	新工法	最良	経済的
(4)	工程	既存工法	最良	経済的

答え (3)

Lesson 01

重要度 ★★☆

建設機械・電気設備

学習のポイント

一次

- 建設機械の特徴について理解する。
- 電気設備の感電防止について理解する。

1-1 建設機械

1 建設機械の種類

掘削機械	・機械式ショベル（パワーショベル、クラムシェル、ドラグライン等） ・油圧式ショベル（バックホウ、ローディングショベル、クラムシェル等）
締固め機械	・ロードローラ（マカダムローラ、タンデムローラ） ・タイヤローラ ・振動ローラ ・タンピングローラ
基礎工事用機械	・ディーゼルパイルハンマ ・油圧パイルハンマ ・振動パイルハンマ ・油圧式杭圧入引抜き機

2 掘削機械

1 機械式クラムシェル

機械式クラムシェルは、バケットの重みで土砂に食い込み、掘削するもので、一般土砂の孔掘り、ウェルなどの基礎掘削、河床・海底の浚渫などに使用します。

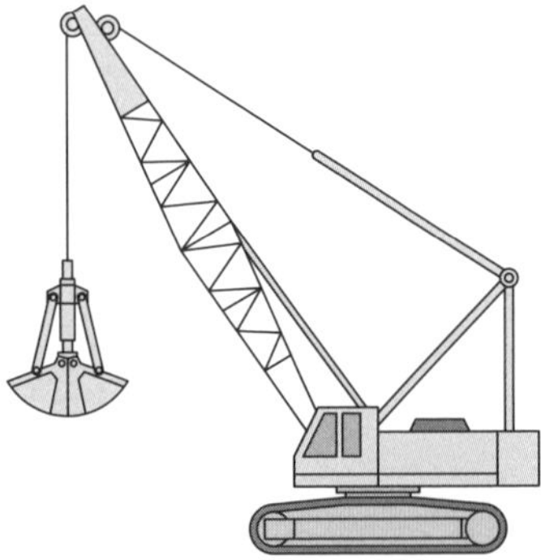

2 ドラグライン

ドラグラインは、掘削半径が大きく、ブームのリーチより遠いところまで掘れ、水中掘削も可能で、河川や軟弱地の改修工事などに適しています。

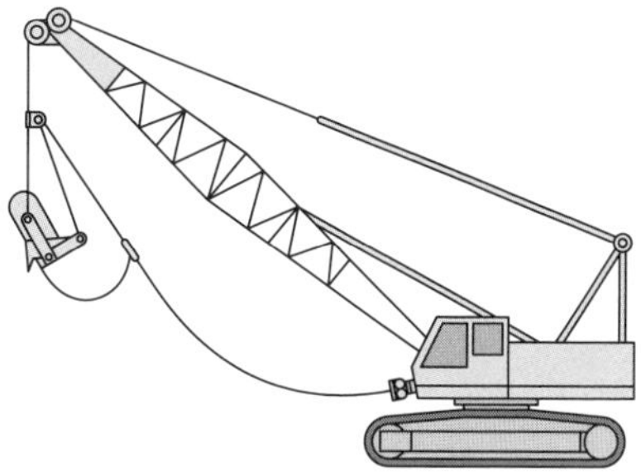

3 バックホウ

バックホウは、機械が設置された地盤より低いところを掘るのに適した機械で、水中掘削もでき、機械の質量に見合った掘削力が得られます。掘削した後の仕上り面がきれいで、垂直掘りなども正確に掘れるので、溝掘りや法面の整形などに使用されます。

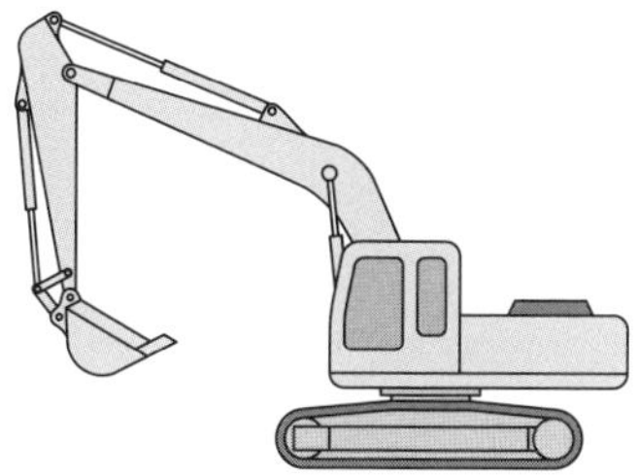

4 ハイブリッド型油圧式ショベル

ハイブリッド型油圧式ショベルは、旋回制動時やブームの下げ時に発生するエンジンの回転によるエネルギーを電気エネルギーに変換してそれを蓄えておき、エンジンをアシストする方式です。従来型のエンジンのみによる方式より、省エネ効果が期待できます。

3 締固め機械

1 ロードローラ

ロードローラは、鉄輪を用いた締固め機械で、マカダム型とタンデム型があり、アスファルト混合物や路盤の締固め、および路床の仕上げ転圧などの道路工事に使用されます。

2 タイヤローラ

タイヤローラは、空気入りタイヤの特性を利用して締固めを行うもので、タイヤの接地圧は載荷重および空気圧で変化させることができるため、機動性に富み、比較的種々の土質に適用できます。路床、路盤の施工に使用されます。

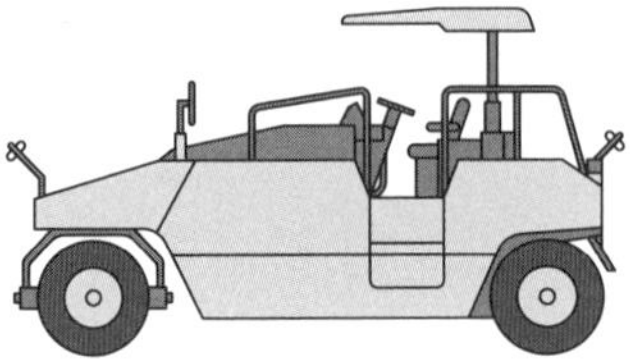

3 振動ローラ

振動ローラは、ローラに起振機を組み合わせ、振動によって小さな重量で大きな締固め効果を得るものであり、一般に粘性に乏しい砂利や砂質土の締固めに効果的です。比較的小型でも高い締固め効果を得ることができます。

4 タンピングローラ

タンピングローラは、ローラの表面に突起をつけ、先端に荷重を集中できるため、土塊や岩塊などの破砕や締固め、粘質性の強い粘性土の締固めに効果的です。層厚の土の転圧に適しています。

4 基礎工事用機械

1 ディーゼルパイルハンマ

ディーゼルパイルハンマは、大きな打撃力が得られるため、施工速度が速く、機動性に富み、比較的硬い地盤の海洋工事や大型杭工事に使用されます。

2 油圧パイルハンマ

油圧パイルハンマは、大きな打撃エネルギーを発生することができ、コンクリート杭工事に使用されます。

3 振動パイルハンマ

振動パイルハンマには、多くの機種があり、各杭種・工法に幅広く適用することができ、軟らかい地盤での鋼矢板、鋼管等の工事に使用されます。

4 油圧式杭圧入引抜き機

油圧式杭圧入引抜き機は、運搬が容易であり、低振動・低騒音で施工ができ、郊外地や軟らかい地盤での工事に使用されます。

5 建設機械用エンジン

建設機械では、一般に負荷に対する即応性、燃料消費率、耐久性及び保全性などが良好であるため、ディーゼルエンジンの使用がほとんどです。

ガソリンエンジンは、排出ガスを触媒に通すことで、窒素酸化物・一酸化炭素等をほぼ100%近く取り除くことができますが、ディーゼルエンジンは、排出ガス中に多量の酸素を含み、すすや硫黄酸化物も含むことから、触媒によって排出ガス中の各成分を取り除くことは難しいため、エンジン自体の改良を主体とした対策を行っています。

建設機械用ディーゼルエンジンは、自動車用ディーゼルエンジンより大きな負荷が作用するので、耐久性・寿命の問題などからエンジンの回転速度を下げています。

1-2 電気設備

1 工事用電気設備

工事現場で使用される電気設備は、電気事業法の電気工作物に該当します。電気工作物は、受電電圧600V以下の一般用電気工作物と事業用電気工作物に区別され、事業用電気工作物はまた、自家用電気工作物と、電気事業の用に供する電気工作物に分かれます。

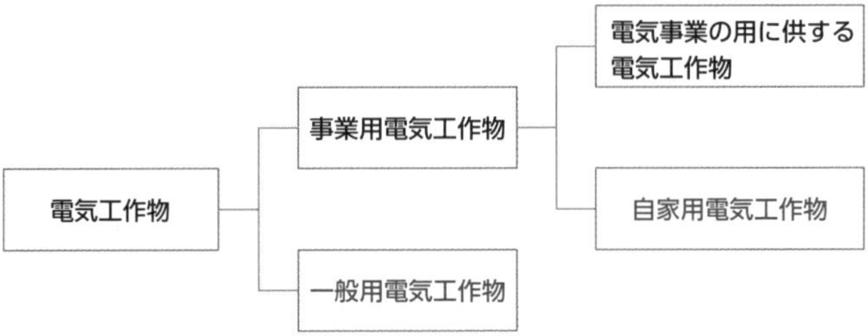

工事現場で使用される電気設備は、一般用電気工作物または自家用電気工作物となります。

電気設備の容量決定にあたっては、工事途中に受電容量不足をきたすことのないようにします。また、小規模な工事現場などで、契約電力が、電灯・動力を含め50kW未満のものについては、低圧の電気の供給を受けます。

工事現場において高圧で受電し、現場内の自家用電気工作物に配電する場合は、電力会社との責任分界点の近くに、保護施設を備えた受電設備を設置します。工事現場に設置する自家用受変電設備の位置は、一般に、できるだけ負荷の中心に近い位置を選びます。その際、電力会社からは6kVの電圧で供給を受けます。

2 電気による危険の防止

感電・漏電等による危険の防止については、以下の点に留意します。

①移動電線に接続する手持型の電灯、仮設の配線または移動電線に接続する架空つり下げ電灯等には、口金に接触することによる感電の危険、および電球の破損による危険を防止するため、ガードを取り付ける。

②アーク溶接等の作業に使用する溶接棒等のホルダーについては、感電の危険を防止するために必要な絶縁効力および耐熱性を有するものを使用する。

③対地電圧が150Vを超える移動式・可搬式電動機械器具、または導電

性の高い場所において使用する移動式・可搬式電動機械器具には、漏電による感電の危険を防止するため、当該電動機械器具が接続される電路に、当該電路の定格に適合し、感度が良好であり、かつ、確実に作動する感電防止用漏電しゃ断装置を接続する。

④上記の場合において、感電防止用漏電しゃ断装置の接続が困難なときは、電動機械器具の金属製外わく、電動機の金属製外被等の金属部分を定められた方法により接地して使用する。

⑤電気機械器具の操作を行う場合は、感電または誤操作による危険を防止するため、当該電気機械器具の操作部分に必要な照度を保持する。

⑥仮設の配線または移動電線を通路面において使用する場合は、絶縁被覆の損傷のおそれのないよう防護覆いを装着した状態で使用する。

こんな選択肢は誤り！

ドラグラインは、機械の設置地盤より低い所を掘る機械で、掘削半径が大きく、ブームのリーチより遠い所まで掘れ、水中掘削も可能で、~~硬い土丹~~などの掘削に使用する。

ドラグラインは、機械の設置地盤より低い所を掘る機械で、掘削半径が大きく、ブームのリーチより遠い所まで掘れ、水中掘削も可能で、河川や軟弱地などの掘削に使用する。

~~ガソリン~~エンジンは、一般に負荷に対する即応性、燃料消費率及び保全性などが良好であり、ほとんどの建設機械に使用されている。

ディーゼルエンジンは、一般に負荷に対する即応性、燃料消費率及び保全性などが良好であり、ほとんどの建設機械に使用されている。

工事現場に設置する自家用受変電設備の位置は、一般にできるだけ負荷の中心から~~遠い~~位置を選ぶ。

工事現場に設置する自家用受変電設備の位置は、一般にできるだけ負荷の中心から近い位置を選ぶ。

演習問題

ショベル系掘削機の選定

機械・電気 1 ショベル系掘削機の選定を行ううえで次の記述のうち，**適当でないもの**はどれか。

(1) バックホウは，掘削したあとの仕上り面がきれいで垂直掘りなど正確に掘れるので，溝掘りや法面の整形などに使用する。
(2) ドラグラインは，機械の設置地盤より低い所を掘る機械で，掘削半径が大きく，ブームのリーチより遠い所まで掘れ，水中掘削も可能で，硬い土丹などの掘削に使用する。
(3) 機械式クラムシェルは，バケットの重みで土砂に食い込み掘削するもので，一般土砂の孔掘り，ウェルなどの基礎掘削，河床・海底の浚渫などに使用する。
(4) 油圧式ショベルは，機械が設置された地盤より高い所を削り取るのに適した機械で，山の切りくずしなどに使用する。

答え (2)
ドラグラインは、河川や軟弱地の掘削に使用する。

締固め機械の選定

機械・電気 2 締固め機械の選定に関する次の記述のうち，**適当でないもの**はどれか。

(1) タンピングローラは，ローラの表面に突起をつけ先端に荷重を集中でき，土塊や岩塊などの破砕や締固め，粘質性の強い粘性土の締固めに効果的である。
(2) 振動ローラは，ローラに起振機を組み合わせ，振動によって小さな重量で大きな締固め効果を得るものであり，一般に粘性に乏しい砂利や砂質土の締固めに効果的である。
(3) ロードローラは，表面が滑らかな鉄輪によって締固めを行うもので，高含水比の粘性土あるいは均一な粒径の砂質土などの締固めに用いられる。

(4) タイヤローラは，空気入りタイヤの特性を利用して締固めを行うもので，タイヤの接地圧は載荷重及び空気圧で変化させることができるため，機動性に富み，比較的種々の土質に適用できる。

答え (3)
ロードローラは、高含水比の粘性土や均一な粒径の砂質土の締固めには効果がない。

電気設備

機械・電気３ 工事における電気設備などに関する次の記述のうち，**適当でないもの**はどれか。

(1) 電気機械器具の操作を行う場合は，感電又は誤操作による危険を防止するため操作部分に必要な照度を保持する。
(2) 仮設の配線又は移動電線を通路面において使用する場合は，絶縁被覆の損傷のおそれのないよう防護覆いを装着した状態で使用する。
(3) 移動電線に接続する手持型の電灯や架空つり下げ電灯などには，口金の接触や電球の破損を防止するためのガードを取り付ける。
(4) 水中ポンプやバイブレータなどを使用する場合は，漏電による感電防止のため自動電撃防止装置を取り付ける。

答え (4)
水中ポンプやバイブレータなどを使用する場合は、漏電しゃ断装置を取り付ける。

Lesson 01

重要度 ★★☆

工程管理の基本

学習のポイント

一次

- 工程管理の基本的な考え方について理解する。
- 工程計画の作成について理解する。

1-1　工程管理の基本的な考え方

1　工程管理の目的

工程管理は、工事の施工段階を評価測定する基準を時間におき、労働力、機械設備、資材などの生産要素を、最も効果的に活用することを目的としています。

工程管理を行う場合には、常に工事の進捗状況を把握して計画と実施のずれを早期に発見し、必要な是正措置を講じます。進捗状況の把握には、工事の施工順序と進捗速度を表すいくつかの工程表を用いるのが一般的です。

工程管理の内容は、施工計画の立案・計画を施工面で実施する統制機能と、施工途中で評価などの処置を行う改善機能に大別できます。

工程管理は、施工計画において品質、原価、安全など、工事管理の目的とする要件を総合的に調整し、策定された基本の工程計画をもとにして実施します。

ゴロ合わせで覚えよう！ 工程管理の内容

皇帝の足は
(工程)

どうせ　みじかいぜ
(統制)　　(改善)

工程管理の内容は、統制機能と改善機能に大別できる。

1-2 工程計画

1 工程計画の検討

工程計画は、工事を予定どおり、かつ経済的に進めるために重要なもので、十分な予備調査に基づいて慎重に立てる必要があります。

工程計画の立案においては、以下の点に留意が必要です。

①工事の各過程が計画どおりに遂行されているか常に比較対照し、計画とのずれが生じた場合に必要な是正措置が適切に講じられるようにしておく。

②工程計画は、その工事の施工方法と密接に関連しているため、工事条件に適した工法を想定し、これを前提に概略工程計画を作成して、工期内に入るように検討する。

③組合せ機械の選択計画においては、可能な限り繰返し作業を増やすことによって習熟をはかり、効率を高めるとともに、従作業の機械の施工能力は、主作業の施工能力と同等あるいは上回るようにする。

④全工期に対して工程（出来高）を表す工程管理曲線では、工期の初期→中期→後期が、緩→急→緩となるようにする。

2 工程計画の作成手順

工程計画の作成手順は、以下のとおりです。

①工種分類に基づき、基本管理項目である工事項目（部分工事）について施工手順を決める。

②各工種別工事項目の適切な施工期間を決める。

③全工事が工期内に完了するように、各工種別工程の相互調整を行う。

④全工期を通じて、労務、資材、機械の必要数を平準化した工程になるように調整する。

なお、施工手順の検討においては、全体工期や全体工事費に及ぼす影響の大きい工種を優先させ、環境、立地、部分工期などの制約条件を考慮して、労働力、材料、機械などの工事資源の円滑な回転に留意します。

1-3　品質、工程と原価の相互関係

三大管理である「品質管理」「工程管理」「原価管理」は「より良く」「より早く」「より安く」であり、それらは相互に関係が深く、その相関関係は以下のとおりです。

1 工程と原価の関係

一般に、施工速度を速めると原価は安くなり、さらに施工速度を速めると突貫工事になり、原価は高くなります。

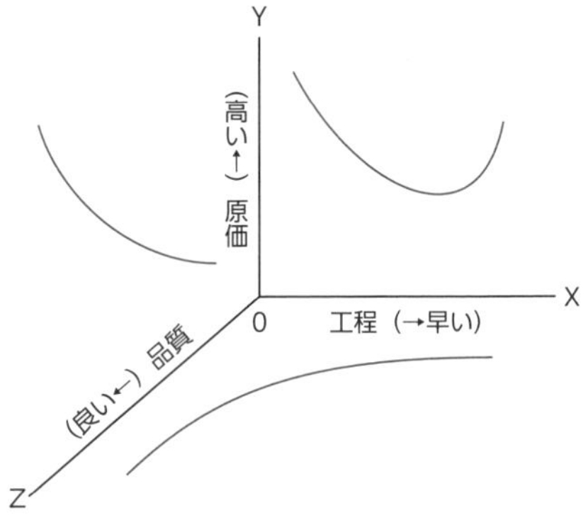

工程・原価・品質の関係

2 品質と原価の関係

一般に品質の低いものは安くでき、品質を良くするにしたがって原価も高くなります。

3 品質と工程の関係

品質の良いものを施工しようとすると工程は遅くなり、品質を下げると工程は早くなります。

1-4　日程計画

日程計画では、各種工事に要する実稼働日数を算出し、この日数が作業可能日数より少ないか、または等しくなるようにする必要があります。

作業可能日数は、暦日による日数から、定休日、天候その他に基づく作業不能日数を差し引いて推定します。

所要作業日数＝工事量÷１日平均施工量

１日平均施工量＝１時間平均施工量×１日平均作業時間

頻出項目をチェック！

1 □ 工程管理を行う場合は、常に工事の進捗状況を把握して計画と実施のずれを早期に発見し、必要な是正措置を講ずる。

2 □ 工程の進捗状況の把握には、工事の施工順序と進捗速度を表すいくつかの工程表を用いるのが一般的である。

3 □ 工程管理の内容は、施工計画の立案・計画を施工面で実施する統制機能と、施工途中で評価などの処置を行う改善機能に大別できる。

4 □ 工程管理は、施工計画において品質、原価、安全など工事管理の目的とする要件を総合的に調整し、策定された基本の工程計画をもとにして実施する。

5 □ 品質と工程の関係は、品質のよいものは時間がかかり、施工を速めて突貫作業をすると品質は悪くなる。

こんな選択肢は誤り！

工事の進捗管理は、施工計画の立案と実施の「~~改善機能~~」及び評価と処置の「~~統制機能~~」に大別される。

工事の進捗管理は、施工計画の立案と実施の「統制機能」及び評価と処置の「改善機能」に大別される。

工程と原価の関係は、施工を速めると原価は段々安くなり、さらに施工速度を速めると~~益々~~原価は~~安く~~なる。

工程と原価の関係は、施工を速めると原価は段々安くなり、さらに施工速度を速めると逆に原価は高くなる。

Lesson 02

重要度 ★★★

各種工程表

学習のポイント

一次

- **各種工程表の特徴について理解する。**
- **曲線式工程表の見方について理解する。**

2-1 工程表の分類

工程表には、工事の各作業を管理する工程表と、工事の進捗度合いや出来高を管理する工程表があります。

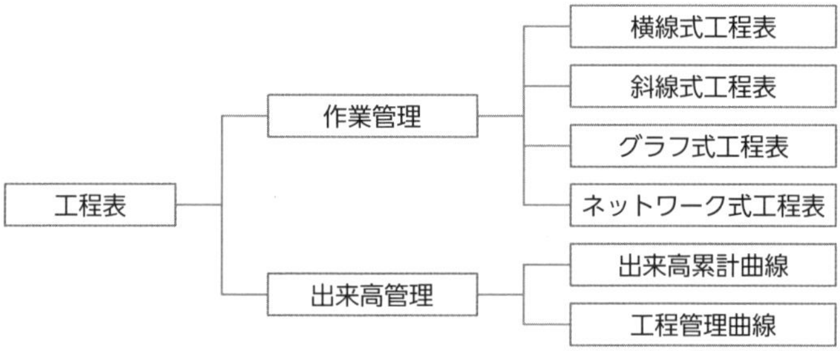

2-2 各種工程表

1 横線式工程表

1 バーチャート工程表

縦軸に部分工事をとり、横軸にその工事に必要な日数を棒線で記入した図表で、作成が簡単で各工事の工期がわかりやすいので、総合工程表として一般に使用されます。各作業の所要日数および作業間の関連がわかりますが、各作業による全体工程への影響が不明です。

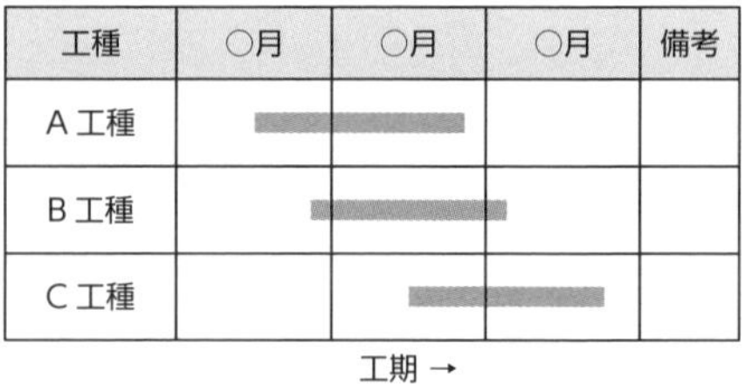

2 ガントチャート工程表

縦軸に部分工事をとり、横軸に各工種の作業完了時点を100%とした達成率をとるので、各作業の進捗度合いはよくわかりますが、作業の所要日数や工期に影響する作業は不明です。

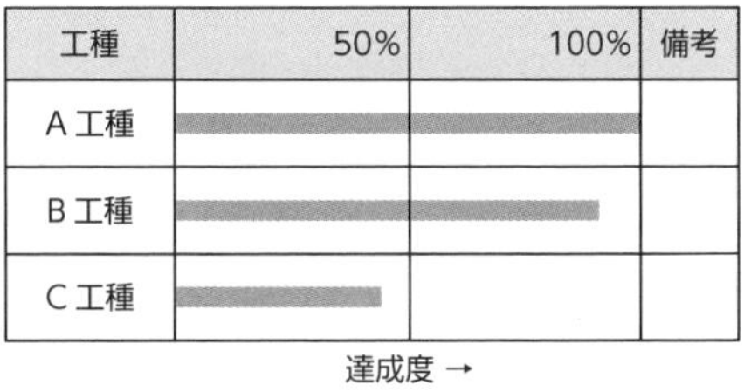

バーチャートとガントチャートの横軸の違いを理解しよう！

2 斜線式工程表（座標式工程表）

縦軸に日数（工期）をとり、横軸に区間（距離）をとって表すものです。トンネル工事のように工事区間が線状に長く、工事の進行方向が一定の、工種が比較的少ない工事によく用いられます。トンネル工事など路線に沿った工事では工事内容を確実に示すことができますが、平面的に広がりのある工事において、各工種との相互関係を明確に示すことができにくいことがあります。

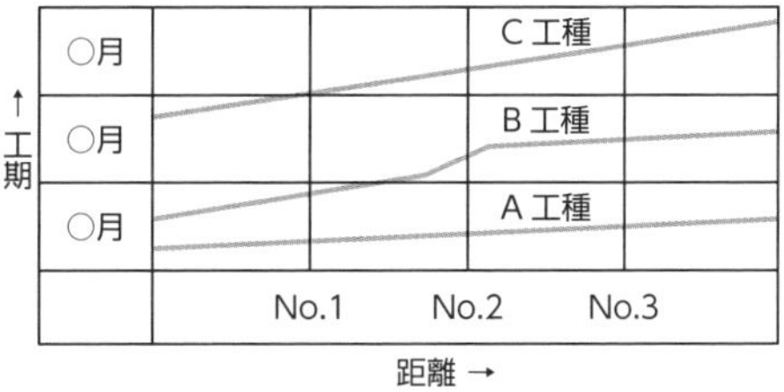

3 グラフ式工程表

縦軸に出来高比率（%）をとり、横軸に日数（工期）をとって、工種ごとの工程を斜線で表した図表で、予定と実績との差を直視的に比較するのに便利です。また、どの作業が未着工か、施工中か、完了したかが一目瞭然であり、施工中の作業の進捗状況もよくわかります。

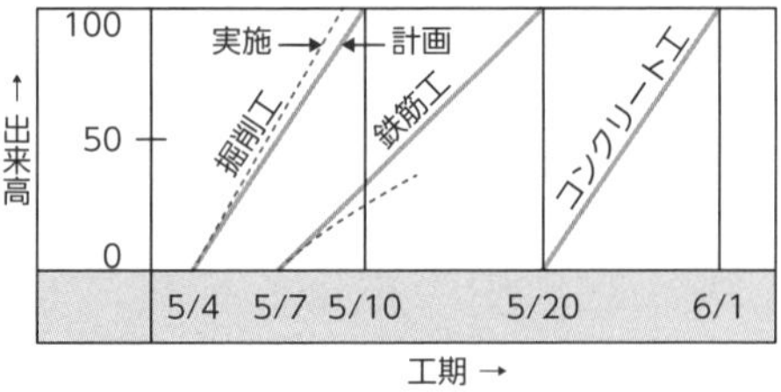

4 ネットワーク式工程表

ネットワーク式工程表は、丸印と矢線の結びつきのネットワーク表示により、工事内容を系統立てて明確にし、作業相互の関連や順序、数多い作業から、どれが全体工程に影響をするかを知ることができるため、工事の進度管理が的確に判断できます。

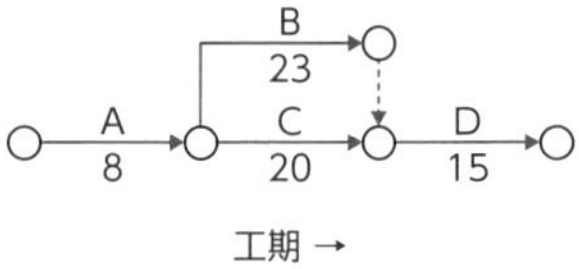

5 曲線式工程表

工事の進捗状況などを管理するためには、出来高累計曲線あるいは工程管理曲線が使われます。

1 出来高累計曲線

出来高累計曲線は、縦軸に出来高比率（%）、横軸に日数（工期）をとって工事全体の出来高比率の累計を曲線で表した図表です。出来高累計曲線はＳ形のカーブとなるため、Ｓカーブと呼んでいます。

2 工程管理曲線（バナナ曲線）

縦軸に出来高比率（%）をとり、横軸に日数（工期）をとって、あらかじめ予定工程を計画し、実施工程がその上方限界および下方限界の許容範囲内に収まるように管理する工程表です。2つの曲線がバナナの形をしていることからバナナ曲線と呼ばれています。

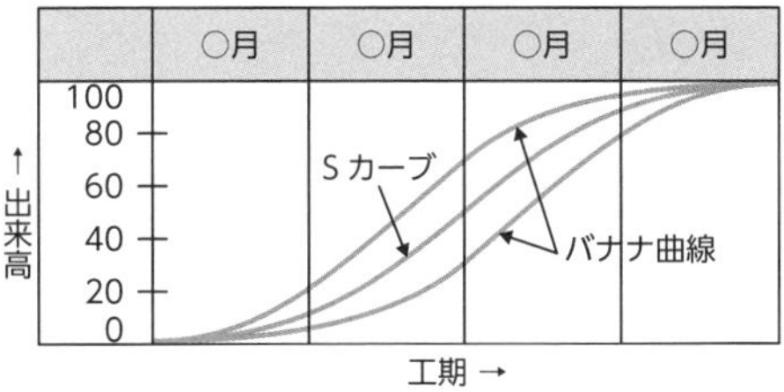

曲線式工程表では、出来高以外は不明だよ！

2-3　各種工程表の比較

各種工程表の比較

項目	バーチャート	ガントチャート	ネットワーク	曲線式
作業の手順	漠然	不明	判明	不明
作業に必要な所要日数	判明	不明	判明	不明
作業の進行度合い	漠然	判明	判明	判明
工期に影響する作業	不明	不明	判明	不明
図表の作成	容易	容易	難しい	やや難しい

ネットワーク式工程表では、すべての管理項目が判明するよ！

ゴロ合わせで覚えよう！ 工程図表の種類

玩具店のばあちゃん、
(ガント)　　(バーチャート)

ネットにワクワクしすぎて
(ネットワーク)

背中が曲がる
(曲線)

施工管理での工程図表には、ガントチャート工程表、バーチャート工程表、ネットワーク式工程表、曲線式工程表の 4 種類がある。

2-4　予定工程曲線と実施工程曲線

出来高累計曲線では、予定工程曲線と実施工程曲線を比較することができ、適切に工程管理ができます。また工程管理曲線（バナナ曲線）は、予定工程と実績曲線との間のずれが許容可能な範囲であるか否かの判定に用いられます。

予定工程曲線と実施工程曲線の見方は、以下のとおりです。

1 予定工程曲線

許容限界内に入っているとき	S 字曲線の中央部分をできるだけ緩勾配となるように、初期および終期の工程を調整する。また、工程の中期では、できる限り許容限界の中央部に近づけるために早めに調整する。
許容限界からはずれるとき	一般に不合理な工程計画と考えられるので、主工事の位置を変更し、許容限界内に入るよう調整する。

2 実施工程曲線

許容限界内に入っているとき	中期における工程をできるだけ緩勾配となるように調整する。
許容限界からはずれるとき	一般に不合理な工程計画と考えられるので、主工事の位置を変更し、許容限界内に入るよう調整する。
上方限界を超えたとき	工程が進みすぎているので、必要以上に大型機械を入れているなど、不経済となっていないか検討する。
下方限界を超えたとき	どうしても工程が遅れることになり、突貫工事が不可避となるので、施工計画を根本的に再検討する。

頻出項目をチェック！

1 □ バーチャートは、作業の流れが左から右へ移行しているので漠然と作業間の関連はわかるが、工期に影響する作業がどれであるかはつかみにくい。

2 □ ガントチャートは、各作業のある時点の進捗度合いがよくわかるが、作業の所要日数や工期に影響する作業は不明である。

3 □ 斜線式工程表は、トンネル工事のように工事区間が線上に長く、しかも工事の進行方向が一定の方向にしか進捗できない工事によく用いられる。

4 □ グラフ式工程表は、予定と実績の差を直視的に比較でき、施工中の作業の進捗状況もよくわかる。

5 □ ネットワーク式工程表は、各作業の進捗状況および他作業への影響や全体工期に対する影響を把握でき、どの作業を重点管理すべきかを明確にできる。

6 □ 工事の進捗状況などを管理するためには、出来高累計曲線あるいは工程管理曲線が使われる。

7 □ 予定工程曲線が許容限界からはずれる場合は、一般に不合理な工程計画と考えられるので、主工事の位置を変更し、許容限界内に入るよう調整する。

8 □ 実施工程曲線がバナナ曲線の上方限界を超えたときは、工程が進み過ぎているので、必要以上に大型機械を入れているなど、不経済となっていないか検討する。

9 □ 実施工程曲線がバナナ曲線の下方限界を下回るときは、工程遅延により突貫工事が不可避となるので、施工計画を根本的に再検討する。

こんな選択肢は誤り！

横線式工程表（バーチャート）は、作業の流れが左から右へ移行しているので作業間の関連がわかり、工期に影響する他作業への影響や全体工期に対する影響が~~つかみやすい~~。

横線式工程表（バーチャート）は、作業の流れが左から右へ移行しているので作業間の関連がわかり、工期に影響する他作業への影響や全体工期に対する影響がつかみにくい。

ネットワーク式工程表は、あらかじめ時間的に余裕のない経路は確認できるが、1つの作業の遅れや変化が工事全体の工期に影響するかを把握することが~~難しい~~。

ネットワーク式工程表は、あらかじめ時間的に余裕のない経路は確認できるが、1つの作業の遅れや変化が工事全体の工期に影響するかを把握することが容易である。

グラフ式工程表は、予定と実績の差を直視的に比較するのに便利であるが、どの作業が未着工か、施工中か、完了したかが~~わかりにくい~~。

グラフ式工程表は、予定と実績の差を直視的に比較するのに便利であるが、どの作業が未着工か、施工中か、完了したかが一目瞭然である。

実施工程曲線が許容限界曲線の~~上方~~限界を~~上回る~~ときは、どうしても工程が遅れることになり突貫工事が不可避となるので施工計画を再度検討する。

実施工程曲線が許容限界曲線の下方限界を下回るときは、どうしても工程が遅れることになり突貫工事が不可避となるので施工計画を再度検討する。

Lesson 03

重要度 ★★★

ネットワーク式工程表

学習のポイント

一次

- ネットワーク式工程表の見方について理解する。
- 作業に遅れが生じた場合の見方について理解する。

3-1 ネットワーク式工程表の見方

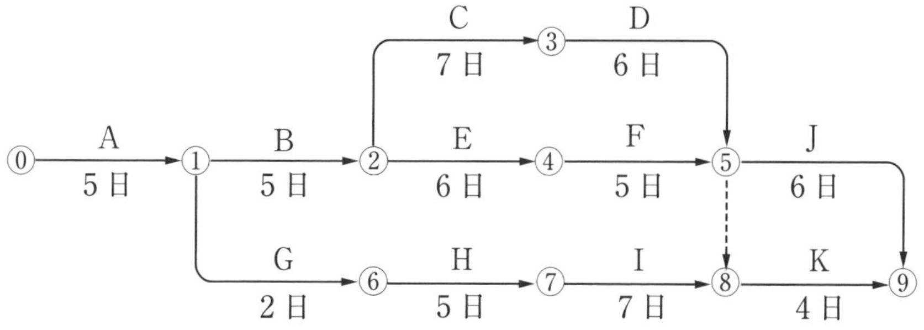

1 最早開始時刻（日）

最早開始時刻とは、ある1つの作業について、先行作業が終了次第、最も早く作業を開始できる時刻（日）をいいます。ただし、先行作業が複数ある場合は、その作業のうち最も時間がかかる作業が終わらないと次の作業が開始できないので、最も遅く終わる時刻を最早開始時刻とします。

上図において、作業Kの最早開始時刻（日）は、先行する作業のうち最も遅く終わる作業Dが終了する時刻なので、工事開始後23日です。

2 作業余裕日数

作業余裕日数とは、1つの作業を最早開始時刻（日）で始めて完了させた後、次の作業を最早開始時刻（日）で始めるまでの日数をいい、フリーフロートともいいます。

前図において、①→⑥→⑦→⑧の作業余裕日数は、最も遅く終了する①→②→③→⑤の18日から、①→⑥→⑦→⑧の14日をひいた4日です。

3　クリティカルパスと工期

クリティカルパスは、各経路（パス）の中で最も長い日数を要する最長経路で、余裕がまったくない経路です。この経路の通算日数が、工期となります。

前図におけるクリティカルパスは、⓪→①→②→③→⑤→⑨となり、工期は29日となります。

3-2　ネットワークの計算

1　最早開始時刻（日）の計算

最早開始時刻（日）は、工事開始からの各作業の所要時間を積算して求めます。ただし、複数の作業が終了するイベントでは、最も遅く終わる時刻（数値が最も大きいもの）を最早開始時刻（日）とします。

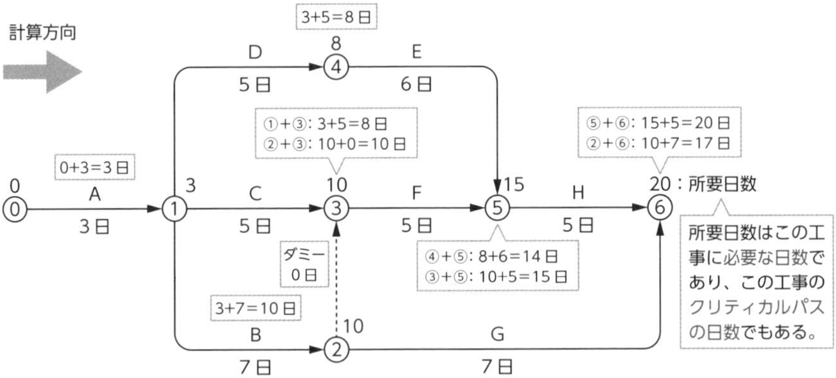

最早開始時刻の計算例

2 最遅完了時刻（日）の計算

最遅完了時刻（日）とは、各結合点において、作業が遅くとも完了していなければならない時刻（日）のことをいいます。工期（工事開始から完了までの必要日数）から逆算して求め、複数の作業が始まるイベントでは、最も早く始められる時刻（数値が最も小さいもの）を最遅完了時刻（日）とします。

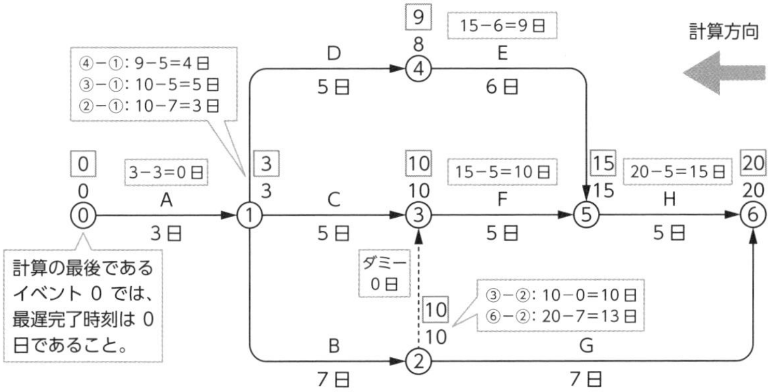

最遅終了時刻の計算例

ゴロ合わせで覚えよう！ **最早開始時刻・最遅完了時刻**

ビリになるのは
（最も遅く終わる時刻）

爽快さ！
（最早開始時刻）

先頭は
（最も早く始められる時刻）

チカンだからな
（最遅完了時刻）

最早開始時刻は複数のイベント中で最も遅く終わる時刻、最遅完了時刻は複数のイベント中で最も早く始められる時刻。

3-3 作業に遅延が生じた場合の工期とクリティカルパス

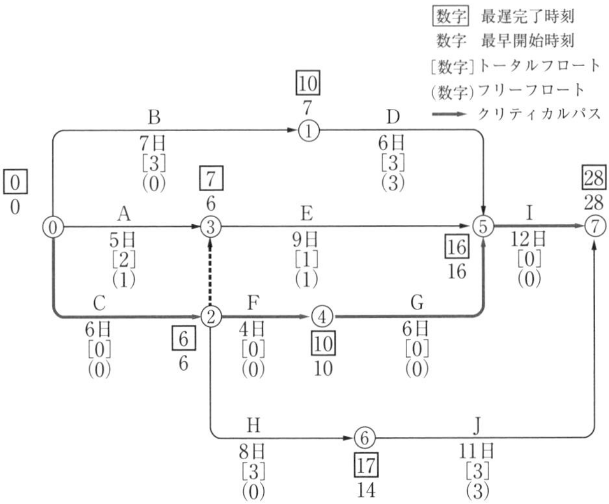

上図において、作業Ｅに３日間の遅れが生じた場合には、作業Ｅの所要日数は12日となり、次のように工程表が変化します。

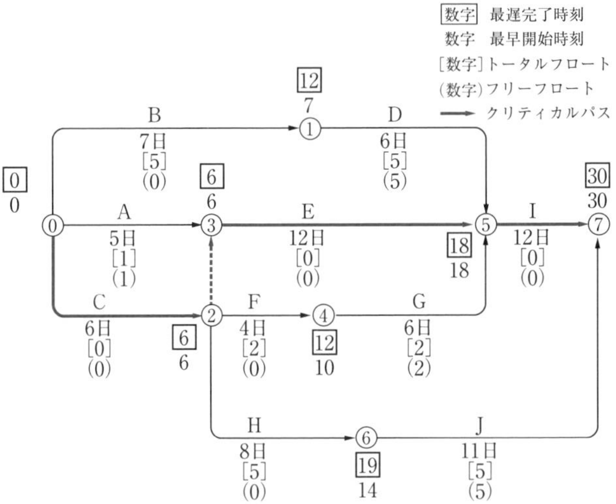

この場合においては、当初の工期よりも２日遅れ、クリティカルパスも変化することがわかります。

演 習 問 題

品質・工程・原価

工程管理 1 工程管理を行う上で品質・工程・原価に関する次の記述のうち，**適当なもの**はどれか。

(1) 品質と工程の関係は，品質のよいものは時間がかかり，施工を速めて突貫作業をすると品質は悪くなる。
(2) 品質と原価の関係は，よい品質のものは安くできるが，悪い品質のものは逆に原価が高くなる。
(3) 工程と原価の関係は，施工を速めると原価は段々安くなり，さらに施工速度を速めると益々原価は安くなる。
(4) 品質・工程・原価の関係は，相反する性質があることから，それぞれ単独の考え方で計画し，工期を守り，品質を保つように管理する。

答え (1)

(2) よい品質のものは高くなり、悪い品質のものは安くできる。
(3) 施工を速めると原価は安くなるが、さらに速めると逆に高くなる。
(4) 品質・工程・原価は、総合的な考え方で計画し、管理する。

ネットワーク式工程表

工程管理 2 下図のネットワーク式工程表に関する次の記述のうち，**適当なもの**はどれか。ただし，図中のイベント間のＡ～Ｋは作業内容，日数は作業日数を表す。

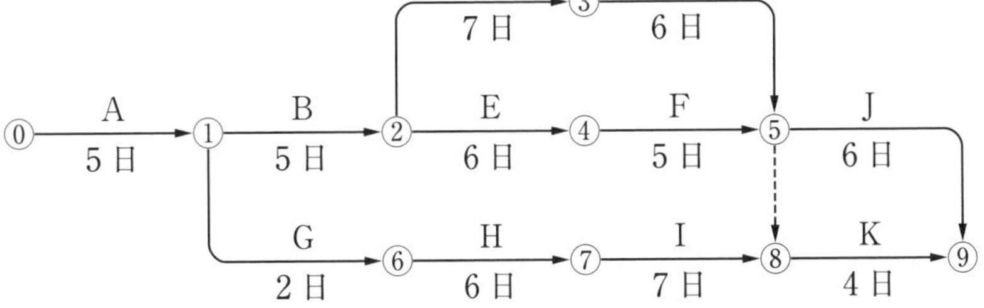

(1) クリティカルパスは，⓪→①→②→④→⑤→⑨である。
(2) ①→⑥→⑦→⑧の作業余裕日数は3日である。
(3) 作業Kの最早開始日は，工事開始後19日である。
(4) 工事開始から工事完了までの必要日数（工期）は27日である。

答え (2)

(1) クリティカルパスは、⓪→①→②→③→⑤→⑨である。
(3) 作業Kの最早開始日は、工事開始後23日である。
(4) 工期は29日である。

工程管理

応用能力 工程管理に関する下記の①～④の4つの記述のうち，**適当なもの**の数は次のうちどれか。

① 工程の設定においては，施工のやり方，施工の順序によって工期，工費が大きく変動する恐れがあり，施工手順・組合せ機械の検討を経て，最も適正な施工方法を選定する。
② 工程計画は初期段階で設定した施工方法に基づき，工事数量の正確な把握と作業可能日数及び作業能率を的確に推定し，各部分工事の経済的な所要時間を見積もることから始める。
③ 作業可能日数は，暦日による日数から休日と作業不可能日数を差し引いて求められ，作業不可能日数は，現場の地形，地質，気象等の自然条件や工事の技術的特性から推定する。
④ 各部分作業の時間見積りができたら，タイムスケール上に割付け，全体の工期を超過した場合には投入する人数・機械台数の変更や工法の修正等の試行錯誤を繰り返し工期に収める。

(1) 1つ
(2) 2つ
(3) 3つ
(4) 4つ

答え (4)

工程管理曲線（バナナ曲線）

応用能力 工程管理曲線（バナナ曲線）を用いた工程管理に関する下記の①～④の4つの記述のうち，**適当なもの**のみを全てあげている組合せは次のうちどれか。

① 工程計画は，全工期に対して出来高を表すバナナ曲線の勾配が，工事の初期→中期→後期において，急→緩→急となるようにする。
② 実施工程曲線が限度内に進行を維持しながらも，バナナ曲線の下方限界に接近している場合は，直ちに対策をとる必要がある。
③ 実施工程曲線がバナナ曲線の上方限界を超えたときは，工程遅延により突貫工事が不可避となるので，施工計画を再検討する。
④ 予定工程曲線がバナナ曲線の許容限界からはずれるときには，一般的に不合理な工程計画と考えられるので，再検討を要する。

(1) ①③
(2) ①④
(3) ②③
(4) ②④

答え (4)

① 出来高を表すバナナ曲線の勾配は、緩→急→緩となるようにする。
③ 実施工程曲線が上方限界を超えたときは、工程が進み過ぎているので、不経済となっていないか検討する。

Lesson 01 重要度 ★★☆

特定作業時の安全衛生管理体制

学習のポイント

一次

- 安全衛生管理体制について理解する。
- 注文者としての安全措置義務について理解する。
- 特別の項目に関する健康診断について理解する。

1-1 安全衛生管理体制

1 雇い入れ時等の教育

事業者は、労働者を雇い入れ、または労働者の作業内容を変更したときは、当該労働者に対し、遅滞なく、次の事項のうち当該労働者が従事する業務に関する安全または衛生のため必要な事項について、教育を行わなければなりません。ただし事業者は、以下に掲げる事項の全部または一部に関して十分な知識および技能を有していると認められる労働者については、当該事項についての教育を省略することができます。

①機械等、原材料等の危険性または有害性およびこれらの取扱い方法に関すること。
②安全装置、有害物抑制装置または保護具の性能およびこれらの取扱い方法に関すること。
③作業手順に関すること。
④作業開始時の点検に関すること。
⑤当該業務に関して発生するおそれのある疾病の原因および予防に関すること。
⑥整理、整頓および清潔の保持に関すること。
⑦事故時等における応急措置および退避に関すること。
⑧前各号に掲げるもののほか、当該業務に関する安全または衛生のために必要な事項。

2 作業主任者の職務

事業者は、都道府県労働局長の免許を受けた者または都道府県労働局長の登録を受けた者が行う技能講習を修了した者のうちから、作業の区分に応じて、作業主任者を選任しなければなりません。作業主任者の主な職務は以下のとおりです。

①材料の欠点の有無を点検し、不良品を取り除くこと。
②器具、工具、要求性能墜落制止用器具等および保護帽の機能を点検し、不良品を取り除くこと。
③作業の方法および労働者の配置を決定し、作業の進行状況を監視すること。
④要求性能墜落制止用器具等および保護帽の使用状況を監視すること。

3 特定元方事業者の講ずべき事項

労働安全衛生法により、特定元方事業者は、その労働者および関係請負人の労働者の作業が同一の場所において行われることによって生ずる労働災害を防止するため、次の措置を講じなければなりません。

①協議組織の設置および運営を行うこと。
②作業間の連絡および調整を行うこと。
③作業場所を巡視すること（1日1回以上）。
④関係請負人が行う労働者の安全または衛生のための教育に対する指導および援助を行うこと。
⑤仕事の工程に関する計画および作業場所における機械、設備等の配置に関する計画の作成と指導を行うこと。

ゴロ合わせで覚えよう！ 元方事業者の指導

元親方は
（元方事業者）

反省しないし、どうしよう
（違反しないよう）（指導しなければならない）

元方事業者は、関係請負人およびその労働者が当該仕事に関し、法令の規定に違反しないよう、指導を行う。

1-2　注文者としての安全措置義務

特定事業の仕事を自ら行う注文者は、建設物、設備または原材料をその請負人（当該の仕事が数次の請負契約によって行われるときは、後次のすべての請負契約の当事者である請負人を含む）の労働者に使用させるときは、労働災害を防止するために必要な措置を講じなければなりません。

事例

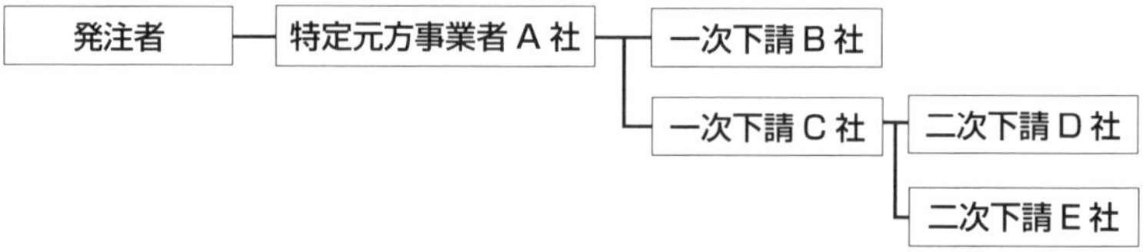

A 社が B 社に組み立てさせた作業足場で B 社、C 社、D 社が作業を行い、E 社は C 社が持ち込んだ移動式足場で作業を行うこととなった。

作業足場について	A 社⇒ B 社、C 社、D 社に対して注文者としての安全措置義務を負う
移動式足場について	A 社⇒ E 社に対して注文者としての安全措置義務を負うが、C 社に対しては負わない
	C 社⇒ E 社に対して事業者としての安全措置義務を負う

労働安全衛生法にいう特定事業とは、建設業と造船業のことだよ。

1-3 特別の項目についての健康診断

事業者は、以下に掲げる有害な業務に従事する労働者に対し、医師による特別の項目についての健康診断を行わなければなりません。

①高圧室内作業および潜水作業に係る業務
②放射線業務
③特定化学物質を製造もしくは取り扱う業務
④石綿等の取扱いもしくは石綿の粉じんを発散する場所における業務
⑤鉛業務（遠隔操作によって行う隔離室におけるものを除く）
⑥四アルキル鉛等業務（遠隔操作によって行う隔離室におけるものを除く）
⑦屋内作業場またはタンク、船倉もしくは坑の内部その他の場所において有機溶剤を製造または取り扱う業務
⑧じん肺をり患するおそれのある作業に係る業務

定期健康診断は、常時使用する労働者に対して1年以内ごとに1回行うよ。

そのほか、一定の危険性・有害性が確認されている化学物質を取り扱う場合には、事業場におけるリスクアセスメントが義務づけられ、また、休憩時間を除き1週間当たり40時間を超えて労働させた場合、その超えた時間が1月当たり80時間を超え、かつ、疲労の蓄積が認められる労働者の申出があれば、医師による面接指導を行わなければなりません。

頻出項目をチェック！

1 □ 事業者は原則として、労働者を雇い入れたときの教育に加え、作業内容を変更した際も、安全装置や保護具の性能および取扱い方法等、あらためて必要な教育を行わなければならない。

2 □ 特定元方事業者は、関係請負人が行う労働者の安全または衛生のための教育に対する指導および援助を行わなければならない。

3 □ 高圧室内業務および潜水業務に常時従事する労働者に対し、一般の労働者の健康診断項目に加え、医師による特別の項目について健康診断を実施する。

こんな選択肢は誤り！

事業者は、労働者を雇い入れたときは、安全又は衛生のための教育を実施する必要があり、当該作業に十分な知識及び技能を有していると認められる者についても、これらの教育を~~省略してはならない~~。

事業者は、労働者を雇い入れたときは、安全又は衛生のための教育を実施する必要があり、当該作業に十分な知識及び技能を有していると認められる者についても、これらの教育を省略することができる。

特定元方事業者は、作業場所の毎作業日の巡視に際しては現場設備、現場状況及び災害防止のための措置に欠陥がないか下請負人に点検を~~まかせていた~~。

特定元方事業者は、作業場所の毎作業日の巡視に際しては現場設備、現場状況及び災害防止のための措置に欠陥がないか下請負人に点検をまかせてはならない。

Lesson 02

重要度 ★★★

足場・型枠支保工の安全管理

学習のポイント

一次　二次

- 足場の組立・解体時の留意点について理解する。
- 型枠支保工の組立・解体時の留意点について理解する。
- 墜落、飛来・落下災害の防止について理解する。

2-1 足場の安全

1 足場の設置計画の届出

事業者は、つり足場、張出し足場、およびそれ以外の足場にあっては高さ 10 m 以上の構造となる足場で、組立から解体までの期間が 60 日以上となる場合は、あらかじめ、その設置計画を工事の開始日の 30 日前までに、所轄の労働基準監督署に届け出なければなりません。

2 作業床

高さ 2 m 以上で作業を行う場合、次の規定による作業床を設けなければなりません。なお、作業床を設けることが困難なときは、防網を張り、労働者に要求性能墜落制止用器具を使用させる等、墜落による労働者の危険を防止するための措置を講じなければなりません。

作業床の規定は、以下のとおりです。

①作業床の幅は 40 cm 以上とする。
②床材間の隙間は 3 cm 以下とする。
③床材と建地の隙間は 12 cm 未満とする。
④床材は、転位し、または脱落しないように 2 以上の支持物に取り付けること。
⑤作業のため物体が落下することにより、労働者に危険を及ぼすおそれのあるときは、高さ 10 cm 以上の幅木、メッシュシートもしくは防網等を設けること。
⑥高さ 85 cm 以上の手すりと中さんを設けること。

⑦足場の作業床には、その構造および使用材料に応じて最大積載荷重を定め、それを超えて積載をしてはならない。

ゴロ合わせで覚えよう！ 作業床の床材の幅

作業は　予鈴がなるまで。
(作業床)　(40cm)

皆さん
(3cm)

スッキリ片付けしましょう
(隙間)

つり足場の場合を除き作業床の床材の幅は40cm以上とし、床材間の隙間は3cm以下とする。

3　足場の組立、解体時の措置

事業者は、つり足場、張出し足場または高さが2m以上の構造の足場の組立、解体または変更の作業を行うときは、次の措置を講じなければなりません。

①組立、解体または変更の時期、範囲および順序を当該作業に従事する労働者に周知させること。

②組立、解体または変更の作業を行う区域内には、関係労働者以外の労働者の立入りを禁止すること。

③強風、大雨、大雪等の悪天候のため、作業の実施について危険が予想されるときは、作業を中止すること。

④足場材の緊結、取外し、受渡し等の作業にあっては、墜落による労働者の危険を防止するため、次の措置を講ずること。

イ）幅40cm以上の作業床を設けること。

ロ）要求性能墜落制止用器具を安全に取り付けるための設備等を設け、かつ、労働者に要求性能墜落制止用器具を使用させる措置を講ずること。

⑤材料、器具、工具等を上げ、または下ろすときは、つり綱、つり袋等を労働者に使用させること。

4 足場の点検

事業者は、足場（つり足場を除く）における作業を行うときは、点検者を指名して、その日の作業を開始する前に、作業を行う箇所に設けた足場用墜落防止設備の取外しおよび脱落の有無について点検させ、異常を認めたときは、直ちに補修しなければなりません。

また、次の事項に該当する場合において、足場における作業を行うときは、点検者を指名して、開始前に点検させ、異常を認めたときは、直ちに補修しなければなりません。

①強風、大雨、大雪等の悪天候のとき。

②中震以上の地震のとき。

③足場の組立、一部解体もしくは変更の後。

④つり足場における作業を行うとき。

2-2 各種足場の規定

1 鋼管による本足場（単管足場）

事業者は、幅が1 m 以上の箇所において足場を使用するときは、原則として、本足場を使用しなければなりません。

①足場の脚部には、足場の滑動または沈下を防止するため、ベース金具を使用し、かつ敷板、敷角を用い、根がらみを設ける。

②鋼管の接続部または交差部は、適合した附属金具を使用して確実に接続し、緊結すること。

③交差筋かいを入れ、補強すること（45°程度で、2方向）。

④建地の間隔は、けた行方向1.85 m以下、はり間方向1.5 m以下とする。

⑤地上第1の布は、地上2 m 以下の位置に設けること。

⑥建地の最後部から測って31 m を超える部分の建地は、鋼管を2本組とすること。

⑦壁つなぎの間隔は、垂直方向5 m 以下、水平方向5.5 m 以下とする。

⑧建地間の積載重量は400 kg を限度とする。

⑨作業床の足場板は3点支持の場合でも、腕木等に原則として固定すること。

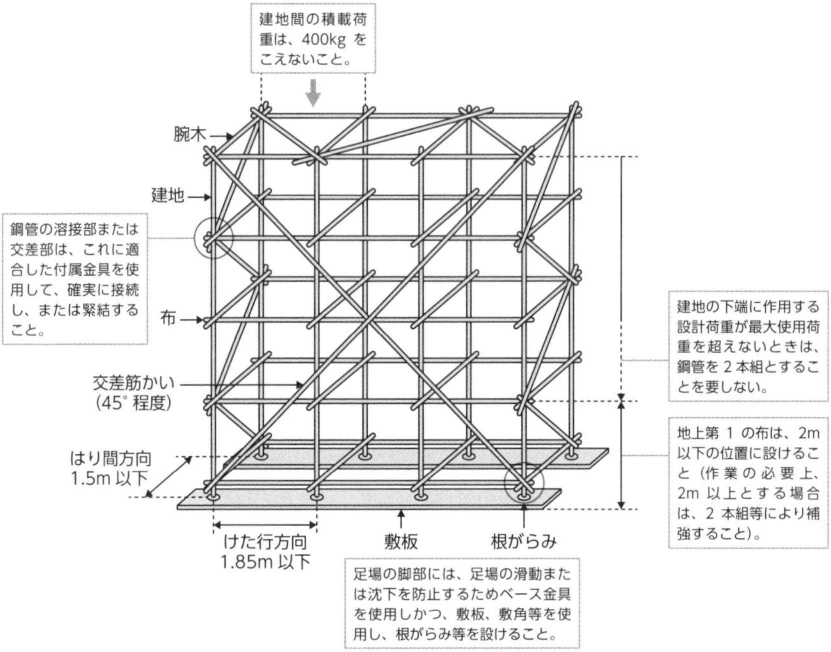
建地間の積載荷重は、400kg をこえないこと。
腕木
建地
鋼管の溶接部または交差部は、これに適合した付属金具を使用して、確実に接続し、または緊結すること。
布
交差筋かい（45°程度）
はり間方向 1.5m 以下
けた行方向 1.85m 以下
敷板
根がらみ
建地の下端に作用する設計荷重が最大使用荷重を超えないときは、鋼管を 2 本組とすることを要しない。
地上第 1 の布は、2m 以下の位置に設けること（作業の必要上、2m 以上とする場合は、2 本組等により補強すること）。
足場の脚部には、足場の滑動または沈下を防止するためベース金具を使用しかつ、敷板、敷角等を使用し、根がらみ等を設けること。

単管足場

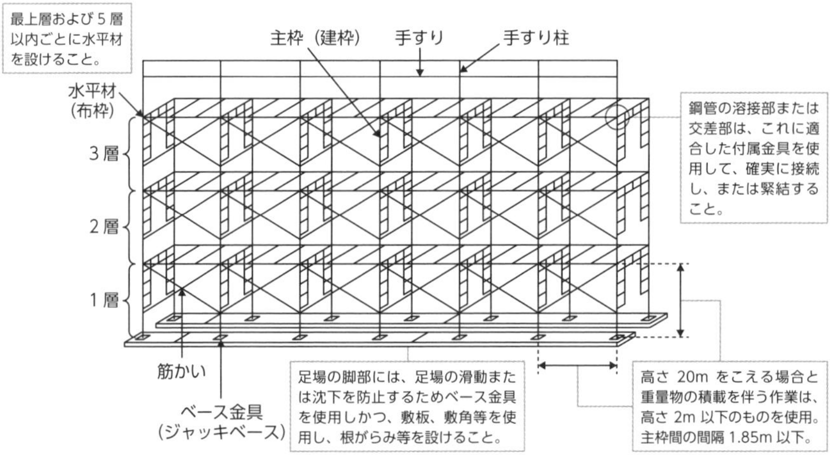
最上層および 5 層以内ごとに水平材を設けること。
主枠（建枠）
手すり
手すり柱
水平材（布枠）
3 層
2 層
1 層
鋼管の溶接部または交差部は、これに適合した付属金具を使用して、確実に接続し、または緊結すること。
筋かい
ベース金具（ジャッキベース）
足場の脚部には、足場の滑動または沈下を防止するためベース金具を使用しかつ、敷板、敷角等を使用し、根がらみ等を設けること。
高さ 20m をこえる場合と重量物の積載を伴う作業は、高さ 2m 以下のものを使用。主枠間の間隔 1.85m 以下。

枠組足場

2 枠組足場

①はり枠および持送り枠は、水平筋かいその他で横振れを防ぐ措置を講じること。

②高さ 20 m を超える場合は、主枠の高さは２ m 以下、主枠の間隔は 1.85 m 以下とする。

③壁つなぎの間隔は、垂直方向９ m 以下、水平方向８ m 以下とする。

④最上層および５層以内ごとに水平材を設けること。

⑤墜落による危険のおそれのある高さ 2m 以上の枠組足場の作業床に設置する幅木は、高さ 15cm 以上のものとする。

3 つり足場

①作業床の幅は 40 cm 以上とし、隙間はないようにする。

②つり足場の上で、脚立、はしご等を用いて作業してはならない。

③つりワイヤーロープは以下のものは使用してはならない。

・ワイヤーロープは、１よりの間で素線の数が 10 ％以上切断しているもの。

・直径の減少が、公称径の７％を超えるもの。

・キンクしたもの。

・著しく形くずれまたは腐食があるもの。

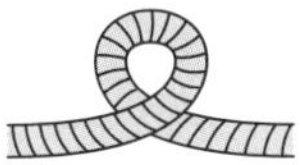

キンク

④つり鎖は、以下のものは使用しないこと。

・鎖の伸びが、製造時の５％を超えたもの。

・リンクの断面の直径の減少が、製造時の断面の 10 ％を超えたもの。

・き裂のあるもの。

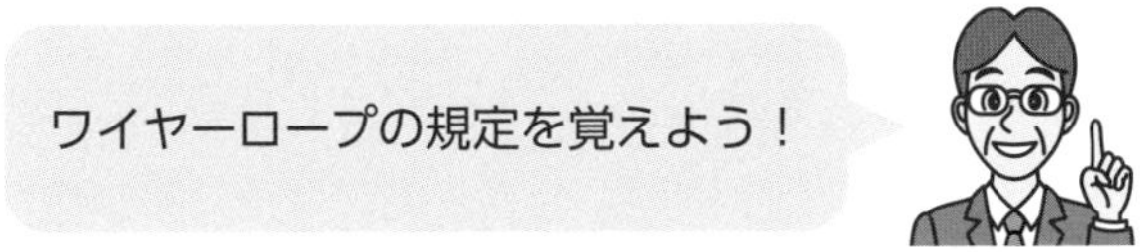

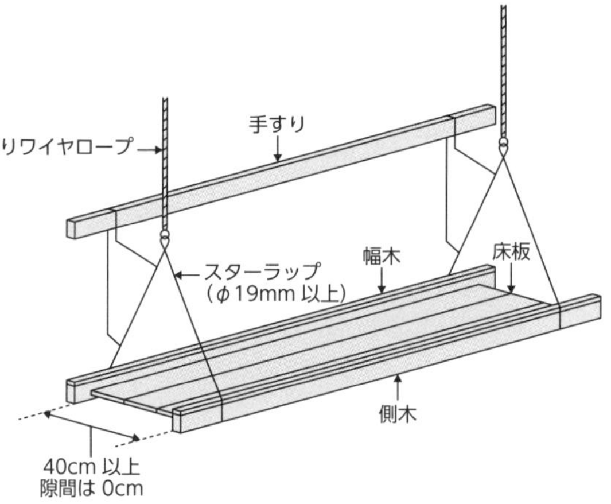

簡易つり足場の例

4　作業主任者

事業者は、つり足場（ゴンドラのつり足場を除く）、張出し足場または高さが5m以上の構造の足場の組立て、解体または変更の作業については、足場の組立て等作業主任者技能講習を修了した者のうちから、足場の組立て等作業主任者を選任しなければなりません。

足場の組立て等作業主任者は、器具、工具、要求性能墜落制止用器具等および保護帽の機能を点検し、不良品を取り除くほか、要求性能墜落制止用器具等および保護帽の使用状況を監視しなければなりません。

2-3　型枠支保工の安全

1　設置計画の届出

事業者は、支柱の高さが3.5 m以上である型枠支保工にあっては、あらかじめ、その計画を工事の開始日の30日前までに、所轄の労働基準監督署に届け出なければなりません。

2 型枠支保工の組立・解体

①組立作業は、あらかじめ支柱、はり、つなぎ、筋かい等の部材の配置、接合の方法および寸法が示された組立図を作成し、この組立図によって組み立てなければならない。

②支保工には、垂直荷重に加え水平荷重を考慮することとし、水平荷重の作用位置は支保工の上端とする。

③コンクリートの打設による、支保工の沈下を防止する措置を講ずること。

④支柱の脚部の滑動を防止すること。

⑤支柱の継手は、突合せ継手または差込み継手とすること。

⑥接続部および交差部は、ボルト、クランプなどの金具を用いて緊結すること。

⑦事業者は、型枠支保工の組立または解体を行う区域には、関係作業員以外の作業員の立入りを禁止すること。

⑧事業者は、強風、大雨、大雪等の悪天候のため作業の実施について危険が予想されるときには、作業を中止すること。

⑨材料、器具または工具を上げるまたは下ろすときには、つり綱、つり袋を使用すること。

⑩事業者は、コンクリート打込み作業を行う場合は、型枠支保工に異状が認められた際の作業中止のための措置を、あらかじめ講じておくこと。

⑪型枠支保工の組立て等作業主任者は、作業方法を決定し、材料の欠点の有無や器具および工具の点検、不良品の排除等を行うとともに、要求性能墜落制止用器具等や保護帽の使用状況を監視する。

2-4 墜落、飛来または落下災害の防止のための安全管理

1 墜落の防止

高さが 2m 以上の作業床の端、開口部等で墜落により労働者に危険を及ぼすおそれのある箇所には、囲い、手すり、覆い等を設けなければなりません。

高さが 2m 以上の作業床の開口部などで、囲いや覆いなどの設置が著しく困難な場所などで作業するときには、安全ネットを設置し、さらに要求性能墜落制止用器具を使用するなどして墜落を防止します。

1 安全ネット

安全ネットは、人体またはこれと同等以上の重さの落下物による衝撃を受けたものは、使用してはなりません。

安全ネットの取付けは、ネット周辺の支持間隔などからネットの垂れ、ネットと地表面および作業床との垂直距離を計算し、設置方法が妥当であることを確認して設置します。ネットの支持点の間隔は、ネット周辺からの墜落による危険がないものでなければなりません。

安全ネットは、使用開始後1年以内およびその後6箇月以内ごとに1回、定期に試験用糸についての等速引張試験を行い、所定の強度があることを確認します。

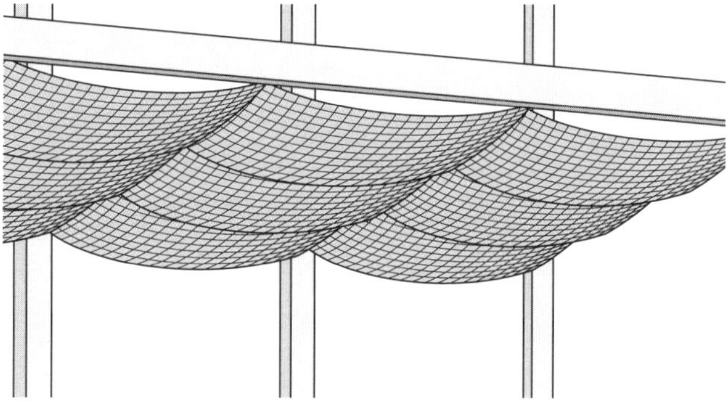

2 要求性能墜落制止用器具

要求性能墜落制止用器具は、万一の落下時の衝撃をなるべく小さくするため、ベルトはできるだけ腰骨の近くに装着し、フックはできるだけ腰より高い位置に掛けます。要求性能墜落制止用器具のフックを掛ける親綱は、支柱スパンを 10m 以下とし、このスパンで複数の労働者が同時に親綱にフックを掛けるような作業をさせないようにします。

要求性能墜落制止用器具は、厚生労働大臣の定めた規格を満足するものでなければ、使用や貸与することは禁止されています。

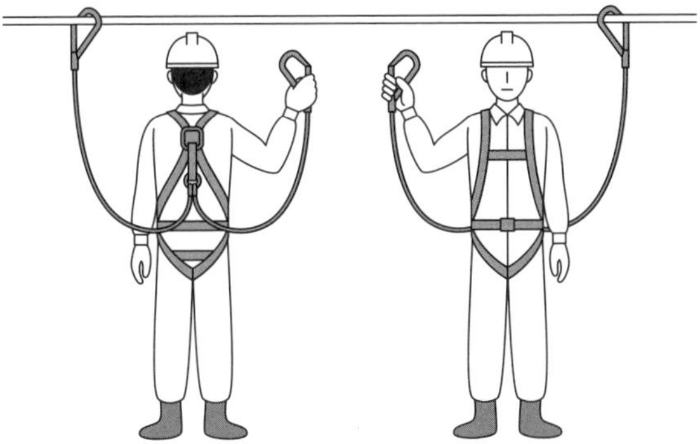

2 飛来・落下災害の防止

他の労働者がその上方で作業を行っているところで作業を行うときは、物体の飛来または落下による労働者の危険を防止するため、保護帽を着用させなければなりません。

保護帽には、飛来または落下用、墜落時の保護用、電気絶縁用等、それぞれ規格が定められており、用途に応じたものを選定する必要があります。保護帽は、厚生労働大臣が定める規格を具備しなければ、貸与したり、使用したりしてはなりません。

3m 以上の高所から物体を投下するときは、適当な投下設備を設け、監視人を置く等労働者の危険を防止させなければなりません。

また、作業のため物体が飛来することにより労働者に危険を及ぼすおそれのあるときは、飛来防止の設備を設け、労働者に保護具を使用させる等、当該危険を防止するための措置を講じなければなりません。

3 その他の保護具

①防毒マスクおよび防じんマスクは、酸素欠乏症の防止には全く効力がなく、酸素欠乏危険作業に用いてはならない。

②手袋は、作業区分をもとに用途や職場環境に応じたものを使用するが、ボール盤等の回転する刃物に手などが巻き込まれるおそれがある作業

の場合は使用してはならない。

③安全靴は、作業区分をもとに用途や職場環境に応じたものを使用し、つま先部に大きな衝撃を受けた場合は、直ちに補修するか、取り替える。

頻出項目をチェック！

1 □ つり足場の場合を除き作業床の床材の幅は40cm以上とし、床材間のすき間は3cm以下とする。

2 □ 高さ2m以上の作業床の作業では、墜落防止対策として高さ85cm以上の手すりおよび中さんを設置する。

3 □ 足場の作業床には、その構造および使用材料に応じて最大積載荷重を定め、それを超えて積載をしてはならない。

4 □ 鋼管足場の脚部には、ベース金具を用い、かつ敷板、敷角を用い、根がらみを設ける等の措置を講ずる。

5 □ 型枠支保工の組立作業は、あらかじめ支柱、はり、つなぎ、筋かい等の部材の配置、接合の方法および寸法が示された組立図を作成し、この組立図によって組み立てなければならない。

6 □ 型枠支保工の支柱の継手は、突合せ継手または差込み継手とし、鋼材と鋼材との接合部及び交差部は、ボルト、クランプ等の金具で緊結する。

7 □ 強風・大雨・大雪等の悪天候で型枠支保工の組立て等の作業に危険が予想される場合、事業者は、当該作業を中止しなければならない。

8 □ 安全ネットは、人体またはこれと同等以上の重さの落下物による衝撃を受けたものは使用してはならない。

9 □ 要求性能墜落制止用器具は、万一の落下時の衝撃をなるべく小さくするため、ベルトはできるだけ腰骨の近くに装着し、フックはできるだけ腰より高い位置に掛ける。

10 □ 防毒マスクおよび防じんマスクは、酸素欠乏症の防止には全く効力がなく、酸素欠乏危険作業に用いてはならない。

こんな選択肢は誤り！

高さが2m以上の作業場所において、足場に作業床を設けるときは、その作業床は、つり足場の場合を除き、幅は~~30cm~~以上、床材間のすき間は~~5cm~~以下としなければならない。

高さが2m以上の作業場所において、足場に作業床を設けるときは、その作業床は、つり足場の場合を除き、幅は40cm以上、床材間のすき間は3cm以下としなければならない。

要求性能墜落制止用器具のフックの取付け位置は、落下距離を小さくするため腰の高さより~~低い~~位置に取り付けること。

要求性能墜落制止用器具のフックの取付け位置は、落下距離を小さくするため腰の高さより高い位置に取り付けること。

鋼製の支柱の継手は、突合せ継手又は~~重ね継手~~とし、鋼材相互の接合部及び交差部は、ボルト、クランプ等の金具を用いて緊結しなければならない。

鋼製の支柱の継手は、突合せ継手又は差込み継手とし、鋼材相互の接合部及び交差部は、ボルト、クランプ等の金具を用いて緊結しなければならない。

Lesson 03

重要度 ★★☆

土木工事の安全管理

学習のポイント

一次 二次

- 掘削作業の安全対策について理解する。
- 酸素欠乏症等防止規則について理解する。

3-1　土工工事（明り掘削）

1　事前調査

事業者は、地山の掘削の作業を行う場合において、地山の崩壊、埋設物等の損壊等により労働者に危険を及ぼすおそれのあるときは、あらかじめ、次の事項を適当な方法により調査し、適応する掘削の時期および順序を定めて、当該定めにより作業を行わなければなりません。

①地質および地層の状況

②き裂、含水、湧水、凍結の有無と状況

③埋設物の有無

2　人力掘削時の留意事項

①事業者は、手掘りにより地山の掘削作業を行うときは、掘削面の勾配を、次ページの表に示す地山の種類および掘削高さに応じ、右欄の値以下とする。ただし、特に地質が悪い地山では、さらに緩やかな勾配とすること。

②すかし掘りは、絶対にしないこと。

③２名以上で同時に掘削作業を行うときは、相互に十分な間隔を保つこと。

④浮石を割ったり起こしたりするときは、石の安定と転がる方向をよく見定めて作業すること。

⑤つるはしやシャベル等は、てこに使わないこと。

⑥掘削した土砂は、埋め戻す時まで土留め壁、法肩から１ｍ以上離れた所に積み上げるように計画する。やむを得ず掘り出した土砂等を掘

削部の上部もしくは法肩付近に仮置きする場合には、掘削面の崩落や土砂等の落下が生じないよう留意すること。

⑦湧水のある場合は、これを処理してから行うこと。

掘削面の高さと勾配

地山の種類	掘削面の高さ	掘削面の勾配
岩盤または堅い粘土からなる地山	5m 未満	90 度以下
	5m 以上	75 度以下
その他の地山	2m 未満	90 度以下
	2m 以上 5m 未満	75 度以下
	5m 以上	60 度以下
砂からなる地山	掘削面の勾配 35 度以下とし、または高さ 5m 未満とする	
発破等で崩壊しやすい状態になっている地山	掘削面の勾配を 45 度以下とし、または高さを 2m 未満とする	

人力掘削時の留意事項を理解しよう！

3 掘削時の規定

1 作業主任者

掘削面の高さが２ｍ以上となる地山の掘削（ずい道および立坑以外の坑の掘削を除く）作業については、**地山の掘削作業主任者**を選任し、作業を直接指揮させなければなりません。

2 点検

明り掘削の作業を行うときは、**点検者**を指名して、作業箇所およびその周辺の地山について、その日の作業を開始する前、**大雨の後**および**中震以上の地震の後**、**浮石およびき裂の有無**および**状態**ならびに**含水、湧水**および**凍結の状態の変化**を点検させなければなりません。

また、発破を行った後、当該発破を行った箇所およびその周辺の浮石およびき裂の有無および状態を点検させなければなりません。

3 地山の崩壊等による危険防止

明り掘削の作業を行う場合において、地山の崩壊または土石の落下により労働者に危険を及ぼすおそれのあるときは、あらかじめ、土止め支保工を設け、防護網を張り、労働者の立入りを禁止する等、当該危険を防止するための措置を講じなければなりません。

4 埋設物等による危険の防止

事業者は、埋設物、ブロック塀、擁壁等の建設物に近接して掘削する場合においては、これらを補強し、移設する等の危険防止措置を講じた後、作業に入らせなければなりません。

掘削作業で露出したガス導管の損壊による危険のおそれがあるときは、つり防護、受け防護、ガス導管の移設等の危険防止措置を講じた後、作業に入らせなければなりません。

ガス導管の防護の作業については、当該作業を指揮する者を指名して、その者の直接の指揮のもとに当該作業を行なわせなければなりません。

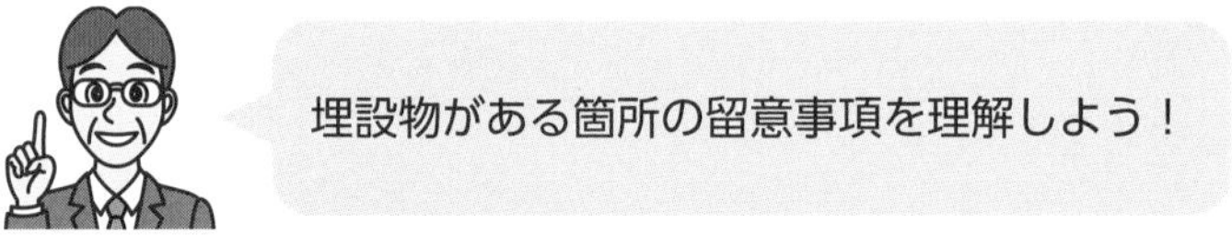

5 掘削機械等の使用禁止

事業者は、掘削機械、積込み機械、運搬機械の使用により、ガス導管、地中電線路、その他地下に存する工作物の損壊による危険のおそれがあるときは、これらの機械を使用してはなりません。

6 誘導者の配置

明り掘削の作業を行う場合において、運搬機械等が労働者の作業箇所に後進して接近するとき、または転落するおそれのあるときは、誘導者を配置し、その者にこれらの機械を誘導させなければなりません。

7 照度の確保

明り掘削の作業を行う場所については、当該作業を安全に行うため作業面にあまり強い影を作らないように必要な照度を保持しなければなりません。

3-2 土止め支保工

掘削する場合は、その箇所の土質に見合った勾配で掘削できる場合を除き、一般には、掘削の深さが2 m以上となるときには、土止め支保工を設置しなければなりません。なお、市街地や掘削幅が狭い箇所では、掘削の深さが1.5 mを超える場合において、土止め支保工を設けなければなりません。

1 土止め支保工部材の取付け時の留意点

①事業者は、土止め支保工を組み立てるときは、あらかじめ組立図を作成し、かつ、当該組立図により組み立てなければならない。
②事業者は、土止め支保工の取付けまたは取外しの作業については、地山の掘削および土止め支保工作業主任者技能講習を修了した者のうちから、土止め支保工作業主任者を選任しなければならない。
③切ばりおよび腹起しは、脱落を防止するため、矢板、杭等に確実に取り付けること。
④圧縮材（火打ちを除く）の継手は、突合せ継手とすること。
⑤切ばりまたは火打ちの接続部、および切ばりと切ばりとの交さ部は、当て板を当ててボルトにより緊結し、溶接により接合する等の方法により堅固なものとすること。
⑥中間支持柱を備えた土止め支保工にあっては、切ばりを当該中間支持柱に確実に取り付けること。
⑦切ばりを建築物の柱等部材以外の物により支持する場合にあっては、当該支持物は、これにかかる荷重に耐えうるものとすること。

⑧切ばり等の設置作業を行う箇所には、関係労働者以外の労働者が立ち入ることを禁止すること。

⑨材料、器具または工具を上げ、または下ろすときは、つり綱、つり袋等を労働者に使用させること。

2 点検

事業者は、土止め支保工を設けたときは、以下の時期に点検し、異常を認めたときは、直ちに、補強し、または補修しなければなりません。

①設置後７日を超えない期間

②中震以上の地震の後

③大雨等により地山が急激に軟弱化するおそれのある事態が生じた後

3-3 急傾斜地での掘削作業

1 急傾斜地での斜面掘削作業における留意点

①斜面の切り落とし作業は、原則として上部から下部へ切り落とすこととし、すかし掘りは絶対に行わない。

②やむを得ず上下作業となる箇所には、丈夫な防護柵を設けて監視人を配置する。

③斜面の最下部に擁壁を築造する際は、崩落の危険を防止するため、擁壁の延長方向に長い距離を連続して掘削するのは避け、区割り施工を行う。

④斜面の岩盤に節理などの岩の目があり、法面の方向と一致している流れ盤である場合は、岩盤がこの目に沿ってすべりやすいので注意する。

⑤毎日の作業箇所の浮き石、湧水などの地山の点検は、指名された点検者が行い、浮き石や転石を処理するときは、監視人を配置する。また、危険箇所には、立入禁止の措置をする。

3-4 酸素欠乏症等防止規則

酸素欠乏症等防止規則において、酸素欠乏とは、空気中の酸素の濃度が18％未満である状態をいいます。また酸素欠乏等とは、上記の状態または空気中の硫化水素の濃度が100万分の10を超える状態をいいます。そして酸素欠乏症とは、酸素欠乏の空気を吸入することにより生ずる症状が認められる状態をいい、酸素欠乏症等とは酸素欠乏症または硫化水素中毒をいいます。

1 酸素欠乏危険作業における留意点

①事業者は、法令で定められている酸素欠乏危険のおそれのある場所で工事を実施する場合は、その日の作業を開始する前に、当該作業場における空気中の酸素の濃度を測定しなければならない。

②事業者は、酸素欠乏危険作業に労働者を従事させる場合は、当該作業を行う場所の空気中の酸素の濃度を18%以上に保つように換気しなければならない。

③事業者は、爆発、酸化等を防止するため換気することができない場合においては、同時に就業する労働者の人数と同数以上の空気呼吸器等を備え、労働者にこれを使用させなければならない。

④事業者は、酸素欠乏危険作業に労働者を従事させるときは、労働者を当該作業を行う場所に入場させ、および退場させる時に、人員を点検しなければならない。

⑤事業者は、酸素欠乏危険場所またはこれに隣接する場所で作業を行うときは、酸素欠乏危険作業に従事する者以外の者が当該酸素欠乏危険場所に立ち入ることについて、禁止する旨を見やすい箇所に表示することその他の方法により禁止するとともに、表示以外の方法により禁止したときは、当該酸素欠乏危険場所が立入禁止である旨を見やすい箇所に表示しなければならない。

⑥事業者は、酸素欠乏危険作業に労働者を従事させる場合で、当該作業を行う場所において酸素欠乏等のおそれが生じたときは、直ちに作業を中止し、作業に従事する者をその場所から退避させなければならない。

⑦事業者は、酸素濃度等の異常が発生し、作業を中断した後、作業を再開する場合、酸素欠乏等のおそれがないことを確認するまでの間、その場所に特に指名した者以外の者が立ち入ることを禁止し、かつ、そ

の旨を見やすい箇所に表示しなければならない。

⑧事業者は、酸素欠乏危険作業に労働者を従事させるときは、空気呼吸器等、はしご、繊維ロープ等非常の場合に労働者を避難させ、または救出するために必要な用具を備えなければならない。

2 酸素欠乏危険作業主任者

事業者は、酸素欠乏・硫化水素危険作業主任者技能講習を修了した者のうちから**酸素欠乏危険作業主任者**を選任しなければなりません。

酸素欠乏危険作業主任者の職務は、以下のとおりです。

①作業に従事する労働者が酸素欠乏の空気を吸入しないように、作業の方法を決定し、労働者を指揮すること。

②その日の作業を開始する前、作業に従事するすべての労働者が作業を行う場所を離れた後再び作業を開始する前、および労働者の身体、換気装置等に異常があったときに、作業を行う場所の空気中の酸素の濃度を測定すること。

③測定器具、換気装置、空気呼吸器等その他労働者が酸素欠乏症にかかることを防止するための器具または設備を点検すること。

④空気呼吸器等の使用状況を監視すること。

こんな選択肢は誤り！

発破等により崩壊しやすい状態になっている地山を手掘りにより掘削の作業を行うときは、掘削面のこう配を ~~60°~~ 以下とし、又は掘削面の高さを ~~3m~~ 未満としなければならない。

発破等により崩壊しやすい状態になっている地山を手掘りにより掘削の作業を行うときは、掘削面のこう配を 45° 以下とし、又は掘削面の高さを 2m 未満としなければならない。

Lesson 04

重要度 ★★☆

建設機械の安全管理

学習のポイント

一次 二次

- 資格等を必要とする業務について理解する。
- 車両系建設機械の安全管理について理解する。
- 移動式クレーンの安全確保について理解する。

4-1 資格等を必要とする業務

1 資格等を必要とする業務

資格等を必要とする業務		免許等取得者	技能講習修了者	特別教育受講者
車両系建設機械の運転（道路上の走行を除く）	機体重量 3t 以上	○	○	－
	機体重量 3t 未満	○	○	○
クレーンの運転	つり上げ荷重 5t 以上	○	－	－
	つり上げ荷重 5t 以上で、運転者が荷とともに移動するもの	○	○	－
	つり上げ荷重 5t 未満	○	○	○
移動式クレーンの運転（道路上の走行を除く）	つり上げ荷重 5t 以上	○	－	－
	つり上げ荷重 1t 以上 5t 未満	○	○	－
	つり上げ荷重 1t 未満	○	○	○
デリックの運転	つり上げ荷重 5t 以上	○	－	－
	つり上げ荷重 5t 未満	○	○	○
玉掛け	つり上げ荷重 1t 以上	－	○	－
	つり上げ荷重 1t 未満	－	○	○
フォークリフトの運転（道路上の走行を除く）	最大荷重 1t 以上	－	○	－
	最大荷重 1t 未満	－	○	○
ショベルローダ・フォークローダの運転（道路上の走行を除く）	最大荷重 1t 以上	－	○	－
	最大荷重 1t 未満	－	○	○

不整地運搬車の運転（道路上の走行を除く）	最大積載量 1t 以上	○	○	−
	最大積載量 1t 未満	○	○	○
高所作業者の運転（道路上の走行を除く）	作業床の高さ 10m 以上	−	○	−
	作業床の高さ 10m 未満	−	○	○

2　特別教育受講者が行える業務

①締固め用建設機械で動力を用い、かつ不特定の場所に自走することができるものの運転（道路上の走行を除く）
②コンクリート打設用機械の作業装置の操作
③ボーリングマシンの運転
④ジャッキ式つり上げ機械の調整または運転
⑤動力により駆動される巻上げ機の運転
⑥建設用リフトの運転
⑦高気圧作業に係る業務等
⑧酸素欠乏危険場所における作業に係る業務
⑨ずい道等の掘削、これに伴うずり・資材等の運搬、覆工のコンクリート打設等の作業に係る業務
⑩特定粉じん作業に係る業務

4-2　車両系建設機械

1　車両系建設機械を用いる場合の安全管理

車両系建設機械を用いる場合の留意点は、以下のとおりです。

①建設機械の転落、地山の崩壊等による労働者の危険を防止するため、あらかじめ当該作業に係る場所について、地形、地質の状態等を調査し、その結果を記録しておく。
②路肩、傾斜地等で作業を行う場合において、建設機械の転倒または転落により労働者に危険が生ずるおそれがあるときは、誘導員を配置し、その者に当該建設機械を誘導させる。

③建設機械の転倒または転落により運転者に危険が生ずるおそれのある場所においては、転倒時保護構造を有し、かつ、シートベルトを備えた建設機械の使用に努める。

④建設機械を用いて作業を行うときは、運転中の建設機械に接触することにより労働者に危険が生ずるおそれのある箇所に労働者を立ち入らせてはならない。

2 貸与機械の取扱い

貸与機械の取扱い上の留意点は、以下のとおりです。

①運転の資格に規制のない貸与機械の取扱い者については、作業の実態に応じた特別教育を現場の状況により実施する。

②建設機械・車両を運転者付きで貸与を受け使用開始する場合、一般の新規入場者と同様の新規入場時教育を行う必要がある。

③貸与機械の貸与者は、貸与前に当該機械を点検し、異常を認めたときは、貸与者自らが整備その他必要な補修を行う。

4-3 移動式クレーン

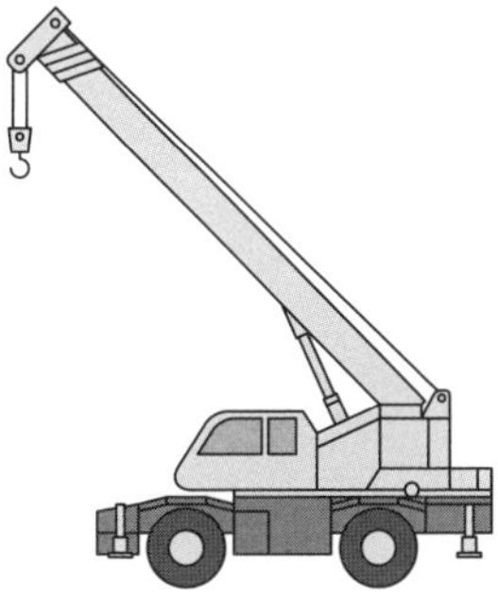

大型移動式クレーン

小型移動式クレーン

1 定格荷重と定格総荷重

定格荷重とは、つり上げ最大荷重から、それぞれフック、グラブバケット等のつり具の重量に相当する荷重を控除した荷重をいいます。また、定格総荷重とは、定格荷重につり具の重量を加えた値をいうものです。

2 移動式クレーンによる作業時の規定

1 作業の方法等の決定等

移動式クレーンを用いて作業を行うときは、移動式クレーンの転倒等による労働者の危険を防止するため、あらかじめ、当該作業に係る場所の広さ、地形および地質の状態、運搬しようとする荷の重量、使用する移動式クレーンの種類および能力等を考慮しなければなりません。

2 過負荷の制限

移動式クレーンにその定格荷重を超える荷重をかけて使用してはなりません。

3 傾斜角の制限

移動式クレーン明細書に記載されているジブの傾斜角の範囲を超えて使用してはなりません。

4 アウトリガーの位置

アウトリガーを使用する移動式クレーンを用いて作業を行うときは、当該アウトリガーを鉄板等の上で当該移動式クレーンが転倒するおそれのない位置に設置しなければなりません。

5 アウトリガー等の張り出し

アウトリガーを有する移動式クレーンまたは拡幅式のクローラを有する移動式クレーンを用いて作業を行うときは、当該アウトリガーまたはクローラを最大限に張り出さなければなりません。ただし、過負荷防止装置や性能曲線で確実に定格荷重を下回る場合は、その限りではありません。

6 運転の合図

事業者は、移動式クレーンを用いて作業を行うときは、移動式クレーンの運転について一定の合図を定め、合図を行う者を指名して、その者に合図を行わせなければなりません。

7 搭乗の制限

移動式クレーンにより、労働者を運搬し、または労働者をつり上げて作業させてはなりません。ただし、作業の性質上やむを得ない場合または安全な作業の遂行上必要な場合は、移動式クレーンのつり具に専用のとう乗設備を設けて労働者を乗せることができます。

8 立入禁止

事業者は、移動式クレーンに係る作業を行うときは、当該移動式クレーンの上部旋回体と接触することにより労働者に危険が生ずるおそれのある箇所に労働者を立ち入らせてはなりません。

また、玉掛けをした荷がつり上げられているときは、荷の下に労働者を立ち入らせてはなりません。

9 暴風時における逸走の防止

瞬間風速が毎秒 30m を超える風が吹くおそれがある場合は、屋外に設置してある走行クレーンについて、逸走防止装置を作用させる等、その逸走を防止するための措置を講じなければなりません。

10 強風時の作業中止

事業者は、強風のため、移動式クレーンに係る作業の実施について危険が予想されるときは、当該作業を中止しなければなりません。

11 運転位置からの離脱の禁止

事業者は、移動式クレーンの運転者を、荷をつったままで、運転位置から離れさせてはなりません。

12 巻過防止装置の調整

巻過防止装置は、フック、グラブバケット等のつり具等の上面に接触するおそれのある物の下面との間隔が 0.25m 以上（直働式の巻過防止装置にあっては、0.05m 以上）となるように調整しておかなければなりません。

巻過防止装置を具備しない走行クレーンについては、巻上げ用ワイヤロープに標識を付けること、警報装置を設けること等、巻上げ用ワイヤロープの巻過ぎによる労働者の危険を防止するための措置を講じなければなりません。

3 移動式クレーンの転倒・倒壊防止

移動式クレーンの転倒、倒壊の主な要因は、ブーム、ジブ、マストあるいはアウトリガー、基礎等のモーメントオーバー、過荷重です。移動式クレーンの選定にあたっては、つり上げ荷重に対して余裕を持った機種を選定する必要があります。

移動式クレーンでつり上げた荷は、支持地盤の沈下等により機体側に移動するため、フックの位置は、作業半径の少し内側とすることが必要です。また、移動式クレーンの転倒に対する安全度は、急旋回時のつり荷重による遠心力や、巻き下げ時の急ブレーキによる衝撃荷重、ブームにかかる風荷重等により低下するため、それらを避けるように配慮します。

4 移動式クレーンでの玉掛け作業

移動式クレーンでの玉掛け作業に関する留意点は、以下のとおりです。

①事業者は、作業標準の作成および関係労働者の作業配置の決定をするほか、作業責任者に作業前打合せの実施を行わせなければならない。

②玉掛け作業責任者は、クレーンの据付け状況および運搬経路を含む作業範囲内の状況を確認し、必要な場合は障害物の除去を行う。

③合図者は、クレーン運転者および玉掛け者が視認できる場所に位置し、玉掛け者からの合図を受けた際は、関係労働者の退避状況と第三者の立入りがないことを確認して、クレーン運転者に合図を行う。

④クレーン運転者は、作業開始前に、使用するクレーンにかかわる点検を行い、据付け地盤の状況を確認し、必要な場合は地盤の補強等の措置を要請する。

⑤作業を開始する前にワイヤロープやフック、リングの異常がないかどうかの点検を行い、異常があった場合には直ちに交換や補修をしてから使用する。

⑥ワイヤロープおよびフックによりつり上げ作業を行う場合には、ワイヤロープおよびフックはいずれも安全係数６を満たしたものを使用する。

⑦フックを用いて作業する場合には、フックの位置をつり荷の重心に誘導し、つり角度と水平面とのなす角度を60°以内に確保して作業を行う。

⑧重心の片寄った荷をつり上げる場合は、事前にそれぞれのロープにかかる荷重を計算して、安全を確認する。

頻出項目をチェック！

1 □ 建設機械の転落、地山の崩壊等による危険を防止するため、あらかじめ当該作業に係る場所について、地形、地質の状態等を調査し、その結果を記録しておかなければならない。

2 □ 路肩、傾斜地等で建設機械を使用する場合には、必要に応じて誘導員を配置し、その者に機械の誘導を行わせなければならない。

3 □ 定格荷重とは、つり上げ最大荷重からフック等のつり具の重量を控除した値のことをいい、定格総荷重とは、定格荷重につり具の重量を加えた値をいう。

4 □ 事業者はアウトリガーを有する移動式クレーンを用いて作業を行うときは、原則として、当該アウトリガーを最大限に張り出さなければならない。

こんな選択肢は誤り！

つり上げ荷重 2.9t のクレーン仕様バックホウでクレーン作業を行うとき、~~機体重量 3t 以上の基礎工事用機械~~の技能講習の修了者であれば運転操作に従事できる。

つり上げ荷重 2.9t のクレーン仕様バックホウでクレーン作業を行うとき、つり上げ荷重 1t 以上 5t 未満の移動式クレーンの技能講習の修了者であれば運転操作に従事できる。

コンクリートポンプ車の圧送等の装置の操作の業務は、コンクリートポンプ車の~~運転免許取得者~~がこれを行う。

コンクリートポンプ車の圧送等の装置の操作の業務は、コンクリートポンプ車の特別の教育を受けた者がこれを行う。

建設機械の転倒又は転落により運転者に危険が生ずるおそれのある場所においては、転倒時保護構造を~~有するか、又は~~、シートベルトを備えた建設機械の使用に努めなければならない。

建設機械の転倒又は転落により運転者に危険が生ずるおそれのある場所においては、転倒時保護構造を有し、かつ、シートベルトを備えた建設機械の使用に努めなければならない。

定格荷重は、つり上げ荷重~~に~~フック等のつり具の重量を~~加えた~~荷重で、作業半径やブーム長さにより変化する。

定格荷重は、つり上げ荷重からフック等のつり具の重量を控除した荷重で、作業半径やブーム長さにより変化する。

ワイヤロープ及びフックにより吊り上げ作業を行う場合には、ワイヤロープ及びフックはいずれも安全係数 5 を満たしたものを使用する。

ワイヤロープ及びフックにより吊り上げ作業を行う場合には、ワイヤロープ及びフックはいずれも安全係数 6 を満たしたものを使用する。

Lesson 05

重要度 ★★★

建設工事公衆災害防止対策要綱

学習のポイント

一次 二次

- 地下埋設物の取扱いについて理解する。
- 交通対策について理解する。

5-1 埋設物・架空線の防護

1 埋設物の確認

①埋設物が予想される場所で土木工事を施工しようとするときは、施工に先立ち、埋設物管理者等が保管する台帳に基づいて試掘等を行い、その埋設物の種類、位置（平面・深さ）、規格、構造等を原則として目視により確認しなければならない。

②試掘によって埋設物を確認した場合には、その位置等を道路管理者および埋設物の管理者に報告すること。なお、その際、深さについては、原則として標高で表示しなければならない。

③施工者は、工事中に管理者の不明な埋設物を発見した場合、埋設物に関する調査を再度行い、当該管理者の立会を求め、安全を確認した後に処置しなければならない。

④埋設物の予想される位置を２ｍ程度まで試掘を行い、埋設物が確認されたときは、布掘りまたつぼ掘りを行ってこれを露出させなければならない。

2 露出した埋設物の保安維持

①工事中に埋設物が露出した場合は、事前協議で定められた方法によって埋設物を防護し、工事中の損傷および公衆災害の防止に努めるとともに、常に点検等を行わなければならない。

②施工者は、露出した埋設物には、埋設物の名称、保安上の必要事項、管理者の連絡先等を記載した標示板を取り付け、工事関係者に注意を喚起しなければならない。

③露出した埋設物がすでに破損していた場合は、直ちに起業者およびその埋設物管理者に連絡し、修理等の措置を求めなければならない。
④露出した埋設物が埋め戻した後において破損するおそれのある場合には、起業者および埋設物管理者と協議の上、適切な措置を行うことを求め、工事終了後の事故防止について十分注意しなければならない。

3 近接位置の掘削・火気

①埋設物に近接して掘削を行う場合は、周囲の地盤のゆるみ、沈下等に十分注意し、必要に応じて埋設物の補強、移設等について、起業者および埋設物管理者と協議し、必要な措置を講じなければならない。
②可燃性物質の輸送管等の埋設物の付近において、溶接機、切断機等火気を伴う機械器具を使用してはならない。ただし、やむを得ない場合において、その埋設物の管理者と協議の上、周囲に可燃性ガス等の存在しないことを確認し、熱遮へい装置など埋設物の保安上必要な措置を講じたときにはこの限りではない。

4 架空線に近接して行う工事

①工事現場における架空線等上空施設については、施工に先立ち、種類・場所・高さ・管理者等を現地調査により事前確認する。
②架空線等上空施設に近接して工事を行う場合は、必要に応じてその管理者に施工方法の確認や立会いを求める。
③工事の施工にあたっては、架空線等と機械、工具、材料等について安全な離隔を確保する。
④架空線に接触などのおそれがある場合は、建設機械の運転手などに工事区域や工事用道路内の架空線等上空施設の種類・場所・高さなどを連絡し、留意事項を周知徹底する。
⑤架空線の近接箇所で建設機械のブーム操作やダンプトラックのダンプアップを行う場合は、防護カバーや看板の設置、立入禁止区域の設定などを行う。
⑥感電の危険が生ずるおそれのあるときは、充電電路の移設、感電の危険を防止する囲いの設置、または充電電路に絶縁用防護具を装着する。

5-2 交通対策

1 道路標識等

道路上で土木工事を施工する場合には、工事による一般交通への危険および渋滞の防止、歩行者の安全等をはかるため、保安灯、回転灯、道路標識、標示板等で必要なものを設置しなければなりません。施設を設置する場合は、周囲の地盤面から高さ0.8 m以上2 m以下の部分については、通行者の視界を妨げることのないよう必要な措置を講じなければなりません。

2 保安灯

保安灯は、高さ1 m程度のもので夜間150 m前方から視認できる光度を有するものを設置しなければなりません。この場合、設置間隔は、交通流に対面する部分では2 m程度、その他の道路に面する部分では4 m以下とします。

3 遠方よりの工事箇所の確認

施工者は、交通量の特に多い道路上で土木工事を施工する場合、遠方からでも工事箇所が確認できる保安施設を適切に設置しなければなりません。さらに、必要に応じて夜間200 m前方から視認できる回転式か点滅式の黄色または赤色の注意灯を設置しなければなりません。

工事を予告する道路標識、標示板等を、工事箇所の前方50 mから500 mの間の路側または中央帯のうち視認しやすい箇所に設置しなければなりません。

4 作業場付近における交通の誘導

道路上で土木工事を施工する場合、作業場出入口等に必要に応じて交通誘導員を配置し、常に交通の流れを阻害しないよう努めなければなりません。なお、交通量の少ない道路にあっては、簡易な自動信号機によって交通の誘導を行うことができます。

5 まわり道

土木工事のために一般の交通を迂回させる必要がある場合は、道路管理者および所轄警察署長の指示するところに従い、まわり道の入口および要所に運転者または通行者に見やすい案内用標示板等を設置しなければなりません。

6 車道幅員

土木工事のために一般の交通の用に供する部分の通行を制限する場合、車線が１車線となる場合にあっては、その車道幅員は３ｍ以上とし、２車線となる場合にあっては、その車道幅員は5.5ｍ以上とします。車線が１車線で往復の交互交通となる場合は、制限区間はできるだけ短くし、必要に応じて交通誘導員等を配置します。

5-3　移動さくの設置および撤去の規定

施工者は、移動さくを連続して設置する場合には、原則として移動さくの長さを超えるような間隔をあけてはならず、かつ、移動さく間には保安灯またはセーフティコーンを置き、作業場の範囲を明確にしなければなりません。

①移動さくを屈曲して設置する場合には、その部分は間隔をあけてはならない。

②交通流に対面する部分に移動さくを設置する場合は、原則としてすりつけ区間を設け、かつ、間隔をあけないようにしなければならない。

③歩行者および自転車が移動さくに沿って通行する部分の移動さくの設置にあたっては、移動さくの間隔をあけないようにし、または移動さくの間に安全ロープ等を張ってすき間のないよう措置しなければならない。

④移動さくの設置および撤去にあたっては、交通の流れを妨げないよう行わなければならない。この場合、移動さくの設置は、交通の流れの上流から下流に向けて、撤去は交通の流れの下流から上流に向けて行うのが原則である。

こんな選択肢は誤り！

施工者は、工事中に露出した埋設物がすでに破損していた場合においては、~~自らの判断により~~直ちに修理を~~しなければならない~~。

施工者は、工事中に露出した埋設物がすでに破損していた場合においては、起業者およびその埋設物管理者に連絡し直ちに修理を求めなければならない。

2車線で幅員5.5mある道路を1車線に規制し交互交通で工事を行う場合には、交通量を考慮し、制限区間はできる限り~~長く~~とるとともに、必要に応じて交通誘導員を配置する。

2車線で幅員5.5mある道路を1車線に規制し交互交通で工事を行う場合には、交通量を考慮し、制限区間はできる限り短くとるとともに、必要に応じて交通誘導員を配置する。

演習問題

新規入場者への教育

安全管理1 建設工事現場の新規入場者への教育に関する次の記述のうち，労働安全衛生法令上，**誤っているもの**はどれか。

(1) 事業者が，作業の開始に先立ち，従事する労働者に法令に基づく特別教育を行った場合には，受講者，科目等の記録を作成するとともに，これを定められた期間保存しておかなければならない。

(2) 事業者は，労働者を雇い入れたときは，安全又は衛生のための教育を実施する必要があり，当該作業に十分な知識及び技能を有していると認められる者についても，これらの教育を省略してはならない。

(3) 事業者は，新たに作業を行うこととなった職長その他の作業中の労働者を監督する立場の者に対し，作業手順の決定，労働者の配置や指導，異常時の措置等について，所定時間以上の教育を行わなければならない。

(4) 事業者は，労働者の作業内容を変更したときは，遅滞なく，当該労働者が従事する業務に関する安全又は衛生のための教育を行わなければならない。

答え (2)

当該作業に十分な知識および技能を有していると認められる者については、省略してもよい。

型わく支保工の組立て

安全管理 2 事業者が行う型わく支保工の組立作業に関する次の記述のうち，労働安全衛生規則上，**正しいもの**はどれか。

(1) 強風，大雨，大雪等の悪天候によって組立作業に危険が予想されるときは，各部材の接合等を十分に点検したのちに当該組立作業を行わせなければならない。

(2) 型わく支保工の支柱の脚部の設置は，根がらみの取付け等と支柱の脚部の滑動量分を確保して組み立てなければならない。

(3) 組立作業は，あらかじめ支柱，はり，つなぎ，筋かい等の部材の配置，接合の方法及び寸法が示された組立図を作成し，この組立図によって組み立てなければならない。

(4) 鋼製の支柱の継手は，突合せ継手又は重ね継手とし，鋼材相互の接合部及び交差部は，ボルト，クランプ等の金具を用いて緊結しなければならない。

答え (3)

(1) 当該作業に労働者を従事させてはならない。

(2) 滑動を防止するための措置を講じて組み立てなければならない。

(4) 突合せ継手または差込み継手とする。

急傾斜地での斜面掘削作業

安全管理3 急傾斜地での斜面掘削作業に関する次の記述のうち，**適当でないもの**はどれか。

(1) 斜面の切り落とし作業は，原則として上部から下部へ切り落とすこととし，すかし掘りは絶対に行わない。
(2) 斜面の最下部に擁壁を築造する際は，崩落の危険を防止するため，擁壁の延長方向に長い距離を連続して掘削し擁壁の区割り施工は行わない。
(3) 斜面の岩盤に節理などの岩の目があり，法面の方向と一致している流れ盤である場合，岩盤は，この目に沿ってすべりやすいので注意する。
(4) 浮石や湧水などの毎日の地山点検は，指名された点検者が行い，危険箇所には，立入禁止の措置をする。

答え (2)
連続して掘削するのは避け、区割り施工を行う。

移動式クレーン

安全管理4 移動式クレーンの安全確保に関する次の記述のうち，**適当なもの**はどれか。

(1) 定格荷重とは，つり上げ荷重にフック等のつり具の重量を加えた値のことをいい，つり上げや旋回等の際の定格速度とも関係がある。
(2) 鉄塔脇で荷をつってブームを旋回中は，架空線との離隔がわかりにくいので，荷つり状態のまま運転席から降りて近場から位置関係を再確認する。
(3) つり上げ荷重2.9tのクレーン仕様バックホウでクレーン作業を行うとき，機体重量3t以上の基礎工事用機械の技能講習の修了者であれば運転操作に従事できる。
(4) アウトリガーは，過負荷防止装置や性能曲線で確実に定格荷重を下回る場合を除き，最大限に張り出しする。

答え (4)

(1) つり上げ荷重からフック等のつり具の重量を控除した値のことをいう。

(2) 荷つり状態のまま運転席から降りてはならない。

(3) 移動式クレーン技能講習の修了者である。

地下埋設物

安全管理5 道路工事の際に埋設物の損傷等の公衆災害防止のために施工者が行う措置に関する次の記述のうち，建設工事公衆災害防止対策要綱上，**誤っているもの**はどれか。

(1) 工事中埋設物が露出した場合は常に点検等を行い，埋設物が露出時にすでに破損していた場合は，直ちに起業者及びその埋設物管理者に連絡し修理等の措置を求める。

(2) 道路上において，杭，矢板等を打設する場合には，埋設物の位置まで機械のみで掘削し速やかに埋設物を露出させ，埋設物を確認する。

(3) 施工に先立ち，埋設物管理者等が保管する台帳に基づいて試掘を行い，その埋設物の種類等を目視により確認し，その位置を道路管理者及び埋設物管理者に報告する。

(4) 埋設物に近接して掘削を行う場合は，周囲の地盤のゆるみ，沈下等に十分注意しながら，必要に応じて，埋設物管理者とあらかじめ協議し，埋設物の保安に必要な措置を講ずる。

答え (2)

埋設物の予想される位置を深さ2m程度まで試掘を行い、埋設物の存在が確認されたときは、布掘りまたはつぼ掘りを行ってこれを露出させる。

酸素欠乏症等防止

応用能力 酸素欠乏のおそれのある工事を行う場合，事業者が行うべき措置に関する下記の①～④の4つの記述のうち，酸素欠乏症等防止規則上，**正しいもの**の数は次のうちどれか。

① 酸素欠乏危険場所においては，その作業の前日に，空気中の酸素の濃度を測定し，測定日時や測定方法及び測定結果等の記録を一定の期間保存しなければならない。
② 酸素欠乏危険作業に労働者を従事させる場合で，爆発，酸化等を防止するため換気することができない場合又は作業の性質上換気することが著しく困難な場合は，同時に就業する労働者の人数と同数以上の空気呼吸器等を備え，労働者に使用させなければならない。
③ 酸素欠乏危険作業に労働者を従事させるときは，労働者を当該作業を行う場所に入場させ，及び退場させる時に，保護具を点検しなければならない。
④ 酸素欠乏危険作業に労働者を従事させる場合は，当該作業を行う場所の空気中の酸素の濃度を18％以上に保つように換気しなければならない。

(1) 1つ
(2) 2つ
(3) 3つ
(4) 4つ

答え (2)

① 事業者は、その日の作業を開始する前に、当該作業場における空気中の酸素の濃度を測定し、測定日時や測定方法及び測定結果等を記録して、これを3年間保存しなければならない。
③ 事業者は、酸素欠乏危険作業に労働者を従事させるときは、労働者を当該作業を行う場所に入場させ、及び退場させる時に、人員を点検しなければならない。

Lesson 01

重要度 ★★★

品質管理の方法

学習のポイント

一次

- 品質管理の手順について理解する。
- ISO 9000 ファミリーの品質マネジメントシステムについて理解する。

1-1 品質管理

1 品質管理の目的

品質管理の目的は、契約約款、設計図書などに示された規格を満足するような構造物を、最も経済的に施工することです。品質管理を進める上で大切なことは、目標を定めて、その目標に最も早く近づくための合理的な計画を立て、それを実行に移すことになります。

そこで、設計図書（図面）や仕様書などに規定されている構造物の品質を満たすために、何を品質管理の対象項目とするかを決める必要があります。

工事目的物の品質を一定以上の水準に保つ活動を品質保証活動といい、品質の向上や品質の維持管理を行う品質管理よりも幅広い概念を含んでいます。

2 品質管理の手法

品質管理の手法は、一般に、施工の途中に各種試験を行い、品質が所定の目標を満足しない場合には必要な措置をとり、品質の確保をはかるものです。品質管理は、不良品が出ないよう常々工程に注意し、測定値が規格値を満足しない場合は、品質に異常が生じたものとして、その原因を追及し、再発しないよう処置しなければなりません。

したがって、品質管理では、公正な試験による試験値、正確な現場測定値をもとに統計的手法を活用して行うことが大切です。

3 品質管理の手順

品質管理の手順は、以下のとおりです。

品質特性の選定 → 品質標準の設定 → 作業標準の決定 → データ採取・分析

1 品質特性の選定

品質管理における具体的な対象項目を品質特性といいます。品質特性の選定においては、以下の点に留意します。

①工程の状態を総合的に表すものであること。
②品質に重要な影響を及ぼすものであること。
③測定しやすいものであること。
④工程上、管理しやすく、早期に測定結果のわかるものであること。

なお、品質特性として代用特性を用いる場合は、目的としている品質特性との関係が明確であるものを選びます。

2 品質標準の設定

品質標準とは、施工において実現しようとする品質の目標のことです。品質特性のバラツキの度合いを考慮して、余裕を持った品質を目標とするようにします。

3 作業標準の決定

作業標準とは、品質標準を守るための作業方法および作業順序などを決めたものをいいます。過去の施工実績や、事前の試験施工・実験結果などを参考にして決定します。

1-2 ISO 9000 ファミリーの品質マネジメントシステム

ISO 規格とは、国際標準化機構（ISO）が定める国際規格のことで、品質マネジメントシステムについて定めているのが、ISO 9000 ファミリーです。

1 品質マネジメントの原則

1 顧客重視

現在および将来の顧客ニーズを理解し、顧客要求事項を満たし、顧客の期待を越えるように努力することが求められます。

2 リーダーシップ

リーダーは、組織の目的および方向を一致させます。リーダーは、人々が組織の目標を達成することに十分に参画できる内部環境を作り出し、維持します。

3 人々の参画

すべての階層の人々は組織にとって根本的要素であり、その全面的な参画によって、組織の便益のためにその能力を活用することが可能となります。

4 プロセスアプローチ

活動および関連する資源が1つのプロセスとして運営管理されるとき、望まれる結果がより効率よく達成されます。

5 マネジメントへのシステムアプローチ

相互に関連するプロセスを1つのシステムとして、明確にし、理解し、運営管理することが組織の目標を効果的で効率よく達成することに寄与します。

6 継続的改善

組織の総合的パフォーマンスの継続的改善を、組織の永遠の目標とすることが求められます。

7 意思決定への事実に基づくアプローチ

効果的な意思決定は、データおよび情報の分析に基づいています。

8 供給者との互恵関係

組織およびその供給者は独立しており、両者の互恵関係は両者の価値創造能力を高めます。

2 PDCA サイクル

PDCA サイクルとは、「計画（P）」→「実施（D）」→「検討（C）」→「処置（A）」を繰り返す品質管理手法です。このサイクルを回すことにより、継続的改善がはかられます。

①計画（Plan）：品質特性の選定と品質規格の決定をする。

②実施（Do）：「規格値」や「作業標準」により作業する。

③検討（Check）：統計的手法により解析・検討する。

④処置（Action）：異常の原因を除去する処置をとる。

頻出項目をチェック！

1 □ 品質管理の目的は、契約約款、設計図書などに示された規格を満足するような構造物を最も経済的に施工することである。

2 □ 品質管理は、品質特性を決めてから、品質標準を決め、作業標準に従って作業を実施し、データを取るという手順で行う。

3 □ 品質特性の選定においては、工程の状態を総合的に表すものであること、測定しやすいものであることなどに留意する。

4 □ 品質特性は、設計図および仕様書に定められた構造物の品質に重要な影響を及ぼすものを選ぶものとする。

5 □ 品質特性を定める場合には、工程上管理しやすく、かつ、早期に測定結果のわかる品質特性を選び管理する。

6 □ 代用特性を品質特性として用いる場合は、目的としている品質との関係が明確であるものを選ぶものとする。

7 □ 品質標準とは、現場施工の際に実現しようとする品質の目標であり、バラツキの度合いを考慮して余裕を持った品質を目標とする。

こんな選択肢は誤り！

品質管理の手法は、一般に、~~施工後~~に各種試験を行い、品質が所定の目標を満足しない場合には必要な措置をとり、品質の確保をはかるものである。

品質管理の手法は、一般に、施工の途中に各種試験を行い、品質が所定の目標を満足しない場合には必要な措置をとり、品質の確保をはかるものである。

品質特性の選定は、工程の状態を総合的に表すもの及び品質に影響の~~小さい~~もので、測定しやすい特性のものとする。

品質特性の選定は、工程の状態を総合的に表すもの及び品質に影響の大きいもので、測定しやすい特性のものとする。

品質特性は、工程に対して処置をとりやすい特性で、~~時間をかけても~~結果が得られるものを選ぶものとする。

品質特性は、工程に対して処置をとりやすい特性で、早期に結果が得られるものを選ぶものとする。

Lesson 02 重要度 ★★★

工種別品質管理

学習のポイント 一次 二次

- レディーミクストコンクリートの受入れ検査について理解する。
- 盛土の品質管理について理解する。
- アスファルト舗装の品質管理について理解する。
- コンクリート構造物の品質管理について理解する。

2-1 レディーミクストコンクリートの受入れ検査

レディーミクストコンクリートの受入れ検査では、現場の荷卸し時に、強度、スランプ、空気量、塩化物含有量の試験を行わなければなりません。

1 スランプ

スランプ試験は、スランプコーンにコンクリートを3層に分けて詰め、各層ごとにつき棒で25回一様に突き、表面を均した後、スランプコーンを静かに鉛直に引き上げ、コンクリートの中央部の下がりを0.5 cm単位で測定したものです。スランプの許容差は、次の表によります。

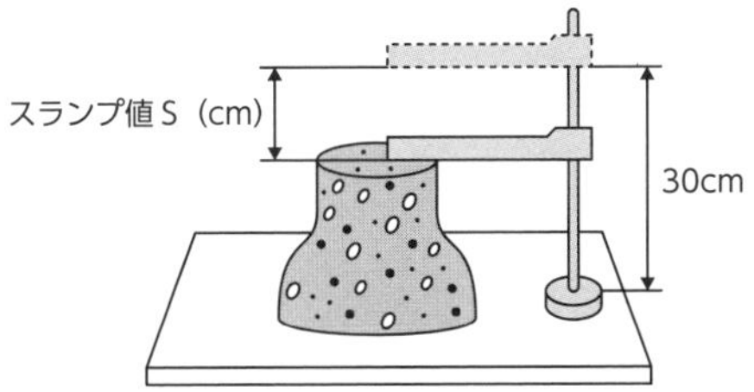

荷卸し地点でのスランプの許容差（単位 cm）

スランプ	スランプの許容差
2.5	± 1
5 および 6.5	± 1.5
8 以上 18 以下	± 2.5
21	± 1.5

2 空気量

荷卸し地点での空気量およびその許容差（単位 %）

コンクリートの種類	空気量	空気量の許容差
普通コンクリート	4.5	± 1.5
軽量コンクリート	5.0	
舗装コンクリート	4.5	
高強度コンクリート	4.5	

3 強度試験

①１回の試験結果は、購入者が指定した呼び強度の強度値の 85 % 以上でなければならない。

②３回の試験結果の平均値は、購入者が指定した呼び強度の強度値以上でなければならない。

③圧縮強度試験を行う供試体の材齢は、指定がない場合は 28 日、指定がある場合は、購入者が指定した日数とする。

計算例

呼び強度 24 N/mm^2 の圧縮強度試験

①呼び強度の強度値 24 N/mm^2 の 85%であるから、24 N/mm^2 × 0.85 = 20.4 N/mm^2 である。

②３回の試験結果の平均値は呼び強度の強度値 24 N/mm^2 以上である。

	試験回数			① 85%判定 20.4 N/mm^2 以上		② 3 回の平均判定 24 N/mm^2 以上		
	1	2	3					
A 部位	21	24	21	21　24　21	○	22 N/mm^2	×	不合格
B 部位	25	23	27	25　23　27	○	25 N/mm^2	○	合格
C 部位	20	22	18	~~20~~　22　~~18~~	×	20 N/mm^2	×	不合格

4　塩化物含有量

練混ぜ時にコンクリートに含まれる塩化物イオン総量は、原則として、0.30 kg/m^3 以下とします。購入者の承認を受けた場合には、0.60 kg/m^3 以下とすることができます。

2-2　盛土の品質管理

1　品質規定と工法規定

品質規定方式は、盛土に必要な品質として、乾燥密度規定の締固め度などを仕様書に明示し、締固めの方法については施工者に委ねる方式です。近年の盛土の管理では乾燥密度と含水比の計測は、RI（ラジオアイソトープ）計器が利用され、砂置換法より早く結果が得られます。

工法規定方式は、締固めの機械の機種、敷均し厚さ、締固め回数などを仕様書に定め、これにより一定の品質を確保しようとする方式です。近年の施工管理では、GNSS を利用した転圧機械の走行軌跡と転圧回数による管理を行うことが多くなっています。

品質規定方式における管理方法

規定項目	試験方法
乾燥密度（締固め度）	砂置換法・RI 計器等
空気間隙率・飽和度	土の密度試験・含水比試験等
強度特性（変形特性）	プルーフローリング等

2　道路の路床・路盤の品質管理における留意点

道路の路床・路盤の品質管理においては、以下の点に留意します。

①盛土路床の１層の敷均し厚さは、仕上り厚で 20cm 以下とする。

②路床の表面から 30cm 程度以内に木根、転石等の路床の均一性を損なうものがある場合には、これらを取り除いて仕上げる。

3　品質管理に用いられる試験方法

品質特性	試験方法
施工含水比	土の含水比試験
乾燥密度	現場における土の単位体積質量試験
支持力	平板載荷試験 現場 CBR 試験
たわみ量	プルーフローリング ベンケルマンビームによるたわみ測定

2-3　アスファルト舗装の品質管理

1　アスファルト舗装の品質管理における試験頻度

アスファルト舗装の品質管理においては、以下の点に留意します。

①各工程の初期においては、その時点の作業員や施工機械などの組合せによる作業工程を速やかに把握しておくとともに、品質管理の各項目に関する試験の頻度を適切に増しておく。

②工事施工途中で作業員や施工機械などの組合せを変更する場合は、品質管理の各事項に関する試験頻度を増し、新たな組合せによる品質の確認を行う。

③作業の進行に伴い管理の限界を十分満足できることがわかれば、工程の初期段階に増加した試験の頻度は、それ以降減らしてもよい。

④品質管理の結果を工程能力図にプロットし、その結果が品質管理の限界をはずれた場合、あるいは一方に片寄っているなどの結果が生じた場合には、直ちに試験頻度を増やして異常の有無を確認する。

2　アスファルト混合物の温度管理

敷均し時…110℃を下回らない
初転圧時…110 ～ 140℃
二次転圧終了時…70 ～ 90℃
交通開放時…50℃以下

3　アスファルト舗装の品質管理に用いられる試験

品質特性	試験方法
安定度	マーシャル安定度試験
針入度	針入度試験
平坦性	3m プロフィルメータによる測定
たわみ量	FWD による測定

4　道路舗装工事の品質管理に用いる試験機器

品質特性	試験機器
耐摩耗性	ラベリング試験機
耐流動性	ホイールトラッキング試験機
浸透水量	現場透水量試験器
平坦性	3m プロフィルメータ

2-4　コンクリート構造物の品質管理

1　コンクリート構造物の非破壊検査

試験方法	得られる項目
電磁波を利用する方法 （X 線法、電磁波レーダ法、赤外線法）	・コンクリート中の浮き、はく離、空隙 ・コンクリートのひび割れの分布状況 ・コンクリート中の鋼材の位置、径、かぶり
電磁誘導を利用する方法	・コンクリート中の鋼材の位置、径、かぶり
電気化学的方法	・鉄筋の腐食度合いの推定
弾性波を利用する方法	・コンクリートの強度の推定 ・コンクリートのひび割れの分布状況
反発度に基づく方法	・コンクリートの強度の推定

2　リバウンドハンマによる強度測定方法

リバウンドハンマによる強度測定に際しては、以下の点に留意します。

①測定面は、仕上げ層や上塗り層がある場合は、これを取り除いてから測定する。

②測定箇所は、構造物の縁部から 50mm 以上離れた内部に設定する。

③1箇所の測定は、測定箇所の間隔を互いに 25 ～ 50mm 確保して、9点測定する。

④1箇所の測定で測定した測定値の偏差が平均値の 20%以上になる値があれば、その反発度を捨て、これに変わる測定値を補うものとする。

⑤測定器の点検は、テストアンビルを用いて測定の前、一連の測定の後および定められた打数回数ごとに行う。

3　鉄筋加工の組立誤差

組み立てた鉄筋の中心間隔の許容誤差…± 20mm
鉄筋加工後の全長に対する寸法の許容誤差…± 20mm
組み立てた鉄筋の有効高さの許容誤差…設計寸法の± 3%または± 30mm のうち小さい値 （最小かぶりを確保する）

4　鉄筋のガス圧接継手の検査

鉄筋のガス圧接継手の検査は、以下の要領で行います。

①圧接部の検査は、抜取検査による超音波探傷検査と全数検査による外観検査によって実施する。

②超音波探傷検査で不合格と判定された圧接部は、圧接部を切り取って再圧接するか、添筋で補強する。

③外観検査で圧接部に明らかな折曲がりが確認され不合格と判定された場合は、再加熱して修正し、再度外観検査を行う。

④圧接部のふくらみの直径や長さが規定値に満たない場合は、再加熱し、圧力を加えて所定のふくらみに修正し、外観検査を行う。

⑤圧接部のずれが規定値を超えた場合は、圧接部を切り取って再圧接し、外観検査と超音波探傷検査を行う。

頻出項目をチェック！

1 □ レディーミクストコンクリートの1回の強度試験結果は、購入者が指定した呼び強度の強度値の85%以上、3回の強度試験結果の平均値は、購入者が指定した呼び強度の強度値以上でなければならない。

2 □ 空気量は、普通コンクリートの場合、荷卸し地点では4.5%で許容差は±1.5%である。

3 □ スランプの許容誤差は、スランプ5cm以上8cm未満の場合±1.5cm、スランプ8cm以上18cm以下の場合±2.5cmとする。

4 □ アスファルト舗装の品質管理において、工事施工途中で作業員や施工機械などの組合せを変更する場合は、品質管理の各事項に関する試験頻度を増し、新たな組合せによる品質の確認を行う。

5 □ 作業の進行に伴い管理の限界を十分満足できることがわかれば、工程の初期段階に増加した試験の頻度は、それ以降減らしてもよい。

6 □ 各工程の初期においては、その時点の作業員や施工機械などの組合せによる作業工程を速やかに把握しておくとともに、品質管理の各項目に関する試験の頻度を適切に増しておく。

7 □ 品質管理の結果を工程能力図にプロットし、その結果が品質管理の限界をはずれた場合、あるいは一方に片寄っているなどの結果が生じた場合には、直ちに試験頻度を増やして異常の有無を確認する。

8 □ 組み立てた鉄筋の中心間隔の許容誤差は、±20mmとする。

9 □ 鉄筋加工後の全長に対する寸法の許容誤差は、±20mmとする。

10 □ **組み立てた鉄筋の有効高さの許容誤差は、設計寸法の± 3%、または± 30mmのうち小さいほうの値とし、最小かぶりを確保する。**

こんな選択肢は誤り！

スランプの許容誤差は、スランプ 5cm 以上 8cm 未満の場合± ~~2.5~~cm、スランプ 8cm 以上 18cm 以下の場合± ~~5.0~~cm とする。

スランプの許容誤差は、スランプ 5cm 以上 8cm 未満の場合± 1.5cm、スランプ 8cm 以上 18cm 以下の場合± 2.5cm とする。

レディーミクストコンクリートの圧縮強度の許容差は、強度試験の 3 回の試験結果の平均値が、購入者が指定した呼び強度の~~強度値の 85%以上~~である。

レディーミクストコンクリートの圧縮強度の許容差は、強度試験の 3 回の試験結果の平均値が、購入者が指定した呼び強度の強度値以上である。

鉄筋加工後の全長 L の許容誤差は、± ~~30~~mm とする。

鉄筋加工後の全長 L の許容誤差は、± 20mm とする。

プルーフローリング試験は、路床の~~トラフィカビリティー~~を判定することを目的として実施する。

プルーフローリング試験は、路床のたわみ量を判定することを目的として実施する。

初転圧は、ヘアクラックの生じない限りできるだけ高い温度で行い、転圧温度は一般に ~~90 ～ 100~~℃である。

初転圧は、ヘアクラックの生じない限りできるだけ高い温度で行い、転圧温度は一般に 110 ～ 140℃である。

演習問題

品質管理

品質管理1 品質管理に関する次の記述のうち，**適当でないもの**はどれか。

(1) 品質管理の目的は，契約約款，設計図書などに示された規格を満足するような構造物を最も経済的に施工することである。
(2) 品質標準では，設計値を満たすような品質を実現するため，バラツキの度合いを考慮して余裕を持った品質を目標としなければならない。
(3) 品質特性は，工程に左右されない独自の特性を表すもので，構造物の品質に重要な影響を及ぼすものであることに留意して決定する。
(4) 作業標準は，品質標準を実現するための各段階の作業での具体的な管理方法や試験方法を決めるものである。

答え (3)

品質特性は、工程に**左右される**特性を表すものである。

レディーミクストコンクリートの受入れ検査

品質管理2 コンクリート標準示方書に規定されているレディーミクストコンクリートの受入れ検査などに関する次の記述のうち，**適当なもの**はどれか。

(1) スランプの許容誤差は，スランプ5cm以上8cm未満の場合±2.5cm，スランプ8cm以上18cm以下の場合±5.0cmとする。
(2) 塩化物イオン量の試験回数は，海砂を使用する場合は2回/日，その他の場合は1回/週とし，判定基準は塩化物イオン量0.80kg/m^3以下を原則とする。
(3) コンクリートの単位水量の試験の回数は，1回/日又は20～150m^3ごとに1回及び荷卸し時に品質の変化が認められた時に行う。

(4) コンクリートの打込み時の温度の上限は，40℃以下を標準とする。

答え (3)

(1) スランプ5cm以上8cm未満の場合± 1.5cm、スランプ8cm以上18cm以下の場合± 2.5cmとする。
(2) 塩化物イオン量0.3kg/㎥以下を原則とする。
(4) コンクリートの打込み時の温度の上限は、35℃以下を標準とする。

アスファルト舗装の品質管理

品質管理3 アスファルト舗装の品質管理にあたっての留意事項に関する次の記述のうち，**適当でないもの**はどれか。

(1) 工事施工途中で作業員や施工機械などの組合せを変更する場合は，品質管理の各項目に関する試験頻度を増し，新たな組合せによる品質の確認を行う。
(2) 現在の作業の進め方によって受注者が定めた品質管理の限界を十分満足する場合でも，それ以降において工程の初期段階に増加した試験の頻度は減らすことができない。
(3) 品質管理の結果を工程能力図にプロットし，その結果が品質管理の限界をはずれた場合，あるいは一方に片寄っているなどの結果が生じた場合には，直ちに試験頻度を増やして異常の有無を確認する。
(4) 各工程の初期においては，その時点の作業員や施工機械などの組合せによる作業工程を速やかに把握しておくとともに，品質管理の各項目に関する試験の頻度を適切に増しておく。

答え (2)

受注者が定めた品質管理の限界を十分満足する場合には、試験頻度を減らすことができる。

道路舗装工事の品質管理

品質管理4 道路舗装の品質管理に関する工種と品質特性と試験方法の次の組合せのうち，**適当でないもの**はどれか。

［工種］　［品質特性］　［試験方法］

(1) アスファルト舗装工 … 平たん性 …… ベンケルマンビームによる測定
(2) 路盤工 ………………… 支持力値 …… 平板載荷試験
(3) アスファルト舗装工 … たわみ量 …… FWDによる測定
(4) 路床工 ………………… 締固め度 …… RIによる密度測定

答え (1)

3mプロフィルメータによる測定である。

品質管理

応用能力 品質管理に関する下記の文章中の ＿＿ の（イ）～（ニ）に当てはまる語句の組合せとして，**適当なもの**は次のうちどれか。

- 品質管理は，ある作業を制御していく品質の統制から，施工計画立案の段階で （イ） を検討し，それを施工段階でつくり込むプロセス管理の考え方である。
- 工事目的物の品質を一定以上の水準に保つ活動を （ロ） 活動といい，品質の向上や品質の維持管理を行う品質管理よりも幅広い概念を含んでいる。
- 品質特性を決める場合には，構造物の品質に重要な影響を及ぼすものであること， （ハ） しやすい特性であること等に留意する。
- 設計値を十分満足するような品質を実現するためには， （ニ） を考慮して，余裕を持った品質を目標としなければならない。

	（イ）	（ロ）	（ハ）	（ニ）
(1)	管理特性	品質保証	測定	ばらつきの度合い
(2)	調査特性	維持保全	推定	ばらつきの度合い
(3)	管理特性	品質保証	推定	最大値
(4)	調査特性	維持保全	最良	最大値

答え (1)

Lesson 01

重要度 ★★☆

環境保全

学習のポイント

一次　二次

- 騒音・振動対策について理解する。
- 水質汚濁対策について理解する。

1-1 環境保全対策

1 地域住民への説明および生活環境への配慮

建設工事にあたっては、事前に地域住民に対して工事の目的、内容、環境保全対策などについて説明を行い、工事の実施に理解や協力が得られるよう努めます。

また、建設工事周辺地域の生活環境を損なわないように、住民の生活に影響の少ない時間帯を作業時間とし、低騒音、低振動の建設機械の整備を適正に行います。現場の施工条件に適した機種の選定は、経済性、施工性、安全性はもとより、騒音や振動による環境問題の重要性を認識して決定しなければなりません。

1-2 騒音・振動の防止

1 騒音規制法、振動規制法に規定する特定建設作業

騒音規制法、振動規制法に規定する作業は以下のとおりです。当該作業がその作業を開始した日に終わるものを除きます。

騒音規制法の対象

①くい打機（もんけんを除く）、くい抜機またはくい打くい抜機（圧入式くい打くい抜機を除く）を使用する作業（くい打機をアースオーガーと併用する作業を除く）
②びょう打機を使用する作業
③さく岩機を使用する作業（作業地点が連続的に移動する作業にあっては、1日における当該作業に係る2地点間の最大距離が50mを超えない作業に限る）（油圧ブレーカー（ジャンボブレーカー）はさく岩機に含まれる）

④空気圧縮機（電動機以外の原動機を用いるものであって、その原動機の定格出力が15kW 以上のものに限る）を使用する作業（さく岩機の動力として使用する作業を除く）
⑤コンクリートプラント（混練機の混練容量が 0.45m³ 以上のものに限る）またはアスファルトプラント（混練機の混練重量が 200kg以上のものに限る）を設けて行う作業（モルタルを製造するためにコンクリートプラントを設けて行う作業を除く）
⑥バックホウ（一定の限度を超える大きさの騒音を発生しないものとして環境大臣が指定するものを除き、原動機の定格出力が 80kW 以上のものに限る）を使用する作業
⑦トラクターショベル（一定の限度を超える大きさの騒音を発生しないものとして環境大臣が指定するものを除き、原動機の定格出力が 70kW 以上のものに限る）を使用する作業
⑧ブルドーザー（一定の限度を超える大きさの騒音を発生しないものとして環境大臣が指定するものを除き、原動機の定格出力が 40kW 以上のものに限る）を使用する作業

振動規制法の対象

①くい打機（もんけん・圧入式くい打機を除く）、くい抜機（油圧式くい抜機を除く）またはくい打くい抜機（圧入式を除く）を使用する作業
②鋼球を使用して建築物その他の工作物を破壊する作業
③舗装版破砕機を使用する作業（作業地点が連続的に移動する作業にあっては、１日における当該作業に係る２地点間の最大距離が 50m を超えない作業に限る）
④ブレーカー（手持式のものを除く）を使用する作業（作業地点が連続的に移動する作業にあっては、１日における当該作業に係る２地点間の最大距離が 50m を超えない作業に限る）（ブレーカーは油圧ブレーカー（ジャンボブレーカー）である）

騒音の規制値は 85dB、振動の規制値は 75dB だよ！

2 騒音・振動対策の基本

騒音・振動の対策は、以下の３項目を基本に行います。

①発生源に対する対策（発生源対策）

②伝搬経路での対策（伝搬経路対策）

③受音点・受振点での対策（受音点・受振点対策）

このうち、発生源対策・伝搬経路対策を基本とし、受音点・受振点対策は次善の策として実施します。

3 騒音・振動の具体的な低減対策

①騒音・振動の小さい工法を採用する。
②機械の動力にはできる限り商用電源を用い、発電機の使用は避ける。
③老朽化した機械や整備不良の機械は騒音・振動の発生原因になるため、整備を怠らない。
④適切な動力方式や形式の建設機械を選択する。
・空気式より油圧式の機械のほうが、騒音が小さい。
・クローラ式よりタイヤ式のほうが、騒音・振動が小さい。
⑤騒音の発生源の機械は「防音建屋」の中に設置する。
⑥騒音・振動の発生源は遠ざけて設置する（距離減衰）。
⑦騒音の伝搬経路の途中に遮音壁、防音シートを設置する。
⑧振動の伝搬経路の途中に空溝（防振溝）を設置する。
⑨騒音・振動の発生期間を短縮する。

1-3 土工における環境対策

1 土工における騒音・振動の防止

①低騒音型、低振動型の建設機械を採用する。
②不要な空ふかしや、高い負荷による運転を避ける。
③履帯式機械は、不要な高速走行を避ける。
④土工板、バケットなどの衝撃的な操作を避ける。
⑤履帯（クローラ）の張り調整により、足回りの騒音に留意する。
⑥振動、衝撃による締固め機械は、機種選定、作業時間に十分留意する。
⑦走行路の不陸による振動の発生を抑えるため、現場内および進入路などをこまめに整地する。

2 土工における近隣環境の保全

①土砂の流出による水質汚濁の防止については、盛土の安定勾配を確保して、防護柵等を設置する。
②土運搬による土砂飛散防止については、過積載防止、荷台のシート掛けの励行、現場から公道に出る位置に洗車設備の設置を行う。

③盛土箇所の風によるじんあい防止については、盛土表面への散水、乳剤散布、種子吹付等による防塵処理を行う。
④切土による水の枯渇防止に対しては、事前調査により対策を講ずる。

1-4 水質汚濁対策

建設工事からの排出水は、一時的なものであっても、明らかに河川、湖沼、海域などの公共水域を汚濁するものであれば、水質汚濁防止法に基づく排水基準に従って、濁水を処理して放流しなければなりません。

また、当該処理が必要な場合は、濁水の放流水域の調査、水質汚濁防止法に基づく排水基準に関する調査、濁水の性質の調査などをあらかじめ実施する必要があります。

1 濁水の処理

①切土や盛土の法面からの濁水発生防止対策として、法面侵食防止剤の散布、種子やコンクリートの吹付け、永久緑化などをできるだけ早期に行う。
②グラウトプラントやコンクリートプラントの洗浄水は、セメントの成分を多量に含むため、炭酸ガスや希硫酸を用いて中和してから放流する。
③発生した濁水は、沈殿池などで浄化処理して放流するが、その際、濁水量が多いほど処理が困難となるため、処理が不要な清水は、できるだけ濁水と分離する。
④橋梁工事などで、底泥まき上げなど河川の水を直接濁水化してしまう作業の場合は、汚濁防止膜で作業範囲を囲い、濁水の拡散を防ぐ。
⑤降雨時に裸地表面を乱すような作業を行うと濁水の発生を加速させるので、降雨時には極力、土砂を扱う作業や未舗装道路の車両通行を控える。
⑥自然沈殿法は、一般に沈澱池の規模が大きくなるので、規制の緩い場合や処理水の多いときに用いる。
⑦凝集沈殿法の凝集剤は、通常、一次凝集剤として無機凝集剤を使用し、二次凝集剤として有機凝集剤を併用する。

⑧濁水処理により発生する汚泥は、産業廃棄物として取り扱われ、施工業者の責任で適正に処分しなければならない。

頻出項目をチェック！

1 □ 建設工事にあたっては、事前に地域住民に対して工事の目的、内容、環境保全対策などについて説明を行い、工事の実施に協力が得られるよう努める。

2 □ 騒音、振動の防止対策には、発生源での対策、伝搬経路での対策、受音点・受振点での対策があり、建設工事における騒音、振動対策は、一般に発生源および伝搬経路での対策を行う。

3 □ できる限り衝撃力による施工を避け、無理な負荷をかけないようにし、不必要な高速運転や、むだな空ぶかしを避ける。

こんな選択肢は誤り！

ブレーカによりコンクリート構造物を取壊す場合は、騒音対策を考慮し、必要に応じて作業現場の周囲に~~メッシュシート~~を設置するのがよい。

ブレーカによりコンクリート構造物を取壊す場合は、騒音対策を考慮し、必要に応じて作業現場の周囲に防音シート・防音パネルを設置するのがよい。

ブルドーザにより掘削押し土を行う場合は、無理な負荷をかけないようにするとともに、後進時は~~高速~~走行で運転するのがよい。

ブルドーザにより掘削押し土を行う場合は、無理な負荷をかけないようにするとともに、後進時は低速走行で運転するのがよい。

演習問題

環境保全対策

環境保全 1 建設工事に伴う環境保全対策として次の記述のうち，**適当でないもの**はどれか。

(1) 工事の説明会では，地域住民の環境保全対策への理解を深めるため，原則として工事の着手後に工事の目的，工事内容などについて説明し，理解を得ることとする。
(2) 建設工事周辺地域の生活環境を損なわないように，住民の生活に影響の少ない時間帯を作業時間とし，低騒音，低振動の建設機械の整備を適正に行うものとする。
(3) 現場の施工条件に適した機種の選定は，経済性，施工性，安全性はもとより，騒音や振動による環境問題の重要性を認識して決定する。
(4) 工事用車両による沿道交通への障害を防止するためには，工事現場周辺の道路における交通量，通学路などの有無，迂回路の状況について事前に十分調査する。

答え (1)

原則として工事の着手前に工事の目的、工事内容などについて説明し、理解を得る。

騒音・振動の防止対策

環境保全 2 建設工事に伴う騒音，振動の防止対策に関する，次の記述のうち，**適当でないもの**はどれか。

(1) ブルドーザを用いて掘削押し土を行う場合には，無理な負荷をかけないようにし，後進時の高速走行を避ける。
(2) 特定建設作業では，一時的に規制値を超えても作業効率を上げ，発生期間を短縮するなど全体的に影響を小さくする。
(3) 掘削は，できる限り衝撃力による施工を避け，無理な負荷をかけないようにし，不必要な高速運転やむだな空ぶかしを避ける。

演習問題

(4) 運搬車の走行速度は，道路及び付近の状況によって制限を加えるように計画し，不必要な急発進，急停止，空ぶかしなどを避ける。

答え (2)

規制値を超えてはならない。

水質汚濁対策

環境保全3 建設工事に伴う水質汚濁対策に関する次の記述のうち，**適当でないもの**はどれか。

(1) 建設工事からの排出水は，一時的なものであっても明らかに河川，湖沼，海域などの公共水域を汚濁するものならば，水質汚濁防止法に基づく排水基準に従って濁水を処理して放流しなければならない。

(2) 建設工事に伴って発生する濁水に対して処理が必要な場合は，濁水の放流水域の調査，水質汚濁防止法に基づく排水基準に関する調査，濁水の性質の調査などをあらかじめ実施する必要がある。

(3) 橋梁工事などで，底泥まき上げなど河川の水を直接濁水化してしまう作業への対策は，汚濁防止膜で作業範囲を囲い濁水の拡散を防ぐとともに，汚濁成分を河川の水により希釈し速やかに放流するのが一般的な対策である。

(4) 大規模な切土工事で行うコンクリート吹付け，法面侵食防止剤の散布，種子吹付けなどは，濁水の発生防止や表面崩落の防止に効果的であり，できるだけ早期に行う。

答え (3)

汚濁成分を河川の水により希釈して放流してはならない。

Lesson 01

重要度 ★★★

建設副産物の対策

学習のポイント

一次

- 建設リサイクル法について理解する。
- 廃棄物処理法について理解する。

1-1 資源の有効な利用の促進に関する法律（リサイクル法）

1 指定副産物

建設工事に係わる副産物で、その全部または一部を再生資源として利用促進するものを指定副産物としています。

①土砂（建設発生土）
②コンクリート塊
③アスファルト・コンクリート塊
④木材（建設発生木材）

2 再生資源の利用

1 建設発生土の利用

区分		主な用途
第 1 種建設発生土	砂、礫およびこれらに準ずるものをいう	工作物の埋め戻し材料 土木構造物の裏込材 道路盛土材料 宅地造成用材料
第 2 種建設発生土	砂質土、礫質土およびこれらに準ずるものをいう	土木構造物の裏込材 道路盛土材料 河川築堤材料 宅地造成用材料
第 3 種建設発生土	通常の施工性が確保される粘性土およびこれに準ずるものをいう	道路路体用盛土材料 河川築堤材料 宅地造成用材料 水面埋立用材料
第 4 種建設発生土	粘性土およびこれに準ずるもの（第3種建設発生土を除く）をいう	水面埋立用材料

建設汚泥は、脱水、乾燥、焼成やセメント添加等の安定処理により再資源化し、建設利用することが可能となります。

2 コンクリート塊の利用

区分	主な用途
再生クラッシャーラン	道路舗装およびその他舗装の下層路盤材料 土木構造物の裏込材および基礎材 建築物の基礎材
再生コンクリート砂	工作物の埋戻し材料および基礎材
再生粒度調整砕石	その他舗装の上層路盤材料
再生セメント安定処理路盤材料	道路舗装およびその他舗装の路盤材料
再生石灰安定処理路盤材料	道路舗装およびその他舗装の路盤材料

※その他舗装とは駐車場や建物敷地内の舗装をいいます。

再生粒度調整砕石は、道路の路盤材には使用できないぞ！

3 アスファルト・コンクリート塊の利用

区分	主な用途
再生クラッシャーラン	道路舗装およびその他舗装の下層路盤材料 土木構造物の裏込材および基礎材 建築物の基礎材
再生粒度調整砕石	その他舗装の上層路盤材料
再生セメント安定処理路盤材料	道路舗装およびその他舗装の路盤材料
再生石灰安定処理路盤材料	道路舗装およびその他舗装の路盤材料
再生加熱アスファルト安定処理混合物	道路舗装およびその他舗装の上層路盤材料
表層・基層用再生加熱アスファルト混合物	道路舗装およびその他舗装の基層用材料および表層材料

※その他舗装とは駐車場や建物敷地内の舗装をいいます。

1-2　建設工事に係る資材の再資源化等に関する法律（建設リサイクル法）

1　特定建設資材

特定建設資材とは、建設資材廃棄物となった場合におけるその再資源化が資源の有効な利用および廃棄物の減量をはかる上で特に必要であり、かつ、その再資源化が経済性の面において制約が著しくないと認められるものです。

①コンクリート

②コンクリートおよび鉄からなる建設資材

③木材

④アスファルト・コンクリート

2　分別解体・再資源化

特定建設資材廃棄物を工事現場で分別し、再資源化等を行うことが義務付けられているのは以下の工事です。

工事の種類	規模の基準
建築物の解体	床面積 $80m^2$ 以上
建築物の新築・増築	床面積 $500m^2$ 以上
建築物の修繕・模様替（リフォーム等）	1 億円以上
その他の工作物に関する工事（土木工事等）	500 万円以上

3　対象建設工事の届出等

上記対象建設工事の発注者または自主施工者は、工事に着手する日の7日前までに、主務省令で定めるところにより、次に掲げる事項を都道府県知事に届け出なければなりません。

①解体工事である場合においては、解体する建築物等の構造

②新築工事等である場合においては、使用する特定建設資材の種類

③工事着手の時期および工程の概要

④分別解体等の計画

⑤解体工事である場合においては、解体する建築物等に用いられた建設

資材の量の見込み
⑥その他主務省令で定める事項

ここにいう主務省令とは、「特定建設資材に係る分別解体等に関する省令」のことだぞ。

1-3　廃棄物の処理及び清掃に関する法律（廃棄物処理法）

1　産業廃棄物

産業廃棄物とは、事業活動に伴って生じた廃棄物のうち、燃え殻、汚泥、廃油、廃酸、廃アルカリ、廃プラスチック類その他政令で定める廃棄物をいいます。

産業廃棄物に該当するものは、以下のとおりです。

①工作物の新築、改築または除去に伴って生ずるコンクリートの破片
②工作物の新築、改築または除去に伴って生ずるアスファルト・コンクリートの破片
③工作物の新築、改築または除去に伴って生ずる繊維くず
④工作物の新築、改築または除去に伴って生ずるガラスくずおよび陶磁器くず
⑤防水アスファルトやアスファルト乳剤の使用残さなどの廃油
⑥工作物の新築、改築または除去に伴って生ずる段ボールなどの紙くず
⑦工作物の新築、改築または除去に伴って生ずる木くず
⑧廃ビニール、廃タイヤ

2　一般廃棄物

一般廃棄物とは、産業廃棄物以外の廃棄物をいいます。現場事務所等から排出される生ごみ、紙くず等の生活系廃棄物は一般廃棄物です。

3　特別管理型産業廃棄物

特別管理型産業廃棄物とは、産業廃棄物のうち、爆発性、毒性、感染性その他の人の健康または生活環境に係る被害を生ずるおそれがある性状を有するものとして政令で定めるものをいいます。

特別管理型廃棄物に該当するものは、以下のとおりです。

①揮発油類、灯油類、軽油類の廃油

②飛散性アスベスト廃棄物

4　産業廃棄物管理票（マニフェスト）

産業廃棄物の運搬または処分を他人に委託する場合には、産業廃棄物の引渡しと同時に当該産業廃棄物の運搬を受託した者に対し、産業廃棄物の種類および数量、運搬または処分を受託した者の氏名または名称を記載した産業廃棄物管理票（マニフェスト）を交付しなければなりません。事業者は産業廃棄物管理票の写しを５年間保管しなければなりません。

また、産業廃棄物管理票の交付者は、産業廃棄物の運搬または処分が終了したことを産業廃棄物管理票の写しにより確認し、その写しを５年間保存しなければなりません。そして、当該産業廃棄物管理票に関する報告書を作成し、これを都道府県知事に提出しなければなりません。

産業廃棄物管理票の写しが定められた期間に受託者より送付されない場合には、処理を委託した廃棄物の状況を把握し、適切な措置を講じ、その講じた措置等の内容を都道府県知事に報告しなければなりません。

5　産業廃棄物の最終処分場

産業廃棄物の最終処分場には、その処理方法により、安定型最終処分場、遮断型最終処分場、管理型最終処分場の３種類があります。

1 安定型最終処分場

有害物質を含まない廃棄物だけを埋め立てる処分場です。安定５品目（廃プラスチック類、ゴムくず、金属くず、ガラス・陶器くず、がれき類）のうち、除外項目に該当しない産業廃棄物を処分します。

2 遮断型最終処分場

基準を超える重金属や有害化学物質などが含まれる産業廃棄物を保管します。廃棄物の無害化が見込めないため、公共水域や地下水から遮断する必要があります。

3 管理型最終処分場

上記以外の大部分の廃棄物の安定化をはかる処分場です。埋立後に重金属や化学成分、窒素・酸・アルカリを含んだ浸出水が生じるため、遮水工と浸出水処理施設等の設置が必要です。

各最終処分場で処分できる廃棄物

安定型最終処分場	廃プラスチック類、ゴムくず、金属くず、ガラス･陶器くず、がれき類など
遮断型最終処分場	基準を超える有害物質を含む燃え殻、ばいじん、汚泥など
管理型最終処分場	廃油（タールピッチ類に限る）、紙くず、木くず、繊維くずなど

1-4 建設副産物適正処理推進要綱

1 基本方針

発注者および施工者は、次の基本方針により、適切な役割分担の下に建設副産物に係る総合的対策を適切に実施しなければなりません。

①建設副産物の発生の抑制に努めること。

②建設副産物のうち、再使用をすることができるものについては、再使用に努めること。

③対象建設工事から発生する特定建設資材廃棄物のうち、再使用がされないものであって再生利用をすることができるものについては、再生利用を行うこと。また、対象建設工事から発生する特定建設資材廃棄物のうち、再使用および再生利用がされないものであって熱回収をすることができるものについては、熱回収を行うこと。

④その他の建設副産物についても、再使用がされないものは再生利用に努め、再使用および再生利用がされないものは熱回収に努めること。

⑤建設副産物のうち、規定による循環的な利用が行われないものについては、適正に処分すること。なお、処分に当たっては、縮減することができるものについては縮減に努めること。

再生利用はマテリアルリサイクルで、熱回収はサーマルリサイクルだぞ！

2 排出の抑制

発注者、元請業者および下請負人は、建設工事の施工に当たっては、資材納入業者の協力を得て建設廃棄物の発生の抑制を行うとともに、現場内での再使用、再資源化および再資源化したものの利用ならびに縮減をはかり、工事現場からの建設廃棄物の排出の抑制に努めなければなりません。

3 処理の委託

元請業者は、建設廃棄物を自らの責任において適正に処理しなければなりません。処理を委託する場合には、次の事項に留意し、適正に委託しなければなりません。

①廃棄物処理法に規定する委託基準を遵守すること。

②運搬については産業廃棄物収集運搬業者等と、処分については産業廃棄物処分業者等と、それぞれ個別に直接契約すること。

③建設廃棄物の排出に当たっては、産業廃棄物管理票（マニフェスト）を交付し、最終処分（再生を含む）が完了したことを確認すること。

処理の責任は元請業者が負うぞ！

4　運搬

元請業者は、次の事項に留意し、建設廃棄物を運搬しなければなりません。

①廃棄物処理法に規定する処理基準を遵守すること。

②運搬経路の適切な設定ならびに車両および積載量等の適切な管理により、騒音、振動、じんあい等の防止に努めるとともに、安全な運搬に必要な措置を講じること。

③運搬途中において積替えを行う場合は、関係者等と打合せを行い、環境保全に留意すること。

④混合廃棄物の積替保管に当たっては、手選別等により廃棄物の性状を変えないこと。

5　完了報告および記録の保管

対象建設工事の元請業者は、当該工事に係る特定建設資材廃棄物の再資源化等が完了したときは、発注者へ書面で報告するとともに、再資源化等の実施状況に関する記録を作成し、保存しなければなりません。

また元請業者は、建設工事の完成後、速やかに再生資源利用計画および再生資源利用促進計画の実施状況を把握するとともに、それらの記録を１年間保管しなければなりません。

頻出項目をチェック！

1 □ 特定建設資材を用いた建築物等に係る解体工事のうち、その工事の規模が基準以上のものは、正当な理由がある場合を除き、分別解体等をしなければならない。

2 □ 事業者は、その産業廃棄物の運搬または処分を他人に委託する場合、当該委託に係る産業廃棄物の引渡しと同時に運搬または処分を受託した者に対し、産業廃棄物管理票を交付しなければならない。

3 □ 産業廃棄物管理票の交付者は、産業廃棄物の運搬または処分が終了したことを産業廃棄物管理票の写しにより確認し、その写しを定められた期間保存しなければならない。

4 □ 再資源化とは、分別解体等に伴って生じた建設資材廃棄物について、資材または原材料として利用することができる状態にする行為と、燃料の用に供することができるものについて、熱を得ることに利用することができる状態にする行為をいう。

5 □ 建設業を営む者は、建築物等の設計およびこれに用いる建設資材の選択、建設工事の施工方法等を工夫することにより、建設資材廃棄物の発生を抑制するよう努めなければならない。

こんな選択肢は誤り！

特定建設資材とは、コンクリート、コンクリート及び鉄から成る建設資材、木材、~~プラスチック~~の４品目が定められている。

特定建設資材とは、コンクリート、コンクリート及び鉄から成る建設資材、木材、アスファルト・コンクリートの４品目が定められている。

排出事業者は、産業廃棄物の運搬又は処分を業とする者に委託した場合、産業廃棄物の~~処分の終了確認後~~、産業廃棄物管理票を交付しなければならない。

排出事業者は、産業廃棄物の運搬又は処分を業とする者に委託した場合、産業廃棄物の引渡しと同時に、産業廃棄物管理票を交付しなければならない。

安定型最終処分場では、安定型産業廃棄物の廃プラスチック類、ゴムくず、金属くず、ガラスくず、~~木くず~~を処理できる。

安定型最終処分場では、安定型産業廃棄物の廃プラスチック類、ゴムくず、金属くず、ガラスくず、陶器くず、がれき類を処理できる。

演習問題

建設リサイクル法

建設副産物 1 建設工事に係る資材の再資源化等に関する法律（建設リサイクル法）に関する次の記述のうち，**正しいもの**はどれか。

(1)「再資源化」には，分別解体等に伴って生じたすべての建設資材廃棄物について，熱を得ることに利用することができる状態にする行為は含まれない。
(2) 建築物以外の解体工事又は新築工事については，その請負代金に係わらず分別解体の対象建設工事となる。
(3) 特定建設資材とは，コンクリート，コンクリート及び鉄から成る建設資材，木材，プラスチックの 4 品目が定められている。
(4) 対象建設工事の元請業者は，当該工事に係る特定建設資材廃棄物の再資源化等が完了したときはその旨を当該工事の発注者に書面で報告する。

答え (4)

(1) 熱を得ることに利用することができる状態にする行為も含まれる。
(2) 請負代金 500 万円以上の場合に対象建設工事となる。
(3) プラスチックではなくアスファルト・コンクリートである。

建設副産物の有効利用の促進

建設副産物 2 建設工事で発生する建設副産物の有効利用の促進に関する次の記述のうち，**適当でないもの**はどれか。

(1) 港湾，河川のしゅんせつに伴って生ずる土砂その他これに類するものは，廃棄物の処理及び清掃に関する法律の対象となる安定型産業廃棄物であり，埋立て用材料として利用することができる。
(2) 建設発生土は，その性質に応じて宅地造成用材料や道路盛土材料，河川築堤材料として利用される。
(3) アスファルトコンクリート塊は，再生加熱アスファルト安定処理混合物として道路舗装の上層路盤材料に利用される。

(4) コンクリート塊は，再生クラッシャーランとして土木構造物の裏込材および基礎材に利用される。

答え (1)

港湾、河川のしゅんせつに伴って生ずる土砂その他これに類するものは、建設発生土である。

産業廃棄物管理票

建設副産物3 建設工事に伴う産業廃棄物管理票に関する次の記述のうち，廃棄物の処理及び清掃に関する法律上，**誤っているもの**はどれか。

(1) 排出事業者は，産業廃棄物管理票の写しが定められた期間に送付されない場合，処理を委託した廃棄物の状況を把握し，適切な措置を講じ，その内容を都道府県知事に提出しなければならない。

(2) 排出事業者は，産業廃棄物の運搬又は処分を業とする者に委託した場合，産業廃棄物の処分の終了確認後，産業廃棄物管理票を交付しなければならない。

(3) 産業廃棄物管理票の交付者は，産業廃棄物の運搬又は処分が終了したことを産業廃棄物管理票の写しにより確認し，その写しを定められた期間保管しなければならない。

(4) 産業廃棄物管理票の交付者は，産業廃棄物管理票に関する報告書を作成し，これを都道府県知事等に提出しなければならない。

答え (2)

産業廃棄物管理票は、産業廃棄物の引渡しと同時に交付しなければならない。

廃棄物処理法

建設副産物 4 建設工事に伴い生ずる廃棄物の最終処分場に関する次の記述のうち，廃棄物の処理及び清掃に関する法律上，**誤っているもの**はどれか。

(1) 最終処分場の設置にあたっては，規模の大小に関わらず都道府県知事及び指定都市の長等の許可が必要である。
(2) 安定型最終処分場では，木くずが混入した建設混合廃棄物を埋立処分できる。
(3) 遮断型最終処分場では，環境省令で定める判定基準を超える有害物質を含む燃え殻，ばいじん，汚泥を埋立処分できる。
(4) 管理型最終処分場では，工作物の新築，改築，除却に伴って生ずる紙くず，繊維くず，廃油（タールピッチ類に限る）を埋立処分できる。

答え (2)

木くずが混入した建設混合廃棄物を埋立処分できるのは、管理型最終処分場である。

ゴロ合わせで覚えよう！ 最終処分場の種類

最終的に決着つけるのは
(最終処分場)

あんた方 **管理者だんべ**
(安定型) (管理型)(遮断型)

最終処分場には、安定型、管理型、遮断型がある。

第6章
記述試験（第二次検定）

1 施工経験記述

Lesson 01

重要度 ★★★

施工経験記述の書き方

学習のポイント

二次

- 自身が経験した工事における経験記述を練習する。
- 施工経験記述は品質管理、工程管理、安全管理を練習する。

1-1 工事概要の書き方

1 工事名

工事名は、土木工事であることが明確にわかるように記入します。契約工事名にあまりこだわらず、工事の対象（河川名、路線名、施設名等）工事場所（地区・地先名等）、工事の種類等（護岸工事、舗装工事、基礎工事等）がわかるように具体的に記述します。判定しにくい特殊な工事を取り上げるのは避けます。

～記入例～

〔公共工事〕	・○○市道□□線××地区舗装工事 ・○○川河川改修工事□□工区 ・○○市□□地区配水管敷設工事
〔民間工事〕	・○○店新築に伴う土地造成工事 ・○○ビル新築工事に伴う基礎杭工事

2 工事の内容

1 発注者名

発注者名は公共工事であれば発注機関名を記入し、民間工事や下請け工事は発注会社名を記入します。

受験者が下請けの場合は、直上の建設会社名を記入します。受験者が発注機関に所属する場合は、自身の所属する発注機関名を記入します。

～記入例～

〔公共工事〕
・国土交通省○○地方整備局□□事務所
・○○県□□事務所
・○○市役所□□課

〔民間工事〕
・○○不動産株式会社
・JR 東日本○○課
・株式会社○○建設□□支店

〔所属先別の場合〕
・A さんの発注者：AA 市役所 AA 課
・B さんの発注者：AA 市役所 AA 課
・C さんの発注者：㈱ BB 建設
・D さんの発注者：CC 土建㈱

所属先	対象者
発注者：AA 市役所 AA 課	A さん
元請：㈱ BB 建設	B さん
1 次下請け：CC 土建㈱	C さん
2 次下請け：㈱ DD 組	D さん

2 工事場所

工事場所は、工事場所を大まかに地図で確認できるように、都道府県名、市町村、字を詳しく記入します。土木工事なので番地が不明のものは「地内」と記入します。

～記入例～

○○県□□市△△町××地内

3 工期

工期は自社が請け負った工期を記入します。下請けの場合は下請部分の工期を記入します。

・工期は、試験日には完了している工期を記入する。
・短すぎない 1 ヶ月以上のものを使用する。
・完成は、過去 5 年以内のものを使用することが望ましい。古くても 10 年以内のものを使用する。
・工期の初めと終わりには、年号か西暦で、必ず年を記入する。
・工期の長さと施工量が不整合にならないように注意する。

~記入例~

令和○○年 9 月 10 日~令和□□年 2 月 20 日

4 主な工種

工事の内容がイメージできる程度の主要な工種を２~３工種記入します。

・工事数量は記入しない。

・自社が請け負った範囲の工種を記入する。

・設問 2 で取り上げる工種は必ず記入する。

~記入例~

・築堤盛土工、護岸工、排水工
・路床盛土工、排水工、アスファルト舗装工
・橋脚工、鉄筋工、コンクリート工
・土地造成工、排水工、現場打ち擁壁工

5 施工量

主な工種に記入した工種に対応するように、施工数量を記入します。この場合、種別と規格、施工量を記入します。主な工種に記入していない工種を記入してもかまいません。

~記入例~

・盛土工○○ m^3、ブロック張り工○○ m^2、排水側溝 U-300L ＝○○ m
・基礎杭 ϕ 600 L ＝ 200m ○○本、鉄筋工 ϕ 13㎜~ ϕ 22㎜ ○○ t、コンクリート 24N ○○ m^3
・切土量○○ m^3、盛土量○○ m^3、排水側溝 U ＝○○ m、現場打ち L 型擁壁 H ＝○○ m

3 工事現場における施工管理上のあなたの立場

工事現場における受験者の施工管理を行った立場を記入します。会社の立場である係長や、作業上の立場の職長は、施工管理上の立場ではないので、記入しません。

～記入例～

・現場代理人
・工事主任
・監理技術者
・主任技術者

1-2 〔設問２〕の書き方

1 具体的な現場状況と特に留意した技術的課題

記述の構成は､｢工事の概要｣→｢課題が生じた現場や施工の状況など｣→｢留意した技術的課題（解決すべき技術的課題）｣の流れで３段書きにわかりやすくまとめます。

①工事概要は、工事場所、工事目的、工法、施工量を明確にして書く。
②施工状況は、現地条件、気象条件、工法の特徴を書き、課題が発生した理由を明確にし、それに応じて予想されたか、または施工中実際に遭遇した技術的な課題が発生した理由を明確にする。
③課題を１つに絞り、数値目標が必要なものは数値を明確にする。
④この段階で検討事項や対応処置まで記入しない。
⑤技術的課題は、現地条件や施工条件から発生したものがよく、施工者の問題で発生した不良工事や失敗は課題としない。
⑥記述量は全行を記述することがよいが、おおむね９割の記述量とするとよい。
⑦記述量が多すぎ、指定行を超えて記入しないように、簡潔に記入する。

2 検討した項目と検討理由および検討内容

技術的に解決方法を考案するために｢検討した項目｣→｢検討理由｣→｢検討内容｣の順で記入します。この項目では｢検討理由｣に重点を置いて記入します。

①検討事項は箇条書きで記入するとよい。
②記入量が多くなるので、１項目当たり２～３行程度の記入量とする。
③検討内容に対応処置まで記入しない。

④検討項目が多すぎると対応処置に書ききれないので注意する。
⑤あまり多くの着目点にならないように、「材料」「施工」「管理」の段階などで、まとまりのある検討を記入するとよい。

3　現場で実施した対応処置とその評価

ここでは、検討した内容から実際に行った対応処置の方法を具体的に簡潔に記入します。
①行数が検討項目に比べて少ないので、検討項目が多すぎると、対応処置に書ききれない。
②対応処理は３～５項目を目安に絞り込む。
③材料、工法、規模、規格、機械名、台数、人数を明確にする。
④最後に、課題を解決した結果を記入する。

4　記入のアドバイス

①文字は、下手でも丁寧に書く。
②文字の大きさは、ノートの罫線の高さに収まる程度の大きさとする。
③余白を多くしない。
④できるだけ専門用語を使用し、誤字、脱字に注意する。
⑤課題→検討→対応処置が一貫していること。
⑥各課題の練習を行う場合は、同じ工事で課題別に練習するとよい。
⑦検討事項を先に書くと、対応処置と同じ内容になることが多いので、対応処置を決めてから、検討内容を考えるとよい。考える順番を、「課題」→「対応処理」→「検討」とする。

1-3　課題別の考え方

1　品質管理

品質管理では、品質管理基準による管理項目にあるものにします。工事目的物の形状寸法を確保することを目的としたものは出来形管理なので、できれば使用しません。

〔例〕

1 環境条件

・山間部のコンクリート工事で、凍結の恐れのある時期にコンクリートを打設する。

2 検討内容

・事前調査によって打設時間帯を決定した。
・打設後の養生方法として保温の仮設備を検討した。
・養生中の養生温度の測定の方法を検討した。

3 対応処置

・打設回数を増やして、1回の打設時間を短くした。
・養生シートを二重にしてダクト型のジェットヒーターで給熱養生を行った。
・養生温度をロガー付き温度計で下部と上部の計測を行い、養生温度を調整した。

2 工程管理

工程管理では、工程遅れの原因は、現場条件や他工事との調整など、施工者の問題にならないように注意します。その上で、**日数短縮**を行うことを書くことが多いのですが、最終的に「**工期短縮**」で全体工程を短くするのか、施工の条件に合わせて特定の工種の「**工程を短縮**」して施工の条件日に間に合わせるのかを明確にします。

〔例〕

1 環境条件

・先行する他工事の追加工事で、工事の着手が遅れたことで、全体の工程を○○日短縮する必要が発生した。

2 検討内容

・同時施工できる工種を検討した。

・機械の大型化や台数増加を検討した。

・人員増加による施工量の増加を検討した。

3 対応処置

・排水工を上下線で同時に施工して○日の短縮を行った。

・路床掘削の機械を2台とし、掘削量を○○ m^3 増加したことで○○日の短縮を行った。

・ブロック積の施工を2班で施工することで、○○日の短縮を行った。

3 安全管理

安全管理では、事故が発生する予測段階で、災害を未然に防ぐ内容とし、事故発生後の対応は記入しません。また、当事者が誰なのかを明確にします。

〔例〕

1 環境条件

・夜間の市街地で歩行者の通行量が多く、幅員が狭い道路で、歩行者通路を設置して、通行者の安全を確保しながら工事を行う。

2 検討内容

・夜間の施工箇所に接近する歩行者の存在を把握する方法を検討した。

・歩行者通路と作業ヤードを安全に区分する保安設備を検討した。

・作業中の歩行者を安全に誘導する方法を検討した。

3 対応処置

・作業箇所の前後10 mには夜間照明を設置して、歩行者を早く発見した。

・H ＝ 1.2 m のフェンスの外側にカラーコーンの誘導路を設置した。
・歩行者の通行時は重機作業を中断して、誘導員が現場を通過するまで誘導した。

1-4 施工経験記述問題の例

施工経験記述問題は、「安全管理」の出題が最も多く、「品質管理」「工程管理」の順となります。

第二次検定【施工経験記述】必須問題

【問題 1】あなたが経験した土木工事の現場において、その現場状況から特に留意した安全管理に関して、次の〔設問 1〕、〔設問 2〕に答えなさい。〔注意〕あなたが経験した工事でないことが判明した場合は失格となります。

〔設問 1〕あなたが**経験した土木工事**に関し、次の事項について解答欄に明確に記述しなさい。

（1）工事名

工　事　名	

（2）工事の内容

①	発注者名	
②	工事場所	
③	工期	
④	主な工種	
⑤	施工量	

（3）工事現場における施工管理上のあなたの立場

立　場	

〔設問 2〕上記工事の**現場状況から特に留意した安全管理**に関し、次の事項について解答欄に具体的に記述しなさい。ただし、交通誘導員の配置のみに関する記述は除く。

（1）**具体的な現場状況**と特に留意した**技術的課題**

（2）技術的課題を解決するために**検討した項目と検討理由及び検討内容**

（3）上記検討の結果、**現場で実施した対応処置とその評価**

演習問題

軟弱地盤対策工法

二次・土工 軟弱地盤対策工法に関する次の文章の［　　］の（イ）～（ホ）に当てはまる**適切な語句**を解答欄に記入しなさい。

(1) 盛土載荷重工法は，構造物の建設前に軟弱地盤に荷重をあらかじめ載荷させておくことにより，粘土層の圧密を進行させ，［(イ)］の低減や地盤の強度増加をはかる工法である。

(2) 地下水位低下工法は，地下水位を低下させることにより，地盤がそれまで受けていた［(ロ)］に相当する荷重を下層の軟弱層に載荷して［(ハ)］を促進し強度増加をはかる工法である。

(3) 表層混合処理工法は，軟弱地盤の表層部分の土とセメント系や石灰系などの添加材を撹拌混合することにより，地盤の［(ニ)］を増加し，安定性増大，変形抑制及び施工機械の［(ホ)］の確保をはかる工法である。

答え （イ）残留沈下量（ロ）浮力（ハ）圧密沈下（ニ）せん断強度（ホ）トラフィカビリティー

コンクリートの打継ぎ

二次・コンクリート コンクリートの打継ぎに関する次の文章の　　　の（イ）～（ホ）に当てはまる**適切な語句**を解答欄に記入しなさい。

(1) 水平打継目でコンクリートを打ち継ぐ場合には，既に打ち込まれたコンクリートの表面の（イ），品質の悪いコンクリート，緩んだ骨材粒などを完全に取り除き，コンクリート表面を粗にした後に，十分に（ロ）させなければならない。
(2) 鉛直打継目でコンクリートを打ち継ぐ場合には，既に打ち込まれ硬化したコンクリートの打継面は，ワイヤブラシで表面を削るか，チッピングなどにより粗にして十分（ロ）させた後に，新しくコンクリートを打ち継がなければならない。
(3) 既設コンクリートに新たなコンクリートを打ち継ぐ場合には，既設コンクリート内部鋼材の腐食膨張や凍害，アルカリシリカ反応によるひび割れにより欠損部や中性化，（ハ）などの劣化因子を含む既設コンクリートの撤去した場合のコンクリートの修復をする。
(4) 断面修復の施工フローは，発錆している鋼材の裏側までコンクリートをはつり取り，鋼材の（ニ）処理を行い，既設コンクリートと新たなコンクリートの打継ぎの面にプライマーの塗布を行った後に，（ホ）セメントモルタルなどのセメント系材料を充填する。

答え（イ）レイタンス（ロ）吸水（ハ）塩害（ニ）防錆（ホ）ポリマー

施工計画の立案

二次・施工計画 施工計画の立案に際して留意すべき事項について，次の文章の　　　の（イ）～（ホ）に当てはまる**適切な語句**を解答欄に記述しなさい。

(1) 施工計画は，設計図書及び（イ）の結果に基づいて検討し，施工方法，工程，安全対策，環境対策など必要な事項について立案する。
(2) 関係機関などとの協議・調整が必要となる工事では，その協議・

調整内容をよく把握し，特に都市内工事にあたっては，（ロ）災害防止上の安全確保に十分留意する。

(3) 現場における組織編成及び（ハ），指揮命令系統が明確であること。

(4) 環境保全計画の対象としては，建設工事における騒音，（ニ），掘削による地盤沈下や地下水の変動，土砂運搬時の飛散，建設副産物の処理などがある。

(5) 仮設工の計画では，その仮設物の形式や（ホ）計画が重要なので，安全でかつ能率のよい施工ができるよう各仮設物の形式，（ホ）及び残置期間などに留意する。

答え（イ）事前調査（ロ）第三者（ハ）業務分担（ニ）振動（ホ）配置

演習問題

労働者の災害防止

二次・安全管理 車両系建設機械による労働者の災害防止のため，労働安全衛生規則の定めにより，事業者が実施すべき安全対策に関する次の文章の［　　］の（イ）～（ホ）に当てはまる**適切な語句**を解答欄に記述しなさい。

(1) 車両系建設機械の転落，地山の崩壊等による労働者の危険を防止するため，あらかじめ，当該作業に係る場所について地形，（イ）の状態を調査し，その結果を（ロ）しておかなければならない。

(2) 岩石の落下等により労働者に危険が生ずるおそれのある場所で，ブルドーザやトラクターショベル，パワーショベル等を使用するときは，その車両系建設機械に堅固な（ハ）を備えていなければならない。

(3) 車両系建設機械の運転者が運転位置から離れるときは，バケット，ジッパー等の作業装置を，（ニ）こと，また原動機を止め走行ブレーキをかける等の措置を講ずること。

(4) 車両系建設機械の転倒やブーム，アーム等の作業装置の破壊による労働者の危険を防止するため，構造上定められた安定度，（ホ）荷重等を守らなければならない。

答え（イ）地質（ロ）記録（ハ）ヘッドガード（ニ）地上に下ろす（ホ）最大使用

盛土の締固め管理

二次・品質管理 盛土の締固め管理に関する次の文章の　　　の（イ）～（ホ）に当てはまる**適切な語句**を解答欄に記述しなさい。

（1）品質規定方式による締固め管理は，発注者が品質の規定を **(イ)** に明示し，締固めの方法については原則として **(ロ)** に委ねる方式である。

（2）品質規定方式による締固め管理は，盛土に必要な品質を満足するように，施工部位・材料に応じて管理項目・ **(ハ)** ・頻度を適切に設定し，これらを日常的に管理する。

（3）工法規定方式による締固め管理は，使用する締固め機械の機種， **(ニ)** ，締固め回数などの工法そのものを **(イ)** に規定する方式である。

（4）工法規定方式による締固め管理には，トータルステーションやGNSS（衛星測位システム）を用いて締固め機械の **(ホ)** をリアルタイムに計測することにより，盛土地盤の転圧回数を管理する方式がある。

答え（イ）仕様書（ロ）施工者（ハ）基準値（ニ）まき出し厚（ホ）走行位置

コンクリート構造物の非破壊検査

二次・品質管理 コンクリート構造物の品質管理の一環として用いられる非破壊検査に関する次の文章の　　　の（イ）～（ホ）に当てはまる**適切な語句**を解答欄に記述しなさい。

（1）反発度法は，コンクリート表層の反発度を測定した結果からコンクリート強度を推定できる方法で，コンクリート表層の反発度は，コンクリートの強度のほかに，コンクリートの **(イ)** 状態や中性化などの影響を受ける。

(2) 打音法は，コンクリート表面をハンマなどにより打撃した際の打撃音をセンサで受信し，コンクリート表層部の (ロ) や空げき箇所などを把握する方法である。
(3) 電磁波レーダ法は，比誘電率の異なる物質の境界において電磁波の反射が生じることを利用するもので，コンクリート中の (ハ) の厚さや，(ニ) を調べることができる。
(4) 赤外線法は，熱伝導率が異なることを利用して表面 (ホ) の分布状況から，(ロ) やはく離などの箇所を非接触で調べる方法である。

答え （イ）乾燥・吸水（ロ）浮き（ハ）かぶり（ニ）鉄筋位置（ホ）温度

安全管理

二次・安全管理 建設工事現場で労働災害防止の安全管理に関する次の記述のうち①～⑥のすべてについて，労働安全衛生法令などに定められている語句又は数値が誤っているものが文中に含まれている。**①～⑥のうちから番号及び誤っている語句又は数値を2つ選び，正しい語句又は数値**を解答欄に記入しなさい。

① 事業者は，型わく支保工について支柱の高さが10m以上の構造となるときは型わく支保工の構造などの記載事項と組立図及び配置図を労働基準監督署長に当該仕事の開始の日の30日前までに届け出なければならない。
② 事業者は，足場上で作業を行う場合において，悪天候若しくは中震以上の地震又は足場の組立てや一部解体若しくは変更後に作業する場合，点検者を指名して作業の開始した後に足場を点検させ，異常を認めたときは補修しなければならない。
③ 重要な仮設工事に土留め壁を用いて明り掘削を行う場合，切ばりの水平方向の設置間隔は5m以下，鋼矢板の根入れ長は1.0mを下回ってはならない。
④ 事業者は，酸素欠乏症及び硫化水素中毒にかかるおそれのある暗きょ内などで労働者に作業をさせる場合には，作業開始前に空気中の酸素濃度，硫化水素濃度を測定し，規定値を保つように換気

しなければならない。ただし，規定値を超えて換気することができない場合，労働者に防毒マスクを使用させなければならない。

⑤ 急傾斜の斜面掘削に際し，掘削面が高い場合は段切りし，段切りの幅は 2m 以上とする。掘削面の高さが 3.5m 以上の掘削の際は要求性能墜落制止用器具等を使用させ，要求性能墜落制止用器具はグリップなどを使用して親綱に連結させる。

⑥ 移動式クレーンで荷を吊り上げた際，ブーム等のたわみにより，吊り荷が外周方向に移動するためフックの位置はたわみを考慮して作業半径の少し外側で作業をすること。

答え

以下の①～⑥から２つ選び、正しい語句または数値を解答欄に記入する。

番号	誤っている語句または数値	正しい語句または数値
①	高さが 10m 以上	高さが 3.5m 以上
②	作業の開始した後に	作業の開始前に
③	根入れ長は 1.0m を	根入れ長は 3.0m を
④	防毒マスク	空気呼吸器等
⑤	高さが 3.5m 以上	高さが 2m 以上
⑥	少し外側で	少し内側で

ゴロ合わせで覚えよう！ **酸素欠乏症および硫化水素中毒対策**

酸欠の
(酸素欠乏症)

リュウキンに
(硫化水素中毒対策)

防毒マスクをつけちゃだめ
(防毒マスクを使用させない)

酸素欠乏症および硫化水素中毒が予想される場所では、防毒マスク・防じんマスクは効果がないので、使用させてはならない。

さくいん

■さ行■

■た行■

本書に関する正誤情報等は、下記のアドレスでご確認ください。
http://www.s-henshu.info/1dsgt2312/

上記掲載以外の箇所で正誤についてお気づきの場合は、**書名・発行日・質問事項**（**該当ページ・行数・問題番号**などと**誤りだと思う理由**）**・氏名・連絡先**を明記のうえ、お問い合わせください。

・Web からのお問い合わせ：上記アドレス内【正誤情報】へ
・郵便または FAX でのお問い合わせ：下記住所または FAX 番号へ

※電話でのお問い合わせはお受けできません。

［宛先］ コンデックス情報研究所
『いちばんわかりやすい！ 1 級土木施工管理技術検定合格テキスト』係
住　　所：〒 359-0042　所沢市並木 3-1-9
FAX 番号：04-2995-4362　（10:00 ～ 17:00　土日祝日を除く）

※本書の正誤以外に関するご質問にはお答えいたしかねます。また、受検指導などは行っておりません。
※ご質問の受付期限は、各検定日の 10 日前必着といたします。ご了承ください。
※回答日時の指定はできません。また、ご質問の内容によっては回答まで 10 日前後お時間を頂く場合があります。
あらかじめご了承ください。

■ 編　　著：コンデックス情報研究所
1990 年 6 月設立。法律・福祉・技術・教育分野において、書籍の企画・執筆・編集、大学および通信教育機関との共同教材開発を行っている研究者・実務家・編集者のグループ。

■ イラスト：岡田　行生（おかだ　いくお）、ひらのんさ

いちばんわかりやすい! 1級土木施工管理技術検定 合格テキスト

2024年 3 月20日発行

編　著　コンデックス情《じょう》報《ほう》研《けん》究《きゅう》所《しょ》

発行者　深見公子

発行所　成美堂出版
〒162-8445　東京都新宿区新小川町1-7
電話(03)5206-8151　FAX(03)5206-8159

印　刷　株式会社フクイン

ISBN978-4-415-23801-2
落丁·乱丁などの不良本はお取り替えします
定価はカバーに表示してあります